国家出版基金项目
NATIONAL PUBLICATION FOUNDATION

"十二五"国家重点图书出版规划项目

风力发电工程技术丛书

风力发电系统的建模与仿真

王毅　朱晓荣　赵书强　编著

中国水利水电出版社
www.waterpub.com.cn
·北京·

内 容 提 要

本书是《风力发电工程技术丛书》之一，主要讲述风力发电系统的基本原理与控制策略，重点分析其建模与仿真方法，包括风力机的气动和机械系统建模、典型风电机型的并网控制、风力发电对电力系统的影响、改善风电并网特性的附加控制、风电直流联网技术等。

本书可作为电气工程及风电专业本科和研究生的教学或参考用书，也可供从事风电控制技术研究的专业和科研人员参考阅读。

图书在版编目（CIP）数据

风力发电系统的建模与仿真 / 王毅，朱晓荣，赵书强编著. -- 北京 ：中国水利水电出版社，2015.1(2023.5重印)
（风力发电工程技术丛书）
ISBN 978-7-5170-2974-8

Ⅰ. ①风… Ⅱ. ①王… ②朱… ③赵… Ⅲ. ①风力发电系统－系统建模②风力发电系统－系统仿真 Ⅳ.
①TM614

中国版本图书馆CIP数据核字(2015)第036618号

书　　名	风力发电工程技术丛书 **风力发电系统的建模与仿真**
作　　者	王毅　朱晓荣　赵书强　编著
出版发行	中国水利水电出版社 （北京市海淀区玉渊潭南路 1 号 D 座　100038） 网址：www.waterpub.com.cn E - mail：sales@mwr.gov.cn 电话：(010) 68545888（营销中心）
经　　售	北京科水图书销售有限公司 电话：(010) 68545874、63202643 全国各地新华书店和相关出版物销售网点
排　　版	中国水利水电出版社微机排版中心
印　　刷	天津嘉恒印务有限公司
规　　格	184mm×260mm　16 开本　14 印张　332 千字
版　　次	2015 年 1 月第 1 版　2023 年 5 月第 2 次印刷
印　　数	3001—4000 册
定　　价	**58.00** 元

《风力发电工程技术丛书》
编 委 会

主要参编单位 （排名不分先后）

河海大学

中国长江三峡集团公司

中国水利水电出版社

水资源高效利用与工程安全国家工程研究中心

华北电力大学

水电水利规划设计总院

水利部水利水电规划设计总院

中国能源建设集团有限公司

上海勘测设计研究院

中国水电顾问集团华东勘测设计研究院有限公司

中国水电顾问集团西北勘测设计研究院有限公司

中国水电顾问集团中南勘测设计研究院有限公司

中国水电顾问集团北京勘测设计研究院有限公司

中国水电顾问集团昆明勘测设计研究院有限公司

长江勘测规划设计研究院

中水珠江规划勘测设计有限公司

内蒙古电力勘测设计院

新疆金风科技股份有限公司

华锐风电科技股份有限公司

中国水利水电第七工程局有限公司

中国能源建设集团广东省电力设计研究院有限公司

中国能源建设集团安徽省电力设计院有限公司

丛 书 总 策 划 李　莉

编 委 会 办 公 室

主　　　　任　胡昌支

副　主　任　王春学　李　莉

成　　　员　殷海军　丁　琪　高丽霄　王　梅　单　芳

白　杨　汤何美子

前 言

　　电力系统的仿真技术在其规划设计和运行管理中都发挥着重要的作用，随着可再生能源、分布式发电、储能等新技术的融入，电力系统各种仿真软件也在不断发展完善之中。风电在全球范围的迅猛发展，促进了各种新型风力发电技术的不断涌现，风电机组的多样性以及电力电子变流器的并网控制策略日趋复杂，需要建立比传统发电方式更加详细和准确的仿真模型，以揭示和评估联网运行风电机组的动态特性。随着风力发电在电力系统的渗透率不断增加，其间歇性、随机性等固有特点对电网运行的影响日益显著，对风电系统的准确建模，是对含风电的电网进行稳态和暂态特性分析的必要手段。

　　本书在讲述风力发电的机械和电气系统数学模型及并网控制策略原理的基础上，结合具体算例，通过 DIgSILENT 或 MATLAB/Simulink 仿真软件建立典型风电机组的仿真模型，论述其最大功率跟踪控制、有功和频率调节、无功和电压控制等风电机组并网控制的主要特性，分析风电接入对电网的影响，研究低电压穿越、虚拟惯性控制、阻尼控制等改善并网特性的附加控制，以及通过柔性直流输电联网等技术。

　　本书第 1 章概述了风电的发展与现状、风电机组的类型与构成，介绍了风电系统仿真要求及组成模块。第 2 章介绍了风力机的气动与机械系统的原理及建模，包括风速模型、风轮模型和轴系模型。第 3 章介绍定速机组的原理与建模，分析其并网特性及软启动的原理。第 4 章介绍了双馈感应电机的运行原理，对其稳态特性及功率关系予以说明，并建立了双馈电机、变流器接控制系统的动态模型，通过仿真算例研究双馈风电机组的并网发电特性。第 5 章首先介绍全功率换流器驱动的风电机组的结构和基本原理，建立 PMSG 的动态模型，并阐述其 PWM 换流器的控制策略，分析 PMSG 在稳态及动态工作特性；此外，对全功率换流器驱动的异步风电机组的原理和控制策略也进行了分析。第 6 章首先介绍风力发电的特点以及风电渗透率的定义，然后分别从局部和全局的角度分析风电接入对电力系统的影响。第 7 章主要介绍风电机组在电网电压跌落及电压不平衡情况下的动态特性，分析暂态过程中造成电机过压、过流的机理，研究风电机组在电网扰动下稳定运行的控制策略。第 8 章将首先分析风电机组的自身无功补偿能力及控制策略；在风电场有功调节方面，本章重点研究变速风电机组的虚拟惯性控制对电网的动态稳定性、频率响应等的支持作用；最后，本章研究了附加有功或无功控制环节的变速风电机组的阻尼控制器的设计方法，使其具有改善系统阻尼、抑制功率振荡的能力。上述使变速风电机组对电网具有灵活、稳定的调节能力的控制技术，对实现大规模风电场的友好并网具有积极的促进作用。此外，通过柔性直流输电的海上风电和大型风电基地的风电场并网已成为新的研究热点，第 9 章介绍其基本原理和仿真建模，分析其换流站的不同控制方法，研究适用于风电场联网的多端 VSC - HVDC 的协调控制策略。

在本书的编写过程中得到了课题组付超、董淑慧、张翔宇、付媛、王慧等老师们的支持和帮助，同时课题组的研究生韩笑、苏小晴、张志恒、吕金历、马尚、余国龙、陈赟、张敏、袁鑫等同学参与了部分内容编写、文字录入及插图绘制工作，在此向他们表示感谢。

编者殷切希望广大读者对书中内容的疏漏、错误之处给予批评指正。

编者

2014 年 9 月 12 日　于华北电力大学（保定）

目　录

第1章 绪 论

1.1 概 述

随着全球人口增长和经济发展对能源需求的持续增加，使用传统能源而面临的能源短缺和环境污染问题日益突出。煤、石油、天然气是当今世界的三大主力能源，目前约占一次能源消耗的80%。而化石性能源的稀缺性和不可再生性使其价格不断上涨，按现在能源的消耗速度和探明储量，世界上的石油、天然气和煤等生物化石能源有可能在40～200年内逐渐耗尽；并且化石性能源燃烧产生有害气体，污染环境、危害身体健康、导致全球变暖。因此，寻求清洁、可再生的替代性能源以满足不断增长的能源需求，是当今世界面临的重要问题。

替代性能源包括水能、核能和可再生能源。水能和核能虽然是现阶段低碳能源的首选，但水电开发总量有限并且影响自然环境，核电有泄漏危险和核废料处理问题。从长远来看，开发和利用清洁的、取之不尽用之不竭的可再生能源才是未来解决能源与环境问题的根本途径。

可再生能源包括太阳能、风能、生物质能、地热能、海洋能、氢能等。而其中风能是目前可再生能源中技术成熟程度、规模化开发程度和商业化程度最高的发电方式。风能由太阳能转化而来，地球表面的温差引起空气流动，而空气具有一定质量，因此空气流动就具有一定的动能，这就是人类可以利用的风能。风能是清洁无污染的可再生能源，而且风能资源分布广泛，总量十分可观。全球可利用的风能约为$2 \times 10^7 \text{MW}$，比地球上可开发利用的水能总量大10倍，风能将成为21世纪的主要能源之一。

近年来风力发电一直保持着世界增长最快能源的地位。丹麦到2020年和2050年风力发电比例计划将提高到42%和100%；欧盟的总体目标则是在2020年和2050年由风力发电分别提供17.5%和50%的电力；美国的目标是到2030年风力发电占电力供应的30%。未来欧美地区如此高的风力发电渗透率势必对其电网的稳定运行提出严峻的挑战。目前我国风力发电总装机容量为世界第一，到2020年和2050年，中国风电装机容量将分别达到200GW和1000GW，而发电量将分别占总量的5%和17%，风电将成为中国的五大电源之一。

风能的巨大潜力使其在世界未来能源中扮演重要角色。风力发电技术已经达到了非常可靠和先进的水平，而且随着风电成本逐渐降低，将使风能可以与传统的化石燃料发电技术竞争。随着风力发电在电力系统的渗透率不断增加，其间歇性、随机性等固有特点对电网运行的影响日益显著。尽管我国风力发电量比重低于欧美国家，但由于我国风电主要集中在三北地区的风电基地，"大规模-高集中-高电压-远距离输送"的模式使得风电并网问题更加突出。

对风力发电系统的准确建模，是对含风力发电的电网进行稳态和暂态特性分析的必要手段。风力发电机组的多样性以及电力电子变流器的并网控制策略日趋复杂，需要建立比传统发电方式更加详细和准确的仿真模型，以揭示和评估联网运行风力发电机组的动态特性，从而为大规模风力发电渗透到电网之后的电力系统的调度管理提供理论基础。

1.2　风力发电的发展与现状

1.2.1　发展史

人类利用风能的历史可以追溯到公元前，至少有 3000 年，当时风能主要用来助航、提水灌溉等。约公元 1000 多年前，人们就掌握了帆船技术，即靠直接推动风帆来利用风能，然而机械能不能远距离传送，而电能可以利用电网远距离输送。因此，转化为电能成为风能的主要利用方式，即利用风轮收集风能，将其转变为机械能，通过发电机将风轮收集的机械能转变成电能并利用电网远距离输送。但是由于风能的能量密度低，且具有间歇性和波动性，其可控性和稳定性不如常规能源。

近年来，由于风力发电对环境影响小、发电成本低、技术发展快且规模效益显著，已成为发展最快的新型能源，开始大规模进入电网。但与传统能源发电几乎同时出现的风力发电，却经历了近百年的技术积累阶段。风力发电的发展过程可以分为以下阶段：

（1）19 世纪末至 20 世纪 60 年代末，风能资源的开发尚处于小规模的利用阶段。美国的 Brush 风力发电机和丹麦的 Cour 风力发电机被认为是风力发电的先驱。1887—1888 年冬，作为美国电力工业的奠基人之一，Charles F. Brush 在俄亥俄州安装了第一台自动运行的风力发电机。这台电机叶轮直径 17m，有 144 个由雪松木制成的叶片，运行了约 20 年，用来给他家地窖里的蓄电池充电。不过，由于低转速风力发电机效率不可能太高，这台发电机的功率仅为 12kW。1891 年，丹麦物理学家 Poul La Cour 发现，叶片较少、旋转较快的风力发电机效率高于叶片多、转速慢的风力发电机。应用这一原理，他设计了一台使用 4 个叶片、发电能力为 25kW 的风力发电机。丹麦由于能源相对匮乏，所以风力发电技术得到了持续的发展。1918 年第一次世界大战结束时，丹麦已经建成了几百个小型风力发电站。1957 年在丹麦 Geders 海岸安装的 200kW 风力发电机，具有三个叶片，带有电动机机械偏航、交流异步发电机、失速型风力机，标志着"丹麦概念"风力发电机的形成。与此同时，在美国和德国，各种风力发电机的设计概念也先后出现，虽然一些风力发电机因造价高和可靠性差而逐渐被淘汰，但这一阶段对各种类型风力发电机的试验，为 20 世纪 70 年代后期的大发展奠定了基础。

（2）1973 年的石油危机之后，风力发电由小型逐渐向大中型发展。20 世纪 70 年代连续出现了两次能源危机（1973 年和 1979 年），世界范围内能源价格一路上涨，风力发电的发展得到一些国家政府的大力支持，许多直径超过 60m 的大型风力发电机被建立起来用于研究和验证。丹麦由 Geders 风力发电机改良的古典三叶片、上风向风力发电机设计在激烈的竞争中成为商业赢家。丹麦的 Tvind 2MW 风力发电机，是风力发电机革命中的佼佼者。这台机组是下风向变速风力发电机，叶轮直径为 54m，发电机为同步发电机，通过电力电子设备与电网相连。美国加利弗尼亚州 80 年代开始了风能发展计划，成千的风力发电机被密密麻麻的布置在加州的山坡上，出现了加州风电潮。具有代表性的还有德国的 GROWIAN（风轮直径 100m，3MW），是当时世界最大的风力发电机组，曾引起广泛关注。但这些大型风力发电机的开发都或多或少的碰到了各种技术问题而未能长期运行。在这些研究实践中，积累了大量的技术和经验。1980 年以来，国际上风力发电机技术日益走向商业化。随着风力发电机产业商业化的逐渐成熟，丹麦当时一些农用机械生产商，如 Vestas，Nordtank 和 Bonus 等纷纷开始进入风力发电机生产行业。由于这些公司有丰富的工程机械知识，因而他们很快就在丹麦的风力发电机行业占据主导地位，进而在世界市场占据重要位置。这些对世界风力发电制造业无疑起着巨大的推动作用。

（3）20 世纪 90 年代后开始进入现代风力发电技术阶段，风力发电开始大规模发展。经过了近百年的技术和经验的积累，加上风力发电机产业的商业化，大型风力发电机组的技术日渐成熟。大规模的商业应用首先出现在北欧，1995 年丹麦建成的赖斯比·合德风电场装有 Bonus 能源公司的 40 台 600kW 型风力发电机，是当时丹麦最大的风电场。恩德公司于 1995 年制造了世界第一台兆瓦级风力发电机组，而 Vestas 公司的 1.5MW 样机建于 1996 年。兆瓦级风力发电机市场真正起飞于 1998 年，而之前 600～750kW 风力发电电机组是主流机型。从那时起，市场趋势才越来越清晰，即向着更大的项目、更大的风力发电机发展。目前，1.5～2.5MW 的风力发电机组已成为市场的绝对主力机型。一般来说，综合风力发电机制造、吊装等因素，单机容量越大，风力发电机单位千瓦的造价就越低。基于经济效益的优势，风力发电机单机容量将朝更大方向发展。

1.2.2 现状

在过去的 20 年里，风力发电发展不断超越其预期的发展速度。从 2001—2010 年，全球风力发电累计装机容量实现了连续 10 年接近 30% 的年均增长速度，即每 3 年全球风电装机容量就要翻一番。从 2009—2013 年，风电装机的增速放缓，但全球风电市场规模仍扩大了几乎 200GW。2013 年全球风电新增装机容量为 35.5GW，累计装机容量已达到 318GW，预计 2015 年全球装机容量将到 600GW，2020 年将超过 1500GW。

欧美曾主导了风力发电的发展，但目前及今后一段时间内全球的风电格局会出现新的变化：美国因"风电税额抵免政策"结束呈现不确定性，欧洲市场保持稳中有升；亚洲则成为风电的主要发展力量，而拉丁美洲和非洲潜力巨大，2013 年全球风电新增装机容量的绝大部分出现在新市场，亚洲、非洲和拉丁美洲正在拉动全球市场的发展。在全球已经有风电商业运营项目的 75 个国家中，超过 24 个国家装机容量已逾 1GW。其中欧洲 16 个，亚太地区 4 个（中国、印度、日本和澳大利亚），北美 3 个（加拿大、墨西哥、美国）以及拉丁美洲 1 个（巴西）。

随着大型机组技术的成熟，风电的装机容量在大幅增长，同时风力发电机组由陆地走向了近海。海上有丰富的风能资源和广阔平坦的区域，使得近海风力发电技术成为近来研究和应用的热点。多兆瓦级风力发电机组在近海风力发电场的商业化运行是国内外风能利用的新趋势。随着风力发电的发展，欧洲陆地上的风能利用正趋于饱和，海上风力发电场将成为未来发展的重点。1991 年丹麦在南部的洛兰岛以北海域修建了世界上第一个海上风电场，由 11 台 Bonus 公司 450kW 失速型风力发电机组成。随后荷兰、瑞典、英国相继建成了自己的海上风电场。2010 年 9 月 23 日，英国东南部的 Thanet 海上风电场正式开始并网发电。该风电场由 100 台 Vestas 的 V90 风力发电机组成，总装机容量为 300MW。如今，全球海上风电装机容量已达 5415MW，占风力发电总装机容量的 2%。其中 90% 以上的风力发电场建在北欧，包括北海、波罗的海、爱尔兰海以及英吉利海峡；剩下的大部分是位于中国东部海岸的几个示范项目。到 2020 年全球海上风电总装机容量可能会达 80GW，其中 3/4 在欧洲。

近几年中国风电产业发展迅猛，无论从装机容量还是发展规模上看，都已成为名副其实的世界风电大国。中国风能资源与美国接近，远远高于印度、德国、西班牙，属于风能资源较丰富的国家。中国风能潜力巨大，陆上加海上的总的风能可开发量约有 1000～1500GW。中国不但在风能资源上适合发展风电，国家在政策上也重点鼓励、重点支持风力发电发展建设，使中国风力发电很快进入了大规模稳步发展阶段。2005—2009 年连续 5 年风电总装机翻番，实现飞越式发展。但中国风电在 2010 年达到最高增长后进入了行业整合期，经历了连续 2 年的低迷之后，中国的风力发电行业从 2013 年下半年开始逐步回暖。中国再次成为全球风电新的增长点，2013 年中国市场的增量最大，占总增量约 2/5。中国目前风电的总装机容量和新增容量均居世界第一，2013 年风电装机容量达到了 91.4GW，逾 1000 亿 kW·h 的发电量已超过核电，进而成为我国第三大电源。

为使中国到 2020 年时非化石能源占一次能源比重达到 15%，2020 年的规划已定为 2 亿 kW。未来风电发展继续按照"建设大基地、融入大电网"的方式，推进风电的规模化发展，加强海上风电开发建设。但由于风电基地的消纳问题突出，一些地区弃风限电严重。相比于大基地对并网条件较高的要求，分散式风力发电项目由于具有靠近负荷中心、投资少、线路损耗低等优势而逐步受到重视。因此，同时提出了"有序推进大型风力发电基地建设"和"鼓励分散式并网风力发电开发建设"的发展思路。

1.3 风力发电机组的类型及构成

1.3.1 主要类型

风力发电机组单机容量从最初的数十千瓦级已经发展到兆瓦级，控制方式从基本单一的定桨距、定速控制向变桨距、变速恒频发展。根据机械功率的调节方式、齿轮箱的传动形式和发电机的驱动类型，可对风力发电机组作以下三种分类方式。

1. 按机械功率调节方式分类

（1）定桨距控制。桨叶与轮毂固定连接，桨叶的迎风角度不随风速而变化。依靠桨叶的气动特性自动失速，即当风速大于额定风速时，输出功率随风速增加而下降。定桨距风力发电机不能有效利用风能，不能辅助启动。

（2）变桨距控制。风速低于额定风速时，保证叶片在最佳攻角（气流方向与叶片横截面的弦的夹角）状态，以获得最大风能；当风速超过额定风速后，变桨系统减小叶片攻角，保证输出功率在额定范围内。因此，机械功率不完全依靠叶片的气动特性调节，而主要依靠叶片攻角调节。在额定风速下，最佳攻角处于桨距角 0°附近。

（3）主动失速控制。主动失速又称负变距，风速低于额定风速时，叶片的桨距角是固定不变的；当风速超过额定风速后，变桨系统通过增加叶片攻角，使叶片处于失速状态，限制增加风轮吸收功率，减小功率输出；而当叶片失速导致功率下降，功率输出低于额定功率时，适当调节叶片的桨距角，提高功率输出，可以更加精确地控制功率输出。对于变桨距和主动失速控制方式，叶片和轮毂都通过变桨轴承连接，即都通过变桨实现控制。主动失速控制的敏感性很高，需要准确控制桨距角，造价高。

2. 按传动形式分类

（1）高传动比齿轮箱型。用齿轮箱连接低速风力机和高速发电机，减小发电机体积重量，降低电气系统成本。但风力发电机组对齿轮箱依赖较大，由于齿轮箱导致的风力发电机组故障率高，齿轮箱的运行维护工作量大，易漏油污染，且导致系统的噪声大、效率低、寿命短，因此产生了直驱风力发电机组。

（2）直接驱动型。应用多极同步风力发电机可以去掉风力发电系统中常见的齿轮箱，让风力发电机直接拖动发电机转子运转在低速状态，解决了齿轮箱所带来的噪声、故障率高和维护成本大等问题，提高了运行可靠性。但发电机极数较多，体积较大。

（3）中传动比齿轮箱（半直驱）型。这种风机的工作原理是以上两种形式的综合。中传动比型风力机减少了传统齿轮箱的传动比，同时也相应地减少了多极同步风力发电机的极数，从而减小了发电机的体积。

3. 按发电机调速类型分类

（1）定速恒频机组。采用异步电机直接并网，无电力电子变流器，转子通过齿轮箱与低速风机相连，转速由电网频率决定。定速恒频机组的优点是简单可靠，造价低，因而在早期的小型风电场中获得广泛应用。定速异步发电机组结构简单、可靠性高，但只能运行在固定转速或在几个固定转速间切换，不能连续调节转速以捕获最大风电功率。此外，在风机转速基本不变的情况下，风速的波动直接反映在转矩和功率的波动上，因此机械疲劳应力与输出功率波动都比较大。此外，每台风力发电机需配备无功补偿装置为异步电机提供励磁所需的无功功率，并且采用软启动装置限制启动电流。

（2）变速恒频机组。异步发电机或同步发电机通过电力电子变流器并网，转速可调，有多种组合形式。目前实际应用的变速恒频机组主要有两种类型：采用绕线式异步发电机通过转子侧的部分功率变流器并网的双馈风力发电机组；采用永磁同步发电机通过全功率变流器并网的直驱永磁同步风力发电机组。与定速恒频机组相比，变速恒频风力发电机组可调节转速，进行最大功率跟踪控制，提高了风能利用率；风速变化而引起的机械功率波动可变为转子动能，从而减小机械应力，对输出功率的波动也可起到平滑作用。

目前，在风力发电领域广泛应用的风力发电机组主要有三种类型，即固定转速的鼠笼异步发电机组、可调速的双馈异步发电机组和直驱永磁同步发电机组。

早期的小型风电场主要应用定速异步发电机组，其定子侧直接并网，转子通过齿轮箱与低速风力发电机相连，每台风力发电机需配备无功补偿装置为异步电机提供励磁所需的无功功率。定速异步发电机组结构简单、可靠性高，但只能运行在固定转速或在几个固定转速间切换，不能连续调节转速以捕获最大风电功率。此外，在风力发电机转速基本不变的情况下，风速的波动直接反映在转矩和功率的波动上，因此机械疲劳应力与输出功率波动都比较大。

变速风力发电系统的特点是在有效的风速范围内，发电机组的转速和发电机组定子侧产生的交流电能的频率是变化的，直驱永磁同步机组和双馈异步发电机组都属于变速机组。直驱永磁同步机组，风轮与发电机的转子直接耦合，而不经过齿轮箱，故此转速都比较低，因此只能采用低速的永磁同步发电机。因为无齿轮箱，可靠性高；但采用低速永磁同步发电机，体积大，造价高；而且发电机的全部功率都需要变流器送入电网，变流器的容量大，成本高。与采用全功率变频器驱动的直驱永磁同步发电机组相比，双馈异步发电机组的发电机为绕线转子异步电机，其定子侧直接与电网相连，而绕线转子侧通过双PWM变流器接入电网。双馈感应式发电机，一般采用升速齿轮箱将风轮的转速增加若干倍，传递机械功率给发电机转子时转速明显提高，因而可采用高速发电机，体积小，质量轻。双馈变流器的容量仅与发电机的转差功率相关，效率高，价格低廉。这种方案的缺点是升速齿轮箱结构复杂，噪声大，易疲劳损坏。表 1-1 给出了这三种主流机型的比较。

表 1-1　　　　　　　　　　　　三种风力发电机型的比较

发电机类型	鼠笼异步发电机	直驱永磁同步发电机	双馈异步发电机
转子结构	转子为鼠笼式，结构简单，制造方便，运行可靠	转子为永磁式，结构、维护简单	转子为绕线式，结构较复杂
励磁方式	从电网取得励磁电流及感性无功功率，无需励磁装置及励磁调节装置	无需外部励磁	从电网及转子励磁装置取得励磁电流，需要交流励磁装置及励磁调节装置
转子速度	定速	可调	可调
齿轮箱	需要	不需要	需要
变流器容量	不需要变流器	全功率	约1/3额定功率

1.3.2　主要设备

风力发电系统主要由风轮、齿轮箱、发电机、变流器等设备以及控制系统构成，典型的风力发电系统组成如图 1-1 所示。风轮首先捕获波动的风能并转换为旋转的机械能，再由发电机将机械能转换为电能后经由变压器馈入电网。

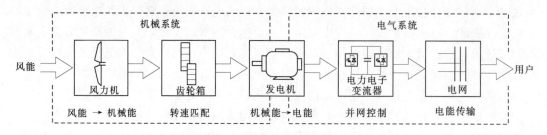

图 1-1　风力发电系统主要组成

风轮由叶片、轮毂和变桨系统组成，是吸收风能的单元，用于将空气的动能转换为叶轮转动的机械能。叶片具有空气动力外形，在气流作用下产生力矩驱动风轮转动，通过轮毂将转矩输入到主传动系统。轮毂的作用是将叶片固定在一起，并且承受叶片上传递的各种载荷，然后传递到发电机转动轴上。每个叶片有一套独立的变桨机构，可主动对叶片捕获的风能进行调节。叶片的数量通常为 3 个，叶片半径越大，旋转速度越慢，兆瓦级风力机的旋转转速一般为 10~15r/min。由于风力机转速较慢，因此在其与发电机的连接中需要齿轮箱将低转速转换为高转速。

齿轮箱、传动链、发电机和控制柜等主要设备安装于机舱内。机舱用于保护电气设备免受风沙、雨雪、冰雹以及烟雾等恶劣环境的直接侵害，顶部装有风速风向仪。双馈型机舱长度一般在 8m 以上，宽度和高度在 3m 以上，一般采用拼装结构；直驱型风力发电机组的机舱较短小，一般整体制造。机舱在偏航系统的驱动下，可实现风轮的自动对风。由于风的方向和速度经常变化，为了使风力机能有效地捕捉风能，设置了偏航装置以跟踪风向的变化，保证风轮基本上始终处于迎风状况。偏航系统采用主动对风的齿轮驱动形式，与控制系统相配合，使叶轮始终处于迎风状态，充分利用风能，提高发电效率。通过风向仪和地理方位检测风轮轴线与风向的偏差，采用电力或液压驱动来完成对风。

齿轮箱作为风力发电机组中一个重要的机械部件，其主要功用是将风轮在风力作用下所产生的动力传递给发电机。使用齿轮箱，可以将风力机转子上的较低转速、较高转矩，转换为用于发电机上的较高转速、较低转矩。由于齿轮箱速比较高，并且受无规律的变向变负荷的风力作用以及强阵风的冲击，通常采用一级平行轴加两级行星等多级齿轮箱结构，以提高其运行可靠性。

发电机将叶轮转动的机械动能转换为电能输送给电网。与其他发电形式相比，风力发电使用的发电机类型较多，既可采用笼型、绕线型的异步发电机，也有采用电励磁和永磁的同步发电机。此外，风力发电机受风的随机性影响，效率低、易过载，并且散热条件差、振动强烈。

风力发电机组的电控系统贯穿于风力发电机组的每个部分，相当于风力发电系统的神经。电控系统主要包括主控系统、变流器、变桨和偏航控制系统，由控制柜、变流柜、机舱控制柜、三套变桨柜、传感器和连接电缆等组成。其主要作用是保证风力发电机组的可靠运行，获取最大风能转化效率，以及提供良好的电力质量。其控制内容包括正常运行控制、安全保护、运行状态监测等三个方面。

1.4 风力发电系统的仿真

1.4.1 建模的基本模块

风力发电机系统建模时，在大多情况下，可以将它表示为 6 个基本模块，如图 1-2 所示。这 6 个模块分别为气动系统（风轮模型）、机械系统（轴系模型）、发电机及传动系统（发电机和电力电子变流器）、桨距控制系统、风力机控制系统、风力机保护系统。

图 1-2 中，f 为电网频率；I_s、I_r 分别为定子、转子电流；U_s、U_r 分别为定子、转子电压；P、Q 分别为有功、无功功率；上标 * 为参考值；T_e、T_m 分别为电磁、机械转矩；ω_t、ω_r 分别为风力机、发电机转速；β 为桨距角。

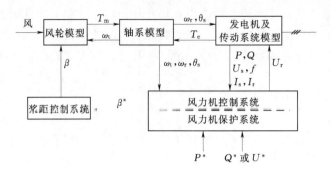

图 1-2　风力发电系统模型框图

1. 气动系统

风力机的气动系统是指风轮（即桨叶和轮毂）。风轮改变空气流速，吸收空气动能，转化为机械功率。风力机的机械功率输出取决于风速、桨距角和风轮转速。气动系统与机械系统的联系可以用机械功率或者机械转矩表示。

2. 机械系统

风力机的机械系统由风轮、轴、齿轮箱和发电机转子组成。系统的惯量主要取决于风轮和发电机转子。齿轮箱的齿轮仅占相对很小的一部分，因此常忽略齿轮惯性，仅考虑其变速比。因而，机械系统模型通常采用轴连接的双质块模型。模型中也可包含低速和高速系统以及惯性齿轮系统，但将使系统含有三个旋转部分和两个连接轴。

3. 发电机及传动系统

发电机传动系统包含发电机及其换流器。对于定速异步电机，发电机传动系统仅指发电机本身，多数电力系统仿真程序中都有异步电机模型。变速发电机传动系统由传统发电机和提供转差或解耦的电力电子设备组成，其中双馈感应发电机和用全功率变流器连接的永磁同步发电机传动是最常用的变速发电机传动系统。多数标准仿真程序中并没有这些模型，只有个别元件的标准模型，即异步发电机和变频器，且缺少内部控制系统模型，因而无法组成变速发电机传动的整体模型。

分析发电机传动模型的动态稳定性时，假设忽略电磁暂态，即忽略发电机定子电流的直流偏置，这意味着忽略定子绕组磁通的时间常数，使定子磁通不再是暂态模型中的状态变量，而是动态稳定性模型中可计算的代数变量。这样，即可用三阶和五阶模型进行计算，阶数表示发电机模型中状态变量的个数。

4. 桨距控制系统

风力机的气变桨距和桨距角由桨距伺服来控制。主控制系统产生参考桨距角，桨距伺服是执行机构，实际控制风力机桨叶旋转到要求的角度。桨距伺服受结构限制，叶片仅能在某物理限度内转动，调桨速度也有限制。

5. 风力机控制系统

风力机的控制系统主要控制其功率和转速。

对于恒速异步风力机，风轮桨距角是唯一的控制量。虽然可测的参数很多，如风速、风轮转速和有功功率，但它们仅被用来优化桨距角。高风速时，控制系统通过调节桨距角降低风力机功率,使它保持在最大额定功率水平。

对于变速风力机,除了桨距角,发电机也是可控元件,发电机瞬时有功和无功功率输出均能受控。变速特性把风力机调节到最优转速,优化风能利用系数。这意味着控制系统必须包含速度控制系统和参考速度的确定方法。速度控制系统控制旋转系统的机械功率,以及发电机的电气功率,即控制旋转系统的功率平衡也就控制了速度。因此,电气功率控制系统和桨距角控制系统的动作必须协调一致。

6. 风力机保护系统

风力机的保护系统根据各种参数的实测值进行动作,如电压、电流和转速。如果电压、电流或转速超出限定值一定时间,就会触发继电器动作。显然,保护系统动作将对仿真结果产生重要影响。

1.4.2 不同类型仿真的模型精度要求

计算机仿真时,仿真类型、模型精度和数据精度对研究结果有着显著的影响。除了仿真目标,必须注意到全系统模型的每个独立部分,并将其分类;必须合理地平衡仿真系统中的所有模型(即独立元件模型和可能的外部系统模型)的精度;还必须有相称水平,即可接受的模型最小精度必须随特定模型对考察现象的重要性而增加。

计算机仿真能用于研究多种不同现象,因此,对仿真程序、建模准确性和模型数据的要求会因研究对象而有很大的不同。根据仿真目标,应该针对特定研究类型选择软件程序。

1. 电磁暂态

电磁暂态用特定的电磁暂态程序仿真,这些程序能准确描述所有电气元件的相位,通常还包括可能很复杂的饱和性、行波传播和短路电弧。通常,仿真在时域中进行,输出的是电压、电流等参数的瞬时值。

电磁暂态仿真程序用于求解所有对称的和不对称的故障条件下的故障电流,还可以仿真电力电子设备,如高压直流电网(HVDC)、静止无功补偿器(SVC)、静止同步补偿器(STATCOM)和电压源变流器(VSC)等的准确特性。

2. 机电暂态

机电暂态一般用暂态稳定性程序评估,仿真通常在时域进行,输出的是电压、电流等参数的有效值。

暂态稳定性程序通常需要合理的风力机模型,它包含主要的电气元件,即发电机、可能的电力电子设备(含基本控制)、可能的静止无功补偿、主控制系统、仿真事件中可以启动并投入运行的保护系统、机械轴系统和风力机风轮的机械功率。

3. 小信号稳定性

小信号稳定性通常是指大系统,如完全互联的交流电力系统,在遭受小扰动后返回稳定运行点的稳定能力。小信号稳定性程序包含必要的物理系统模型数据和相关的控制系统,具有内建模块进行特征值分析。目前,电力系统的小信号稳定性分析中还没有考虑过风力发电机组,因为风力发电机组分散在电力系统中,并且单台风力发电机的容量比中心发电厂小几个数量级,比总互联电力系统小更多的数量级。风力发电机单机容量与风电场总容量逐渐增加，使风力发电渗透率升高。此外，现代风力发电机的可控性得到了提高。因此，小信号稳定性分析中将逐渐增加风力发电的研究内容。

4. 风力机设计

风力机设计要考虑机械结构和气动模型。设计过程中，风力机本身是研究的重点，叶片强度和翼型、轴和齿轮尺寸、塔架强度，甚至塔架基座强度也都需要仔细考虑。可以借助许多能处理机械结构的仿真工具，如 CAD 等；也可以借助能处理动态特性的其他工具。

5. 潮流和短路计算

潮流和短路计算都假设在稳态进行（即所有时间导数都为零）。潮流计算用于计算各种运行条件下的节点电压和节点间的有功功率和无功功率。短路计算用于计算电力系统中任意点的短路电流。

潮流计算时，仅需表示有功功率和无功功率的输入量。定速异步风力发电机必须用异步发电机表示，有功功率为瞬时值，潮流计算程序根据电机阻抗计算无功功率；变速风力发电机无功功率具有可控性，可用 PQ 节点描述，或在风力发电机设定为电压控制模式时设为 PV 节点表示。

短路计算时，所需的风力发电机表达式取决于所采用的发电机技术。一般地，如果临近风力发电机的某短路处，短路计算中就必须包含所有提供短路电流的部分。对定速风力发电机，电机本身有适当的表达式。对含双馈发电机的变速风力发电机，短路电流由电机和部分功率变流器共同提供。对含全功率变流器的永磁直驱风力机，发电机与交流电网解耦，只有变流器与电网连接，因此，短路电流主要由变流器决定。

1.5 仿真软件概述

目前，国际上有很多电力系统分析软件，应用较为广泛的有：①美国邦纳维尔电力局（Bonneville Power Administration）开发的 BPA 程序和 EMTP（Electromagnetic Transients Program）程序；②加拿大曼尼托巴高压直流输电研究中心（Manitoba HVDC Research Center）开发的 PSCAD/EMTDC（Power System Computer Aided Design/Electromagnetic Transients Program including Direct Current）程序；③德国西门子公司（SIEMENS）研制的电力系统仿真软件 NETOMAC（Network Torsion Machine Control）；④中国电力科学研究院开发的电力系统分析综合程序 PSASP（Power System Analysis Software Package）；⑤美国 MathWorks 公司开发的科学与工程计算软件 MATLAB（MATrix LABoratory）；⑥德国 DIgSILENT（DIgital Simulation and Electrical NeTwork）开发的 PowerFactory 程序。它们为电力系统提供了丰富灵活的仿真分析功能，广泛应用于科学研究和工程实施等方面。本书的仿真算例采用的是在风力发电研究方面应用较为普遍的仿真软件为 MATLAB/Simulink 和 DIgSILENT/PowerFactory。

Matlab 是由 Mathworks 公司 1982 年推出的高性能数值计算和可视化软件产品，由主包、Simulink 及功能各异的工具箱组成。由于 Matlab 语言程序效率高、程序设计灵活、图形功能强大，自问世以来，在教学、科研等领域应用越来越广泛。从 Matlab 5.2

版本开始增加了一个由加拿大魁北克电力公司开发的专用于电力系统分析的电力系统模块 PSB（Power System Blockset）。PSB 模块中含有丰富的元件模型，包括同步机、异步机、变压器、直流机、特殊电机的线性和非线性、有名值系统和标么值系统的、不同仿真精度的设备模型库；单相、三相的分布和集中参数的传输线；单相、三相断路器及各种电力系统的负荷模型、电力半导体器件库以及控制和测量环节。再借助其他模块库或工具箱以及自己在 Simulink 下搭建的模块，在提供的仿真平台上可以进行电力系统的仿真计算，尤其可以进行复杂控制系统的仿真等。

德国 DIgSILENT/PowerFactory 电力系统仿真软件最早开发于 1976 年。自 1993 年开始，DIgSILENT/PowerFactory 开始全面引入面向对象编程技术和数据库概念，并对算法和元件模型进行了较大改进，形成了代表性的 10.31 版本。该版本允许用户在单一的数据库中创建详尽的电力系统元件模型（包括稳态、时域、频域等计算用的一系列参数），不需再像一些电力系统分析软件那样采用不同的软件包进行相应类型的电力系统仿真计算（例如输电、配电、发电或者工业应用）。现在最新的 DIgSILENT/PowerFactory 15 成为应用最广泛的含风力发电的电力系统仿真程序。

MATLAB/Simulink 和 DIgSILENT/PowerFactory 各具优势，都提供了风力发电系统的 Demo 算例，在风力发电系统的建模和仿真研究过程中广泛应用。MATLAB/Simulink 学习资料非常丰富、简单易学，适用于对规模不大的风力发电系统进行仿真分析，特别是涉及到复杂的控制算法和精细的仿真要求时；DIgSILENT/ PowerFactory 则适用于大规模的风力发电系统仿真分析，特别是涉及到复杂的网络拓扑结构，其计算结果的准确性和有效性已经被电力规划和运行机构在实践中检验，由于该软件学习资料相对较少且独具特色，用户需要经过系统的学习和摸索才能够熟练地使用。因此，在本书附录中将介绍 DIgSILENT/PowerFactory 软件的基本使用方法。

第 2 章　风力机的气动和机械系统建模

2.1　概　　述

　　风在通过风力机时会产生升力，驱动风轮旋转，从而可利用风力机将风能转化为机械能。该过程的分析涉及空气动力学和流体力学，对其准确建模需要采用叶素理论，利用叶片的几何尺寸等参数，对叶片各处受力进行详细计算，其数学建模较为复杂。当主要关心风力发电机组并网的电气特性时，通常采用简化的建模方法建立风力机的气动模型。

　　风力发电并网对电力系统的扰动来源于风速的随机性和波动性，研究风电场动态特性、并网运行及调度管理等问题需建立与之相适应的风速模型，从而为风力发电系统的仿真研究提供正确的源参数。风速模型可采用基于实测值的风速序列，其优点是用真实的风速来仿真风力机的性能，缺点是需要大量实测数据。如果某风速范围内没有满足特性要求的实测风速序列，仿真就不能进行，为了使风速的建模更为准确，本章采用数值模拟的方法，通过对相应参数赋予合适的值来模拟不同特性的风速，其中风速的模型主要包括威布尔分布风速模型和组合风速模型。

　　风力机的气动模型体现了捕获的机械转矩与风速、转速及桨距角的关系。在介绍基本的风力机气动特性的基础上，根据风能利用系数特性曲线给出了风力发电机的功率和转矩的模型。

　　风力机的机械系统是指机械传动系统，由旋转部分和连接轴组成，非直驱机组还包括齿轮箱。由于风力机风轮与发电机之间通过刚度较低的轴系相连，与传统发电厂的轴系系统相比，风力机的轴系相对较软，故双质块模型更能全面地模拟风力机的轴系特性。由于齿轮箱惯性相对较小，通常被忽略不计，双质块分别表示风力机风轮和发电机转子。本章将介绍描述机械系统的集中质块模型和双质块模型。

2.2　风　速　模　型

2.2.1　威布尔分布风速模型

　　掌握风电场所在地区的风速分布情况对于风电企业非常重要。大多数地区在一年当中非常强的大风是少有的，更为常见的是中等风速，由于风速分布的特点与风机的优化设计和发电量估算有直接关系，因此场址风的变化通常用威布尔（Weibull）分布来描述。

　　威布尔分布被认为是一种形式简单且与实际风速分布能较好拟合的概率模型，是目前风能计算中普遍采用的一种风速模型。威布尔分布是随机变量分布的一种，主要有双参数和三参数威布尔分布，本节主要介绍双参数的威布尔分布。双参数威布尔分布函数适用于风速统计描述的概率密度函数，其结果接近风速的实际分布，威布尔函数参数的确定和曲线的拟合都比较方便，根据某个高度的风速威布尔函数曲线可以推算各种高度的威布尔函数拟合曲线，这样可大大减少风速分布统计的工作量。

双参数威布尔分布，其概率密度为

$$f(v) = \frac{k}{c} \left(\frac{v}{c} \right)^{k-1} e^{-\left(\frac{v}{c} \right)^k} \tag{2-1}$$

式中　v——风速；

　　　k——形状参数；

　　　c——尺度参数，其量纲和速度相同。

由风速的密度函数可以求得其累积分布函数为

$$F(v) = \int_0^{+\infty} f(v) \mathrm{d}v = 1 - e^{-\left(\frac{v}{c} \right)^k} \tag{2-2}$$

而平均风速为

$$\overline{v} = \int_0^{\infty} v f(v) \mathrm{d}v \tag{2-3}$$

由风速的概率密度可知，参数 k 和 c 的改变对风速分布函数影响很大。根据风速历史统计数据，按照不同情况选择不同的参数以及分析方法，常用的估算威布尔参数的方法有极大似然估计法、最小二乘法、平均风速和最大风速等方法。

（1）用最小二乘法估计威布尔参数，根据风速的威布尔分布，风速小于 v_g 的累积概率为

$$p(v \leqslant v_\mathrm{g}) = 1 - \exp\left[-\left(\frac{v_\mathrm{g}}{c} \right)^k \right] \tag{2-4}$$

取对数有

$$\ln\{-\ln[1 - p(v \leqslant v_\mathrm{g})]\} = k \ln v_\mathrm{g} - k \ln c \tag{2-5}$$

令 $y = \ln\{-\ln[1 - p(v \leqslant v_\mathrm{g})]\}$，$x = \ln v_\mathrm{g}$，$a = -k \ln c$，$b = k$，于是参数 c 和 k 可以由最小二乘法拟合

$$y = bx + a \tag{2-6}$$

将观测到的风速出现的范围划分为 n 段风速间隔 $0-v_1$，…，$v_{n-1}-v_n$。统计每个间隔中风速观测值出现的频率 f_1，f_2，…，f_n 和累积频率

$$p_1 = f_1，p_2 = p_1 + f_2，\cdots，p_n = p_{n-1} + f_n \tag{2-7}$$

取变换 $x_i = \ln v_1$，$y_i = \ln[-\ln(1 - p_i)]$，且 $a = -k \ln c$，$b = k$，可得出

$$a = \frac{\sum x_i^2 \sum y_i - \sum x_i \sum x_i y_i}{n \sum x_i^2 - (\sum x_i)^2}，b = \frac{-\sum x_i \sum y_i + n \sum x_i y_i}{n \sum x_i^2 - (\sum x_i)^2} \tag{2-8}$$

（2）根据平均风速 $\overline{v}$ 和标准差 S_v 估计威布尔分布参数，其中数学期望为 $\overline{v}$ 和方差 σ，Γ 为伽马函数。

$$\overline{v} = E(v) = \int_0^{+\infty} v f(v) \, \mathrm{d}v = c \Gamma \left(1 + \frac{1}{k} \right) \tag{2-9}$$

$$\left(\frac{\sigma}{v} \right)^2 = \left\{ \left[\Gamma \left(1 + \frac{2}{k} \right) / \Gamma^2 \left(1 + \frac{1}{k} \right)^2 \right] \right\} - 1 \tag{2-10}$$

可见 $\dfrac{\sigma}{\bar{v}}$ 仅仅是 k 函数，因此知道均值和方差，便可以求解 k，由于直接求解 k 比较困难，通常近似求解 k 即可

$$k = \left(\frac{\sigma}{\mu}\right)^{-1.086} \quad 1 \leqslant k \leqslant 10$$

$$c = \frac{\mu}{\Gamma\left(1 + \dfrac{1}{k}\right)} \qquad (2-11)$$

其中以样本标准差 S_v 估计 σ，平均风速 $\bar{v}$ 估计 μ，即

$$\bar{v} = \frac{1}{N}\sum v_i, \quad S_v = \sqrt{\frac{1}{N}\sum(v_i - \bar{v})^2} = \sqrt{\frac{1}{N}\sum v_i^2 - \bar{v}^2} \qquad (2-12)$$

式中 　v_i——计算时段中每次的风速观测值；

　　　N——观测次数。

其中伽马函数可采用如下经验公式计算

$$\Gamma\left(1 + \frac{1}{k}\right) = \left(0.568 + \frac{0.434}{k}\right)^{\frac{1}{k}}$$

（3）用平均风速和最大风速估计威布尔分布参数。选择一日任意时间的 10min 最大风速值作为最大风速，设定 $v_{\max}$ 为 T 时间内 10min 平均最大风速的观测值，则最大风速出现频率为

$$p(v \geqslant v_{\max}) = \exp\left[-\left(\frac{v_{\max}}{c}\right)^k\right] = 1/T \qquad (2-13)$$

作变换得

$$\frac{v_{\max}}{c} = (\ln T)^{1/k} / \Gamma\left(1 + \frac{1}{k}\right) \qquad (2-14)$$

因此根据 $v_{\max}$ 和 $\bar{v}$ 的值，同时以 $\bar{v}$ 作为 μ 的估计值，则 k 可以由（2-14）得到。但此过程中，k 的求解较为复杂，而通过大量观测数据，k 值在 1.0～2.6 的范围变动，而此时 $\Gamma\left(1 + \dfrac{1}{k}\right) \approx 0.9$，于是

$$\begin{cases} k = \ln(\ln T) / \ln(0.90 v_{\max}/\bar{v}) \\ c = \bar{v} / \Gamma\left(1 + \dfrac{1}{k}\right) \end{cases} \qquad (2-15)$$

考虑到 $v_{\max}$ 的抽样随机性比较大，又有很大的年际变化，为了减少抽样误差，在估计某一地的平均风能潜力时，应根据 $v_{\max}$ 和 v 的多年平均值来估计风速的威布尔参数，才能具有很好的代表性。

如果形状参数 $k = 2$，则这种分布称为瑞利（Rayeigh）分布。当 $k > 3$ 时，则近似正态分布，当 $k = 1$ 时，则变成指数分布。瑞利分布适用于描述很多风电场的风速变化特点，风机制造商经常使用瑞利分布对它们的风机给出标准的性能图。

图 2-1 表示的是风速概率的分布，曲线下的面积总是精确为 1，因为在所有风速下，包括零风速，刮风的概率加起来必定是 100%。风速的分布是偏的，并不对称。有时可能遇到很高的风速，但是它们很少出现。另一方面，8m/s 的风速最常见，称为分布的形态

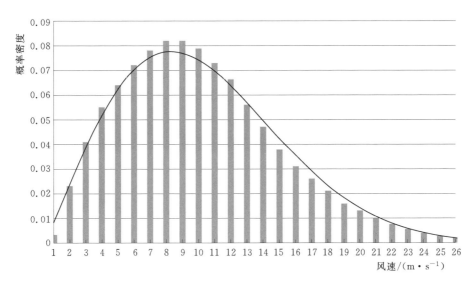

图 2-1 风速的瑞利分布图

值。根据式（2-3），将每一微小的风速间隔乘以这一风速的概率，然后求其和，即可得到平均风速。平均风速或者尺度参数 c 用于指出平均的场址风有多大，形状参数 k 则表明这个分布曲线有多尖，如果风速总是趋向接近于某一值，则该分布就有一个高的 k 值，也就是曲线很尖。

时变的风速可从风速 $v(t)$ 的威布尔分布模型中获得，由式（2-2）可得出

$$v(t) = c\{-\ln[1-F(v)]\}^{\frac{1}{k}} \qquad (2-16)$$

直接采用 $[0，1]$ 之间的随机函数生成 $F(v)$，然后代入式（2-16）中，即可产生一个连续的随机风速时间序列。

风速的这种统计分布在全球随地点的变化而变化，这取决于局部的气候条件、地形和地貌。因此，威布尔分布是变化的，无论它的形状还是它的平均值都是变化的。威布尔分布的模拟需要大量的实际风场资料，而且估计参数的方法比较麻烦，不具有通用性，通常需要根据不同的地理位置采用不同的方法，这些都不利于实验室风速的模拟。而且威布尔分布通常用来反映时间尺度较长的年度和季节性的风速变化。对于时间尺度较小的风速模拟，如一定强度的湍流等，可采用下节介绍的更为简单实用的组合风速数学模型。

2.2.2 组合风速模型

为了较精确地描述风能的随机性和间歇性的特点，风速变化的时空模型通常把组合风分为基本风、阵风、渐变风和随机风 4 部分组合风为

$$v(t) = \bar{v} + v_g(t) + v_r(t) + v_n(t) \qquad (2-17)$$

式中　$\bar{v}$——基本风风速，m/s；

　　　v_g——阵风风速，m/s；

　　　v_r——渐变风风速，m/s；

　　　v_n——随机风风速，m/s。

1. 基本风速

它在风力机正常运行过程中一直存在，基本上反映了风场平均风速的变化。风力发电机向系统输送的额定功率的大小也主要由基本风来决定，可风电场测风所得的威布尔分布参数近似确定，由式（2-11）可得

$$\overline{v} = c\Gamma\left(1 + \frac{1}{k}\right) \tag{2-18}$$

在计算时候一般认为基本风速不随时间变化，因而可以取常数值。

2. 阵风

为描述风速突然变化的特性，通常用阵风来模拟，在此段时间风速具有余弦特性，在电力系统动态稳定分析中，特别是在分析风力发电系统对电网电压波动的影响时，通常用它来考核在较大风速变化情况下的动态特性。

$$v_g = \begin{cases} 0 & t < t_{g1} \\ \dfrac{V_{gmax}}{2}\left[1 - \cos 2\pi\left(\dfrac{t - t_{g1}}{T_g}\right)\right] & t_{g1} \leqslant t \leqslant t_{g1} + T_g \\ 0 & t > t_{g1} + T_g \end{cases} \tag{2-19}$$

式中　T_g——阵风周期；

$\quad\quad t_{g1}$——阵风开始时间；

$\quad\quad V_{gmax}$——阵风幅度。

3. 渐变风

对风速的渐变变化特性用渐变风来模拟，即

$$v_r = \begin{cases} 0 & t < t_{r1} \\ V_{rmax}\dfrac{t - t_{r1}}{t_{r2} - t_{r1}} & t_{r1} \leqslant t \leqslant t_{r2} \\ V_{rmax} & t > t_{r2} \end{cases} \tag{2-20}$$

式中　V_{rmax}——渐变风幅度；

$\quad\quad t_{r1}$——渐变风开始变化的时间；

$\quad\quad t_{r2}$——渐变风结束的时间。

4. 随机风

通常在平均风速上叠加一个随机分量 v_n，来反映风速的随机波动，其模拟公式为

$$v_n = V_{n\_max} R_{am}(-1,1)\cos(w_v t + \varphi_v) \tag{2-21}$$

式中　V_{n_max}——随机分量的幅值；

$R_{am}(-1,1)$——-1 和 1 之间均匀分布的随机数；

$\quad\quad w_v$——风速波动的平均间距，一般取 $0.5\pi \sim 2\pi$(rad/s)；

$\quad\quad \varphi_v$——$0 \sim 2\pi$ 之间均匀分布的随机变量。

2.2.3　高频风及塔影效应

高频风速变动是局部现象，可被风轮表面平滑掉，风力机变大后更是如此。为模拟此效应，风轮模型中含有图 2-2 所示的低通滤波器。时间常数 τ_s 的值取决于风轮直径和风

的湍流密度及平均风速，一般 τ_s 可设定为 4s。

　　水平轴风力机由塔架支撑风轮、传动系统与发电机，在大型风力机中塔架通常为顶部截面积小、底部截面面积人的柱状。塔架及障碍物对气流的流动有略微的影响，当气流流过塔架时发生偏离，气流侧向速度增加而轴向速度减小，这种效应就是塔影效应。塔影效应是风力发电机在

图 2 - 2　风轮表面对高频风速的
平滑效应模拟

发电的过程中出现的一种负面效果，会导致风机出力的波动，使发电机的性能有所降低。因此当叶片转动到塔架附近区域时，将受到塔影效应的影响而导致叶片受风减小，一般认为塔影效应的影响范围方位角大于 90°小于 270°。

2.3　风　轮　模　型

2.3.1　风力发电机的基本特性及模型

　　风能是空气流动产生的动能，由流体力学可知，气流的动能为

$$E=\frac{1}{2}mv^2 \tag{2-22}$$

式中　m——气流的质量；

　　　v——气流的瞬时速度。

　　设单位时间内气流流过截面积为 S 的气体的体积为 V，则

$$V=Sv \tag{2-23}$$

　　该气体的空气质量为

$$m=\rho V=\rho Sv \tag{2-24}$$

式中　ρ——气体密度（在 15℃的海平面平均气压下为 1.225kg/m³）。

　　则单位时间内流过风轮的气流所具有的动能，即风功率为

$$P_w=\frac{1}{2}\rho Vv^2=\frac{1}{2}\rho Sv^3 \tag{2-25}$$

　　式（2-25）给出了风中理论上可以开发利用的能量，其大小随风速的立方而变化，如果风速加 1 倍，风能则增至 8 倍。然而，风力机无法从风中全部提取上述能量，当风流过风力机时，一部分动能传递给风轮，剩下的能量被流过风力机的气流带走。叶轮输出的实际功率取决于能量转换过程中风与风轮相互作用时的效率，即风能利用系数 C_p，所以风力机的实际输出机械功率为

$$P_m=C_pP_w=\frac{1}{2}\rho Sv^3C_p \tag{2-26}$$

　　风能利用系数（C_p）是表征风力机效率的重要参数，代表了风轮从风能中捕获功率的能力，它与风速、叶片转速、叶片直径、叶片桨距角（β）均有关系。为了便于讨论 C_p 的特性，定义风力机的另一个重要参数叶尖速比（λ），即叶片的叶尖线速度与风速之比为

$$\lambda = \frac{R_{\mathrm{t}}\omega_{\mathrm{t}}}{v} \tag{2-27}$$

式中　R_{t}——叶片的半径；

　　　ω_{t}——叶片旋转的转速。

风力机的运行特性可分为定桨距和变桨距两种。定桨距的风力机的主要结构特点是：风轮的桨叶与轮毂是固定的刚性连接，即当风速变化时，桨叶节距角保持不变，此时风能利用系数只与叶尖速比有关，可用一条曲线描述 $C_{\mathrm{p}}(\lambda)$ 特征，如图 2-3 所示。$C_{\mathrm{p}}(\lambda)$ 曲线反映的是标幺化之后的风力机特性，不同厂商、不同功率的风力机的 $C_{\mathrm{p}}(\lambda)$ 特性是非常相似的。从该曲线可以看出，对一特定的风力机，有唯一的 λ 使得 C_{p} 最大，称为最佳叶尖速比 λ_{opt}，对应最大风能利用系数为 C_{pmax}。从图 2-3 可以看出，当叶尖速比大于或小于最佳叶尖速比时，风能利用系数都会偏离最大风能利用系数，引起机组效率的下降。一般 λ_{opt} 为 8~9，即叶尖速是风速的 8~9 倍时，风能利用系数最大。

变桨距风力机的结构特点是：风轮的叶片与轮毂通过轴承连接，需要功率调节时，叶片就相对轮毂转一个角度，即改变叶片的桨距角。图 2-4 是变桨距风力机的特性曲线，当桨距角逐渐增大时，$C_{\mathrm{p}}(\lambda)$ 曲线向下移动，即 C_{p} 随之减小。因此，调节桨距角可以限制捕获的风电功率。当功率在额定功率以下时，控制器将叶片桨距角置于 0° 附近，不作变化，可认为等同于定桨距风力发电机组，发电机的功率根据叶片的气动性能随风速的变化而变化。当功率超过额定功率时，变桨距机构开始工作，调整叶片桨距角，将发电机的输出功率限制在额定值附近。

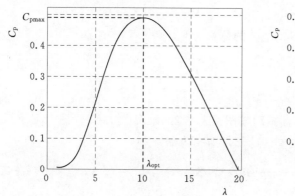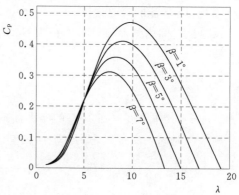

图 2-3　桨距角固定时的风力机特性曲线 $C_{\mathrm{p}}(\lambda)$　　图 2-4　不同桨距角下的风力机特性曲线 $C_{\mathrm{p}}(\lambda,\beta)$

变桨距风力机与定桨距风力机相比具有以下特点：

（1）由于变桨距风力机功率调节不完全依靠叶片的气动性能，所以具有在额定功率点以上输出功率平稳的特点。

（2）对于定桨距风力机，一般在低风速段的风能利用系数较高，当风速接近额定点时，风能利用系数开始大幅度下降。而变桨距风力机，由于桨叶的桨距角可以控制，使得在额定功率点仍然具有较高的风能利用系数。

（3）变桨距风力机由于能调整叶片角度，故功率输出不受温度、海拔、气流密度的影响。

（4）变桨距风力机在低风速时，桨叶可以转动到合适的角度，使风轮具有最大的启动转矩，从而比定桨距风力机更容易控制。

（5）变桨距风力机轮毂结构复杂，制造、维护成本高。

不同厂商风力机的 $C_p(\lambda,\beta)$ 曲线是非常相似的，因此，在电力系统仿真中常用较为通用的高阶非线性函数来描述其特性。理论研究中可采用以下函数计算

$$\begin{cases} C_p(\lambda,\beta)=c_1\left(\dfrac{c_2}{\lambda_i}-c_3\beta-c_4\beta^{c_5}-c_6\right)\mathrm{e}^{\frac{c_7}{\lambda_i}} \\ \dfrac{1}{\lambda_i}=\dfrac{1}{\lambda+c_8\beta}-\dfrac{c_9}{\beta^3+1} \end{cases} \tag{2-28}$$

式（2-28）中的 $c_1\sim c_9$ 为 C_p 曲线的拟合参数，对不同风力机的特性曲线进行拟合后得到的上述参数略有不同。为了使式（2-28）拟合的曲线与制造商提供的曲线之间的误差最小，一般采用多维优化。

2.3.2 贝兹理论

风力发电的过程是将风能转化为机械能，再将机械能转化为电能。在这个过程中，风力机捕获风能的过程起了相当重要的作用，它直接决定了最终风力发电机组的转换效率。但是不管采用什么形式的风力机，都不可能将风能全部转化为机械能。因此在研究风力发电的时候定义了一个风能利用系数 C_p，用来评价风力机所吸收能量的程度。

为了讨论这个问题，德国的贝兹（Betz）于1926年建立了风力机的第一个气动理论。他假定风轮是理想的，没有轮毂，具有无限多的叶片，气流通过风轮时没有阻力；并假定气流经过整个风轮扫掠面是均匀的，并且气流流过风轮前后的速度均与轴同方向。

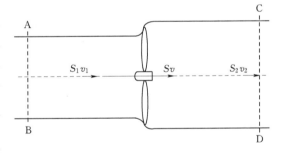

图 2-5 风轮的气流图

如图 2-5 所示，v 为通过风力机截面 S 的实际速度，v_1 为风力机上游远处的风速，v_2 为风力机下游远处的风速。假设空气是不可压缩的，由连续条件可得

$$S_1v_1=Sv=S_2v_2 \tag{2-29}$$

由气流冲量原理可得叶轮所受的轴向推力为

$$F=m(v_1-v_2) \tag{2-30}$$

叶轮单位时间内吸收的风能——叶轮吸收的功率为

$$P=Fv=\rho Sv^2(v_1-v_2) \tag{2-31}$$

由动能定理可知单位时间内气流所做的功为

$$E=\frac{1}{2}mv^2=\frac{1}{2}Svv^2 \tag{2-32}$$

在叶轮的前后，单位时间内气流动能的改变量为

$$\Delta E=\frac{1}{2}\rho Sv(v_1-v_2) \tag{2-33}$$

此即气流穿越叶轮时，被叶轮吸收的功率，因此得出

$$\rho S v^2 (v_1 - v_2) = \frac{1}{2}\rho S v (v_1^2 - v_2^2) \qquad (2-34)$$

整理得

$$v = \frac{1}{2}(v_1 + v_2) \qquad (2-35)$$

即穿越叶轮的风速为叶轮远前方和远后方风速的均值。

将式（2-35）代入式（2-33）可得

$$P = \Delta E = \frac{1}{4}\rho S (v_1^2 - v_2^2) \qquad (2-36)$$

通常 v_1 是已知的，所以 P 可以看成是关于 v_2 的函数，将式（2-36）对 v_2 求导并令其为零，得 $v_2 = \frac{1}{3}v_1$，由此可求得功率的最大值为

$$P_{\max} = \frac{8}{27}\rho S v^3 \qquad (2-37)$$

将式（2-37）除以气流通过扫风面 S 时所具有的动能，可得到风轮的理论最大效率（或称理论风能利用系数）为

$$\eta = \frac{P_{\max}}{0.5\rho S v^3} = \frac{16}{27} \approx 0.593 \qquad (2-38)$$

这就是著名的贝兹定理，它说明风轮从自然界中所获得的能量是有限的，理论上最大值为原有能量的 0.593 倍，其损失部分可解释为留在尾迹中的气流旋转动能。现代三桨叶风力机在轮毂处实测的最优 C_p 值为 0.52～0.55。而最终的风能利用系数还要考虑机械能转化为电能时的损耗，目前风电机组将风电功率转化为电气功率的最优利用系数为 0.46～0.48。

2.3.3　风力机的功率—转速特性

从上面的分析可知，在某一固定的风速 v 下，随着风力机转速的变化，C_p 值也会相应变化，从而使风力机输出的机械功率随之变化。对于一特定风力机，$C_p(\lambda)$ 特性曲线已知，桨叶半径 R_t 为常数，则可建立不同风速下描述 C_p 与发电机转速 ω_r 关系的特性曲线簇 $C_p(\omega_r, v)$，如图 2-6 所示。风力机在固定风速下的最优运行点对应唯一的风轮转速，随着风速增加，$C_p(\omega_r)$ 曲线向右移动，转速也需随之而增加才能捕获最大功率。根据式（2-26）可进一步得到风力机捕获的机械功率和转速之间关系的曲线簇 $P_m(\omega_r, v)$，如图 2-7 所示。

在图 2-7 所示的曲线簇中，连接最大功率点即可得到功率最优曲线 $P_{opt}(\omega_r)$。风力机运行于最优点时（即 $\lambda = \lambda_{opt}$、$C_p = C_{pmax}$），根据式（2-27）可得风速和转速的关系为

$$v = R_t \omega_t / \lambda_{opt} \qquad (2-39)$$

将式（2-39）代入（2-26）中，可得在最优运行点风力机捕获的功率为

$$P_{opt} = 0.5 C_{pmax} \rho \left(\frac{R_t}{\lambda_{opt}}\right)^3 \pi R_t^2 \omega_t^3 = k_{opt}\omega_t^3 \qquad (2-40)$$

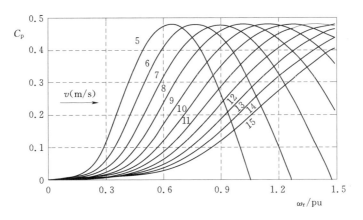

图 2-6 不同风速下 $C_p(\omega_r, v)$ 特性曲线

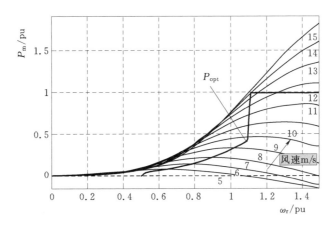

图 2-7 不同风速下风力机功率与转速的关系及最大功率跟踪曲线

式中：$k_{opt} = 0.5\rho\pi R_t^5 C_{pmax}/\lambda_{opt}^3$，为最优功率曲线系数。由式（2-40）可知，对于特定的风力机，其最佳功率曲线是确定的，最大功率和转速呈三次方成正比关系。对应的转矩为

$$T_{opt} = k_{opt}\omega_t^2 \qquad (2-41)$$

变速风力机的转速可以在很宽的范围内调节，以使叶尖速比保持在 λ_{opt} 的范围内，而风能利用系数达到最大值。因而在很宽的风速范围内，变速风力发电机组的功率输出将高于恒速风力发电机组，在更高风速时，风力机通过变桨距控制使机械功率保持在额定水平，避免机械和电气系统因过载而损坏。

2.3.4 风力机的功率跟踪曲线与运行区域

根据不同的风速，变速恒频风力发电机组的运行范围一般可以划分为四个区域。在不同的区域内不仅控制手段和控制任务各不相同，而且风力机和发电机的控制重点和协调关系也不相同。

第一个运行区域是启动并网区域，此时风速从零上升到切入风速，并保持一段时间，风力发电机组解除制动装置，由停机状态进入启动状态。这个区域的主要控制目的是实现

风力发电机组的并网，其中风力机的变桨距控制使发电机快速平稳升速，并在转速达到同步范围时针对风速的变化调节发电机转速，使其保持恒定或在一个允许范围内变化。

第二个运行区域是最大功率跟踪区域。此时风力发电机的转速小于最大允许转速，风力发电机组要保持变速恒频运行。在这个区域内实行最大风能追踪控制，保证风力机在最大风能利用系数 C_{pmax} 下运行，因此该区域又称为 C_p 恒定区。在 C_p 恒定区追踪最大风能时，风力机控制子系统进行定桨距控制，即将桨距角设定在最大风能吸收角度，发电机控制子系统通过控制发电机的输出功率来控制机组的转速，实现变速恒频运行。

第三个运行区域是转速恒定区。随着风速的增大，机组的转速也在增大，最终达到机组允许的最大转速，但风力机输出功率未达到最大限度，风力机维持该转速不变，即在恒转速下运行，在此区域一般是由风力机控制子系统通过变桨距控制来实现转速控制任务。

通过以上分析可知，第二区域和第三区域都是在额定风速以下的区域，此时风力发电机已并入电网运行，获得的能量转换成电能输送到电网。

第四个运行区域为恒功率运行区域。当风速继续增加时，风力机输出功率也继续增大，最终导致发电机和变换器的功率达到极限。因此，此运行区域的控制目标是保证机组的功率在额定值附近而不会超过功率极限。风力机通过调节桨距角实现在风速增加时机组转速降低，C_p 值迅速降低，从而保持功率恒定。

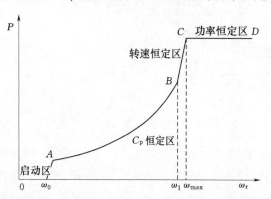

图 2-8　风力发电机组的功率跟踪曲线与运行区域

从上面的讨论可以看出，在风速变化过程中，风力发电机组运行在不同的区域各有不同的控制任务和控制方法，如图 2-8 所示。图 2-8 中 OA 为启动阶段，对发电机进行并网控制，发电机无功功率输出；AB 段为 C_p 恒定区，机组随着风速作变速运行以追踪最大风能；BC 段为转速恒定区，随着风速增大，转速保持恒定，功率将增大；CD 段为功率恒定区，随着风速增大，控制转速迅速下降以保持恒定的功率输出。

根据变速恒频风力发电机组的不同运行区域，可将基本控制方式确定为：低于额定风速时，实行最大风能追踪控制或转速控制，以获得最大的能量或控制机组转速；高于额定风速时，实行功率控制，保持功率输出稳定。

图 2-8 所示的风力发电机的功率跟踪曲线用于给定发电机有功参考指令 P_{opt}^*，可由转速反馈 ω_r 计算得出，即

$$P_{opt}^* = \begin{cases} 0 & 0 < \omega_r < \omega_0 \\ k_{opt}\omega_1^3 & \omega_0 < \omega_r < \omega_1 \\ \dfrac{P_{max} - k_{opt}\omega_1^3}{\omega_{max} - \omega_1}(\omega_r - \omega_{max}) + P_{max} & \omega_1 < \omega_r < \omega_{max} \\ P_{max} & \omega_r > \omega_{max} \end{cases} \tag{2-42}$$

其中
$$k_{opt} = \frac{1}{2} \rho \pi R_t^5 \frac{C_{pmax}}{\lambda_{opt}^3}$$
(2-43)

式中 ω_0——风机并网的初始转速;

ω_1——进入转速恒定区时的初始转速对应的电角速度;

ω_{max}——风力发电机转速限幅值对应的电角速度;

P_{max}——风力发电机输出有功功率限幅值。

2.3.5 风力机的功率调节

风力机的功率调节是风力发电机组的关键技术之一。当风速超过额定风速（一般为 $12\sim16m/s$）以后，由于叶片的机械强度和发电机、电力电子容量物理特性的限制，必须降低风轮的能量捕获，使功率输出保持在额定值附近。同时也减少了叶片承受的负荷和整个风力机受到的冲击，从而保证了风力机的安全。目前常见的功率调节方式主要有定桨距失速调节、变桨距调节、主动失速调节三种方式。其中，定桨距失速控制最简单，利用高风速时升力系数和阻力系数的增加，限制功率在高风速时保持近似恒定。变桨距调节通过转动桨叶片安装角以减小攻角。高风速时减小升力系数，以限制功率。叶片主动失速调节简单可靠，利用桨距调节，在中低风速区可优化功率输出。

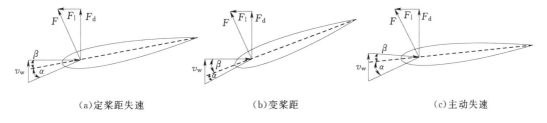

(a)定桨距失速　　　　　　　　(b)变桨距　　　　　　　　(c)主动失速

图 2-9　风力机功率调节原理

图 2-9 中，v_w 为轴向风速；β 为桨距角，是桨叶回转平面与桨叶截面弦长之间的夹角；α 为攻角，是相对气流速度和弦线之间的夹角；F 为作用在桨叶上的力，可以分解为 F_d 和 F_l 两部分。其中 F_l 与风速 v_w 垂直，称为驱动力，使桨叶旋转；F_d 与风速 v_w 平行，称为推力，作用在塔架上。

1. 定桨距失速调节

定桨距是指风轮的桨叶与轮毂之间是刚性连接，叶片的桨距角不变。由于叶片的上下翼面形状不同，当气流流过时由于凸面的弯曲而使气流加速，气压较低；凹面较平缓使气流速度减缓，压力较高，压差在叶片上产生由凹面指向凸面的升力。如图 2-9（a）所示，桨距角 β 不变，当风速 v_w 增加时攻角 α 相应增大，造成上下翼面压力差减小，致使阻力增加升力减少，从而限制了功率的增加，这种现象叫做叶片失速。

失速调节叶片的攻角沿轴向由根部向叶尖逐渐减少，因而叶片根部先进入失速，随风速增大，失速部分向叶尖处扩展，原先已失速的部分，失速程度加深，未失速的部分逐渐进入失速区。失速部分使功率减少，未失速部分仍有功率增加，从而使输入功率保持在额定功率附近，这就是失速调节的原理。

由此可见定桨距失速控制由于没有功率反馈系统和变桨距角执行机构，使得整机结构简单、部件少、造价低，并具有较高的安全系数。但失速控制方式主要依赖于叶片独特的翼型结构，造成叶片本身结构复杂而且工艺难度也较大。随着功率增大，叶片加长，所承受的气动推力大，使得叶片的刚度减弱，失速动态特性变得不易控制，所以目前很少应用在兆瓦级以上的大型风力发电机组的功率控制上。

2. 变桨距调节

变桨距型风力发电机组能使风轮叶片的安装角随风速而变化，桨距角的微小变化对功率输出有显著的影响。对于一定的风况条件，可以通过对叶片桨距角进行适当的调节，使设计的风轮运行在最佳风能捕获状态。

变桨距风力发电机功率调节的原理是：风轮的桨叶在静止时，叶尖桨距角 $\beta = 90°$，这时气流对桨叶不产生转矩，整个桨叶实际上是一块阻尼板。当风速达到启动风速时，桨叶向 $0°$ 方向转动，直到气流对桨叶产生一定的攻角，风轮开始启动。

如图 2-9（b）所示，当桨距角 $\beta = 0°$ 时，风力机正常运转，而发电机的输出功率还小于其额定功率时，风力机应尽可能地捕捉较多的风能，所以此时没必要改变桨距角，其功率输出完全取决于风速及桨叶的气动性能，由于此阶段风力机工作在欠功率状态，故整机效率并未达到最大。风速增大，当风力机功率高于额定功率时，桨距角向迎风面积减少的方向转动一个角度，相当于增大桨距角 β，减小攻角 α，从而将功率输出始终保持在额定功率值附近。

变桨距调节风力机的优点是在阵风时，塔架、叶片、基础受到的冲击比失速调节风力发电机组要小很多，同时降低了材料使用率和整机重量。但它也有明显的缺点：需要有一套比较复杂的桨距调节机构，要求变桨距系统对阵风有足够快的响应速度，减轻由于风的波动引起的功率脉动。

3. 主动失速调节

主动失速调节方式是前两种功率调节方式的组合，如图 2-9（c）所示。在高风速时，变桨距控制是使桨叶顺风转动以减小升力，功率的显著降低需要桨距角较大的变化。而主动失速调节方式是使桨叶逆风转动，风力机达到额定功率后，调节桨距角 β 使其向减小的方向转动一个角度，由此相应的攻角 α 增大使叶片失速效应加深，从而限制风能的捕获。主动失速控制只需较小的桨距角变化，敏感性很高，需要准确地控制桨距角。

通过上述分析可知，桨距角控制器仅在高风速时有效。此时，风轮转速不能再通过增加发电机功率来控制，否则会使发电机或变流器过载。因此，通过改变桨距角来限制风轮的气动效率，防止风轮转速过高，导致机械破坏。最优桨距角在额定风速时约为零，高于额定风速，最优桨距角随风速增加稳定地增加。

变桨距风力机的桨距角由桨距伺服来控制。主控制系统产生参考桨距角，桨距伺服是执行机构，实际控制风力机桨叶旋转到要求的角度。桨距伺服受结构限制，如角度限制 β_{min} 和 β_{max}，即叶片仅能在某物理限度内转动。对主动失速控制性风力机，允许范围是 $-90° \sim 0°$（甚至正角度），而对桨距控制型风力机，允许角度为 $0° \sim 90°$（甚至负角度）。同理，应该考虑到桨距角不能迅速改变，仅能以有限速率变化，而且由于现代风力机风轮叶片尺寸很大，此速率很低。一般来讲，桨距控制型风力机角度灵敏性较高，对它的调桨速度限制会比主动失速控制型风力机更高。桨距角变化的最大速率是 $3°/s \sim 10°/s$，取决于风力机的尺寸。由于桨距角仅能缓慢变化，桨距角控制器工作的采样频率 f_{ps} 为 $1\sim3\,\text{Hz}$。另外，变桨机构应尽可能的小，以利于节省成本。

图 2-10 为桨距角控制器原理图，采用比例控制器调节桨距角。用此控制器类型意味着风轮转速允许超过其额定值一定量，这取决于选择的 K_P 常数值。

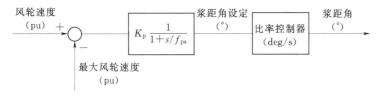

图 2-10 桨距角控制器原理图

2.4 轴 系 模 型

风力发电机组的轴系相对于汽轮发电机组来说组成部分较少，对于非直驱式机组而言，主要有风力机、变速传动装置和发电机组；其变速装置主要由低速轴、高速轴和齿轮箱构成。对于风力发电系统的电气控制部分来讲，系统动态性能是一个需要关注的量，因此风力发电系统的轴系通常采用动态模型对其进行描述。根据对轴系的不同等效方案和建模方法可将风力发电系统的轴系分成集中质块模型、二质块模型和三质块模型。

风力发电机组轴系中二质块模型如图 2-11 所示。连接风力发电机组各部分的轴系在风轮侧承受机械转矩 T_m，在发电机侧承受由发电机的电磁场产生的电磁转矩 T_e。因此，轴系将产生扭矩角 θ_s。电磁转矩 T_e 变化时，扭矩角 θ_s 也随之发生变化，轴系会产生扭曲或松弛。轴系扭曲或松弛的这种动态变化可以导致发电机转速的波动。特别是对于采用感应发电机的定速风力发电机组，当其与电网连接时，

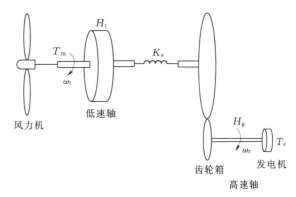

图 2-11 二质块的轴系模型

由于在机械参数（发电机转速）和电气参数（有功和无功功率）之间存在强耦合，风力发电机组与电网的机电互作用则表现为电压、发电机电流、有功和无功功率以及风力发电机组和电网其他电气参数的波动。这一波动的固有频率与轴的扭曲模相对应，通常为 $1\sim2\,\text{Hz}$。

2.4.1 机械系统参数及其标幺值

电力系统的仿真程序习惯使用标幺值系统，本节所给出的轴系模型也是基于标幺值系统建立的。风力发电机组的轴系通常是含风轮转速 ω_t 和发电机转速 ω_r 的双速系统，在使用标幺值之后，高速轴和低速轴的转速和转矩则不存在速比的区别，便于仿真分析。将标幺值系统扩展到旋转机械系统中，需补充定义角速度、角度等基值。功率基值为发电机额

定功率 P_N，电气角速度基值定义为电网同步转速 ω_e，角度基值为 θ_{base}，而转矩和轴刚度的基值为

$$T_{\text{base}} = \frac{P_{\text{base}}}{\omega_{\text{base}}} \tag{2-44}$$

$$K_{\text{s\_base}} = \frac{T_{\text{base}}}{\theta_{\text{base}}} \tag{2-15}$$

风轮机械转速 ω_t 和发电机机械转速 ω_r 的基值为

$$\begin{cases} \omega_{\text{t\_base}} = \dfrac{\omega_e}{p_n N_t} \\[3mm] \omega_{\text{r\_base}} = \dfrac{\omega_e}{p_n} \end{cases} \tag{2-46}$$

式中　p_n——发电机的极对数；

N_t——齿轮速比。

轴扭转角基值 $\theta_{\text{s\_base}}$ 用电弧度表示，而以机械弧度表示的低速轴基值 $\theta_{\text{Ls\_base}}$ 和高速轴基值 $\theta_{\text{Hs\_base}}$ 与其关系为

$$\begin{cases} \theta_{\text{Ls\_base}} = \dfrac{\theta_{\text{s\_base}}}{p_n N_t} \\[3mm] \theta_{\text{Hs\_base}} = \dfrac{\theta_{\text{s\_base}}}{p_n} \end{cases} \tag{2-47}$$

对于所定义的标幺值系统，ω_r 和 ω_t 的标幺值为

$$\begin{cases} \omega_{\text{r\_pu}} = \dfrac{\omega_r}{\omega_{\text{r\_base}}} = \dfrac{p_n \omega_r}{\omega_e} = 1 - s \\[3mm] \omega_{\text{t\_pu}} = \dfrac{\omega_t}{\omega_{\text{t\_base}}} = \dfrac{p_n N_t \omega_t}{\omega_e} = 1 - \Delta\omega_{\text{t\_pu}} \end{cases} \tag{2-48}$$

式中　s——发电机滑差；

$\Delta\omega_{\text{t\_pu}}$——风轮对同步转速的转速偏差，稳态下为 s。

电磁转矩 T_e、作用在发电机转子上的机械转矩 T_{mg} 和作用在风轮上的机械转矩 T_m 的标幺值为

$$\begin{cases} T_{\text{e\_pu}} = \dfrac{\omega_e}{P_N} T_e \\[3mm] T_{\text{mg\_pu}} = \dfrac{\omega_r}{P_N} T_{\text{mg}} = \dfrac{\omega_e}{P_N p_n} T_{\text{mg}} \\[3mm] T_{\text{m\_pu}} = \dfrac{\omega_t}{P_N} T_m = \dfrac{\omega_e}{P_N p_n N_t} T_m \end{cases} \tag{2-49}$$

轴系的主要机械参数是风轮惯量 J_t、发电机转子惯量 J_g 和轴刚度 k_s。在标幺值系统中，转动惯量需转化成以秒为单位的惯性时间常数 H_t 和 H_g。风轮和发电机的惯性时间常数定义为

$$\begin{cases} H_t = \dfrac{1/2 J_t \omega_t^2}{P_N} = \dfrac{1/2 J_t \omega_e^2}{P_N p_n^2 N_t^2} \\[3mm] H_g = \dfrac{1/2 J_g \omega_r^2}{P_N} = \dfrac{1/2 J_g \omega_e^2}{P_N p_n^2} \end{cases} \tag{2-50}$$

风轮惯性时间常数 H_t 代表风轮叶片的总惯性，可以通过式（2-50）由风轮惯量 J_t 计算得到，而 J_t 通常由风力发电机组制造商给出。如果没有风轮惯量 J_t 的确切值，可以根据风轮总重 m_t 和风轮半径 R_t 估计。将风轮看作旋转的圆盘，回转轴通过中心与盘面垂直，其惯量估计为

$$J_t \approx \frac{1}{2} m_t R_t^2 \tag{2-51}$$

根据式（2-45）的轴刚度基值，由低速轴和高速轴各自的刚度值 k_{Ls} 和 k_{Hs} 可以算得其刚度标幺值 K_{Ls} 和 K_{Hs} 为

$$\begin{cases} K_{Ls} = \dfrac{k_{Ls} \omega_t \theta_{Ls\_base}}{P_N} = \dfrac{k_{Ls} \omega_e \theta_{base}}{P_N p_n^2 N_t^2} \\[3mm] K_{Hs} = \dfrac{k_{Hs} \omega_r \theta_{Hs\_base}}{P_N} = \dfrac{k_{Hs} \omega_e \theta_{base}}{P_N p_n^2} \end{cases} \tag{2-52}$$

轴系总刚度 K_s 包含低速轴贡献 K_{Ls} 和高速轴贡献 K_{Hs}。如果不考虑齿轮的惯量，轴系的总刚度可看作两轴刚度"并联"计算为

$$K_s = \left(\frac{1}{K_{Ls}} + \frac{1}{K_{Hs}} \right)^{-1} \tag{2-53}$$

对于现代风力发电机组，比值 $k_{Ls}/k_{Hs} \leqslant 100$，而齿轮变速比 N_t 在 70～100 之间。因此，轴系的总刚度 K_s 近似等于低速轴刚度 K_{Ls}，即

$$K_s \approx K_{Ls} \tag{2-54}$$

这说明扭转角 θ_s 大约等于从发电机端"看到的"低速轴的扭转。所以，低速轴端部的旋转系统可以看成是刚性旋转质块，质块惯量等于大齿轮、高速轴、发电机转子和制动环（如果它装在高速轴上）的总惯量，简称为发电机转子惯量，用 J_g 表示。发电机转子和制动环对 J_g 的贡献最大。根据式（2-50）可由 J_g 计算出发电机转子惯性常数 H_g。

现代风力发电机组惯性常数和轴刚度的典型值见表 2-1。

表 2-1　　　　　　　　　现代风力发电机组惯性常数和轴刚度的典型值

参　数	H_g/s	H_t/s	K_s
范围	0.4～0.8	2～6	0.35～0.7
典型值	0.75	4.5	0.65

2.4.2　两质块的轴系模型

用动态风电机组模型研究电力系统稳定性时，轴系可用图 2-11 所示的二质块模型表示。在这一模型中，风轮惯量与整个发电机转子的惯量通过轴系相连，轴系提供的是柔性连接。现代风力电机组的轴刚度比常规发电设备低 30～100 倍。

以标幺值系统的状态方程描述轴系的二质块模型为

$$\begin{cases} 2H_t \dfrac{d\omega_t}{dt} = T_m - K_s \theta_s - D_t \omega_t \\[3mm] 2H_g \dfrac{d\omega_r}{dt} = K_s \theta_s - D_g \omega_r - T_e \\[3mm] \dfrac{d\theta_s}{dt} = 2\pi f_e / p_n (\omega_t - \omega_r) \end{cases} \tag{2-55}$$

式中，状态变量包括风轮转速 ω_t、发电机转速 ω_r 和二质块之间的相对角位移 θ_s；模型输入量是机械转矩 T_m 和电磁转矩 T_e；D_t、D_g 分别表示风力机、发电机转子的阻尼系数；f_e 为电网额定频率；该模型中，除了 K_s、θ_s、f_e 的单位分别是 pu/rad、（°）、Hz 外，其他值均采用标幺值。

2.4.3　集中质块模型

当重点分析风力发电系统电气部分的动态模型时，可以对风力机作一定的简化。由于风力机具有较大的转动惯量，风能从叶片通过轮毂到达发电机处做功时有一定的时滞，此时可以用一阶惯性环节来模拟，集中质块传动机构的数学模型为

$$2(H_g+H_t)\frac{\mathrm{d}\omega_r}{\mathrm{d}t}=T_m-T_e \tag{2-56}$$

2.4.4　轴系数学模型的应用

常规发电设备是多轴系统，使用集中质块模型进行计算。与风力发电机轴系集中质块模型相比，二质块模型更复杂、需要更多数据。因此，在进行短期电压稳定性研究时，需要首先判断在哪些情况下必须使用二质块模型来表示风电机组轴系，哪些情况下仍然可以使用集中质块模型。就此而言，早期的短期电压稳定性研究并没有考虑与电网运行可能的关系。由于风力发电机组轴系与电网之间有非常强的机电互作用，研究短期电压稳定时，需使用二质块模型来表示风电机组轴系。

1. 定速风力发电机组

对于采用感应发电机的定速风力发电机组，发电机转子转差 s 与感应发电机电气参数（如有功功率、无功功率和机端电压 U_s）之间存在强耦合。由电网扰动引起的轴系扭振会导致发电机转速和发电机电气参数波动。这一波动的强度取决于故障前风力发电机组扭曲轴内的累积势能。

在电网正常运行状态下，风力发电机组扭曲轴内的累积势能 W_s 为

$$W_s=1/2K_s\theta_s^2=1/2K_s\left(\frac{T_m}{K_s}\right)^2=1/2\frac{T_m^2}{K_s} \tag{2-57}$$

式中　θ_s——正常运行时的初始扭矩，不考虑阻尼 D_t 和 D_g。

当电网出现短路故障时，机端电压 U_s 和风力发电机组发电机的电磁转矩 T_e 减小。扭曲轴松弛，而且在松弛过程中，机轴势能转化为发电机转子动能。这一能量转化过程使发电机转子加速度大于采用集中质块模型时的结果。发电机转速和转差 s 增加时，感应发电机吸收的无功功率 Q_e 增加。机轴松弛导致吸收的无功功率增加，使电网电压恢复比采用集中质块模型时慢。

尽管轴系的二质块模型描述的是轴系内部扭曲摆动，但由于定速风力发电机组感应发电机的机械和电气参数之间的强耦合，轴系的这一特性将影响电网电压恢复速度。这也就是定速风力发电机组轴系必须用二质块模型来表示的原因，二质块模型的有效性是基于风力发电机组轴的总刚度 K_s 足够低的事实，它适用于兆瓦级大中型风力发电机组的大多数情况。

2. 变速风力发电机组

变速风力发电机组轴的刚度与定速风力发电机组刚度范围相同。当电网出现短路故障时，变速风力发电机组的轴系也会产生扭振。对于装有双馈感应发电机的变速风力发电机组，双馈感应发电机的励磁由变频器控制，变频器控制与有功功率 P_e 和无功功率 Q_e 控制无关。因此吸收的无功功率和发电机端的电网电压与发电机转速解耦。在这种功率转换系统中，轴系扭振导致发电机转速波动，但只要变频器在运行，它就不会影响发电机机端的电网电压 U_s。变频器含有电力电子元件，它们对电气过载和热过载都非常敏感。当电网出现短路故障时，存在变频器停止切换和闭锁的风险，因为它要保护这些元件。在变频器闭锁状态下运行，发电机转速和发电机励磁之间会产生耦合。当变频器采用短路撬棒（Crowbar）保护时也会产生这种耦合。在这种情况下，机轴扭动会影响发电机端的电网电压，与定速风力发电机组类似。

在变频器运行时（例如取消短路撬棒保护和变频器重启），机组有功功率 P_e 跟随发电机转速的波动特性而变化，需要抑制由电网扰动引起的机轴扭振。这一功率波动的固有频率等于轴扭矩模，可由式（2-55）导出，即

$$f_T = \frac{1}{2\pi} \sqrt{\frac{\omega_0 K_s (H_t + H_g)}{2 H_t H_g}} \qquad (2-58)$$

风力发电机组的轴扭矩模在 $1 \sim 2 \mathrm{Hz}$ 范围内，与常规电厂同步发电机的固有频率接近。在欠阻尼情况下，存在扭振引起常规电厂同步发电机相应振荡的风险。当变速风力发电机组的轴刚度足够低，在进行电力系统稳定性研究时，就必须用轴系的二质块模型表示风力发电机组轴。

3. 集中质块模型的应用范围

当风力发电机组的轴系足够硬时（理想情况为 K_s 趋于无穷大），使用集中质块模型不会影响其精度。轴系扭曲累积的势能 W_s 是轴刚度 K_s 的倒数。如果轴是理想刚性的，则它不会被扭曲，因而不会累计势能。有关文献中表述当轴刚度 $K_s = 3.0 \mathrm{pu}$ 时，发电机转速和风力发电机组的其他电气参数都不会出现很大的波动。因此当轴刚度 K_s 等于或大于 $3.0 \mathrm{pu}$ 时，可以使用集中质块模型。在集中质块模型中，轴刚度 K_s 设为无穷大，轴扭矩 θ_s 设为 0。作为集中质块模型，风轮惯量和发电机转子惯量合在一起组成单一旋转模块 $H_1 = H_t + H_g$。

2.5 仿 真 算 例

2.5.1 风速模拟

平均风速为 $11 \mathrm{m/s}$ 时，风速标准差为 $2.27 \mathrm{m/s}$，通过式（2-11）计算可以得到威布尔参数 $k = 5.6$，$c = 12 \mathrm{m/s}$，根据式（2-16）生成随机风速模型，如图 2-12 所示。

表 2-2 给出了组合风速模型参数，根据式（2-17）～式（2-21）建模，可得到基本风速为 $8 \mathrm{m/s}$ 并含有阵风、渐变风和随机风速时间序列的组合风速模拟数据，如图 2-13 所示。

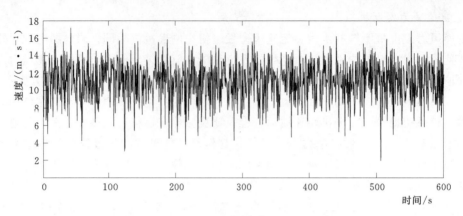

图 2-12　平均风速为 11m/s 的威布尔分布风速模型

表 2-2　　　　　　　　　　　　组 合 风 速 模 型 参 数

项　　目	参　数	项　　目	参　数
基本风速/$(\mathrm{m \cdot s^{-1}})$	8	渐变风最大值/$(\mathrm{m \cdot s^{-1}})$	2
阵风峰值/$(\mathrm{m \cdot s^{-1}})$	3	风速渐变开始的时间/s	5
阵风开始时间/s	5	风速渐变结束的时间/s	35
阵风周期/s	10		

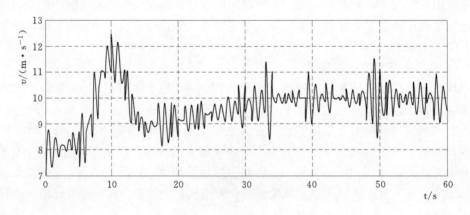

图 2-13　组合风速模型仿真结果

2.5.2　风力机特性模拟

表 2-3 列举了三种类型风力机 $C_\mathrm{p}(\lambda, \beta)$ 曲线的 $C_1 - C_9$ 参数，根据式（2-28）可计算得到 $C_\mathrm{p}(\lambda)$ 曲线，如图 2-14 所示。

表 2-3　　　　　　　　　　　　功 率 曲 线 拟 合 值

类型	C_1	C_2	C_3	C_4	C_5	C_6	C_7	C_8	C_9
Heier（1998）	0.5	116	0.4	0	—	5	21	0.08	0.035
恒速风力机	0.44	125	0	0	0	6.94	16.5	0	−0.002
变速风力机	0.43	151	0.58	0.02	2.14	8	18.4	−0.02	−0.003

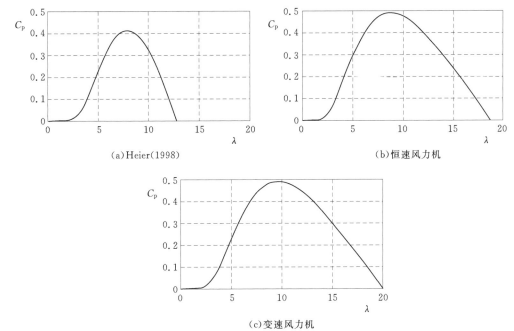

(a) Heier(1998)　　　　　　　　　(b) 恒速风力机

(c) 变速风力机

图 2-14　风力机特性曲线 $C_p(\lambda)$ 的数值模拟

2.5.3　轴系模型仿真

在定速风力发电机组的仿真系统中，分别采用单质块模型和双质块模型进行了风速突变时的仿真分析，对比了这两种模型对轴系特性模拟的区别。发电机惯性时间常数 $H_g=0.75$，风轮惯性时间常数 $H_t=3$，轴系的总刚度 $K_s=0.65$pu，风速在并网 4s 后由 11m/s 突变为 8m/s。采用单质块模型和双质块模型时的仿真结果分别如图 2-15、图 2-16 所示。

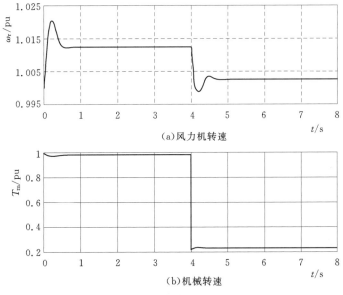

(a) 风力机转速

(b) 机械转速

图 2-15（一）　采用单质块轴系模型时的仿真结果

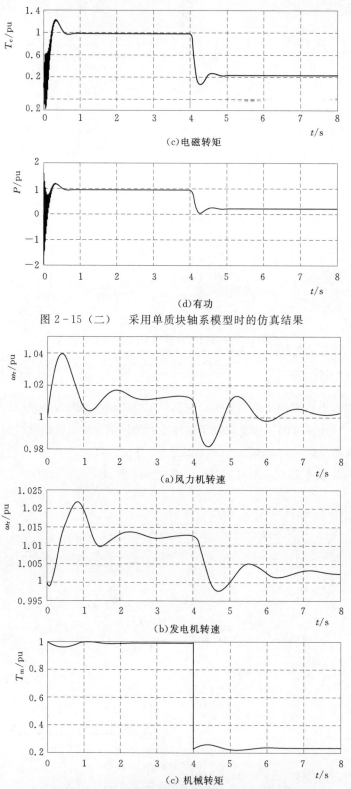

(c)电磁转矩

(d)有功

图 2-15（二）　采用单质块轴系模型时的仿真结果

（a）风力机转速

（b）发电机转速

（c）机械转矩

图 2-16（一）　采用双质块轴模型的定速机组的仿真结果

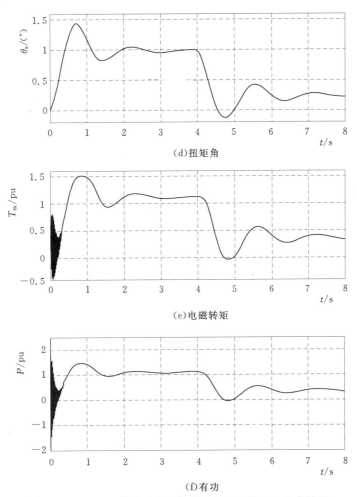

(d)扭矩角

(e)电磁转矩

(f)有功

图 2-16（二）　采用双质块轴模型的定速机组的仿真结果

　　由图 2-15 和图 2-16 所示的仿真结果可以看出，采用双质块模型时机组仿真中转速、转矩和功率在启动和风速突变时的振荡幅度和持续时间要明显长于单质块模型仿真系统。该振荡是由风力发电机组的弹性轴系在两端力矩发生变化时产生的，且刚度系数 K_s 越小，轴系振荡越剧烈。只有采用双质块模型才能模拟风力发电机的弹性轴系，从而更准确反映系统的动态特性。

第3章 定速异步风力发电机组的原理及建模

3.1 概　　述

在风力发电技术发展的过程中，出现了多种多样的机型，并且新的机型仍在研制发展之中。早期的风力发电采用的是定速发电机组，相比于变速风力发电机组，它的结构简单，价格低廉。定速风力发电机组通常采用鼠笼异步电机作为发电机，转子通过齿轮箱由风力机驱动，定子侧直接连接到电网。在正常运行状况下，定子侧频率由电网频率决定。而异步电机滑差率通常在 $1\%\sim3\%$ 之间（兆瓦级发电机通常低于 1%），因此在风速变化下，转子转速变化范围很小，定速风力发电机组的名称也由此而来。

定速风力发电机组结构简单，在制造、安装和维护上具有很大的优势。异步发电机直接与电网相连，省却了价格昂贵的大功率变流器。虽然风力发电机组在启动过程需要软启动器来控制电压上升，但软启动器采用的是价格低廉的晶闸管，而且一旦启动完成，软启动器就被短路，因此也不需要大功率的散热装置。笼型异步电机不需要滑环和电刷，坚固耐用，维护量小，而且定速风力发电机组的控制系统也比变速机组简单得多。但定速风力发电机组的缺点也很明显：风力发电机组在不同的风速下只能"定速"运行，风能转化效率较低；其次，在风速变化情况下，风力发电机组定速运行使机组不仅要承受更大的机械应力，而且并网有功功率的波动也会对电网的稳定运行造成一定的影响；定速风力发电机组在没有附加设备的情况下不能单独调节无功功率。

电力电子技术的发展使得大功率变流器在风力发电系统得到广泛应用。在定速风力发电机组的基础上，将鼠笼异步电机与电网通过全功率变流器连接，从而对发电机的功率进行控制而变速运行，实现风力发电机组的最大功率跟踪，提高风力发电机组的运行效率，并且全功率变流器的可控性还可以提高变速风力发电机组的故障穿越能力，甚至对电网提供无功支持。本章将仅介绍定速异步风电机组（Fixed Speed Induction Generator，FSIG）的结构和运行原理，并给出仿真算例分析其并网特性。全功率驱动笼型异步发电机组的控制策略将在第5章中介绍。

3.2 结　构　和　原　理

图 3-1 为 FSIG 的结构图，整个系统由风力机、齿轮箱、鼠笼型异步发电机、软启动器、无功补偿装置和并网变压器构成。鼠笼型异步机作为发电机，转子轴系通过齿轮箱与风力机连接，而发电机定子回路与电网连接，再配备风力发电机组并网所需的软启动器和无功补偿装置。下面分别介绍各主要部件的原理。

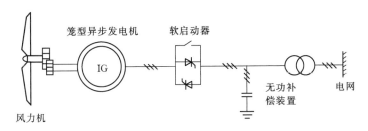

图 3-1 定速风力发电机组的结构图

1. 风力机

风力机的模型已经在第 2 章中介绍。定速风力发电机组大多采用定桨距风力机，也称为失速控制风力机。由于失速效应，在超过额定风速条件下，它的机械控制受到限制，"被动"限制到额定功率以下运行。在超过额定风速后，风力机组风轮开始失速，失速条件始于叶片根部，并随着风速加大逐渐发展到全部叶片长度。这种设计的优点是可靠且成本低廉，但失速控制的缺点是低风速下效率较低，最大稳态功率随空气密度变化而变化，产生的闪变不可控。

现代定速风力发电机组使用桨距角控制来提高效率和消除因空气密度变化产生的最大稳态功率变化。定速风力发电机组的桨距角控制通常使用负桨距角的主动失速。主动失速在风速低于额定时优化出力，在风速超过额定时使出力保持为额定功率。主动失速的特点是当风速超过额定值时限制功率更平滑。主动失速控制有助于降低风力机组产生的闪变。

当风速大于切入风速（约 3~4m/s）时，风力发电机组开始并入电网并向电网输送有功功率。当风速大于额定风速（约 12~15m/s）时，风力机通过对桨距角的调节限制风能的捕获。当风速大于切出风速（约 25m/s）时，风力发电机组必须脱离电网并停止运行，以保护机组设备不受损坏。

2. 齿轮箱

定速风力发电机组的风力机转速的取值范围是 6~25r/min，而发电机转速由电机极对数和电网频率决定。以两对极的异步电机和 50Hz 的电网频率为例，电机的同步转速为 1500r/min，因此需要一个高增速比的齿轮箱来连接低速运行的风力机和高速运行的发电机。高增速比的齿轮箱可以通过多级齿轮箱来实现。表 3-1 给出了风力机不同额定转速下，不同极对数的异步发电机所需的增速齿轮箱变速比。

表 3-1　　　　定速风力发电机组的齿轮箱变速比（50Hz，额定滑差 $s=0.01$）

风力机额定转速/(r·min^{-1})	极对数		
	2	3	4
12	126	84	63
14	108	72	54
16	94	63	47

3. 异步电机

异步电机结构如图 3-2 所示，AX、BY、CZ 为定子绕组，ax、by、cz 为转子绕组。θ 为定子、转子 a 相绕组的相位差，ω_r 为转子旋转速度。异步电机的转子有笼型转子和绕线型转子两种结构。

早期的风电场广泛采用笼型异步电机作为风力发电机。笼型异步电机的转子是一个自行封闭的短路绕组，由插入每个转子槽中的导条和两端的环形端环构成，省去了绕线式转子所需的滑环和电刷。笼型异步电机简单可靠，价格低廉，维护方便，使之成为定速风力发电机组的最优选择。为了便于分析，笼型异步电机的转子可以被看作一个对称、短路、星形连接的三相绕组。

绕线电机的转子采用三相分布绕组，与定子的极对数相同，通常采用星形接线，出线端与滑环连接。绕线电机转子侧可接变流器进行转速控制，双馈型风电机组采用的就是绕线电机转子侧接双 PWM 变流器实现变速恒频控制。

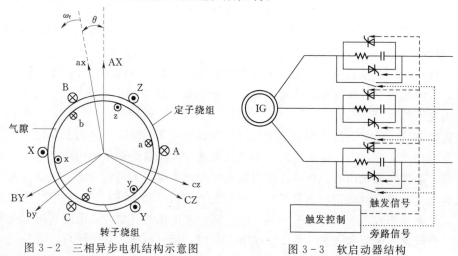

图 3-2　三相异步电机结构示意图　　　　图 3-3　软启动器结构

4. 软启动器

为限制异步电机的启动电流对电网的冲击，在发电机和电网之间还需要连接软启动器，如图 3-3 所示。软启动器由 3 组反并联的晶闸管构成，每组晶闸管并联 RC 缓冲电路，使用软启动器启动电机时，可以通过调节晶闸管触发角来调节交流电压的有效值，使发电机在启动过程中定子电压由零逐渐增加到额定值，降低启动过程中的冲击电流和转矩。当发电机定子侧电压升到额定值以后，启动过程结束，软启动器自动用旁路接触器取代已完成任务的晶闸管，为电机正常运转提供额定电压。

5. 无功补偿装置

异步发电机在运行的过程中需要吸收感性无功来建立磁场，通常需要配备无功补偿设备来满足电网对无功功率的要求。定速风电机组通常采用一组并联的电容器组，在异步机运行的整个区域内，通过改变电容器并入电网的数量来实现最优的无功功率补偿。

3.3　稳态模型及特性

3.3.1　稳态模型

定速风力发电机组的发电机定子侧由于和电网直接相连，电机的同步转速保持不变，

同步转速 ω_e 由电网频率 f_e 和电机极对数 p_n 决定，即

$$\omega_e = \frac{2\pi f_e}{p_n} \qquad (3-1)$$

FSIG 在发电机运行状态下，异步发电机的转速 ω_r 总是略高于同步转速 ω_e。同步转速与转子转速之差称为转差，与同步转速的比值定义为转差率 s，即

$$s = \frac{\omega_e - \omega_r}{\omega_e} \qquad (3-2)$$

图 3-4（a）所示为转子侧参数归算到定子侧的异步电机单相稳态 T 形等效电路图。图中，R 和 L 分别为电阻和电感，下标 s 和 r 分别代表定子和转子，定子漏抗为 $X_{\sigma s} = \omega_e L_{\sigma s}$，转子漏抗为 $X_{\sigma r} = \omega_e L_{\sigma r}$，励磁电抗为 $X_m = \omega_e L_m$，定子电压 U_s、定子电流 I_s 和转子电流 I_r 为单相有效值。异步电机的电磁转矩为

$$T_e = 3p_n \frac{R_r}{s\omega_e} I_r^2 \qquad (3-3)$$

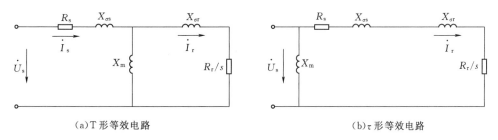

（a）T 形等效电路　　　　　　　　　　　　（b）τ 形等效电路

图 3-4　异步电机的单相稳态等效电路

为了分析转矩和转差率的关系，图 3-4（a）中的 T 形等效电路简化为 τ 形等效电路，如图 3-4（b）所示。τ 形等效电路下的转子电流 $\dot{I}_r$ 为

$$\dot{I}_r = \frac{\dot{U}_s}{\left(R_s + \dfrac{R_r}{s}\right) + j(X_{\sigma s} + X_{\sigma r})} \qquad (3-4)$$

根据式（3-3）和式（3-4），可得到转矩和转差率的关系表达式为

$$T_e = 3p_n \left(\frac{R_r}{s\omega_e}\right) \frac{U_s^2}{\left(R_s + \dfrac{R_r}{s}\right)^2 + (X_{\sigma s} + X_{\sigma r})^2} \qquad (3-5)$$

图 3-5 为异步电机的 T_e—s（转矩—转差率）曲线。当转子转速为 0 时，转差率为 1。当转子转速在同步转速以下时，异步电机运行在电动机状态，转差率 $s>0$。当转子转速高于同步速时，异步电机运行在发电机状态，转差率 $s<0$。由式（3-1）可知，直接与 50Hz 或 60Hz 频率电网相连的风力发电机，发电机的同步转速是不变的。在机组正常运行时，一般滑差率 s 变化很小，因此转子转速的变化也很小。以某一额定功率为 2MW，额定电压为 690V，极对数为 2 的笼型异步风力发电机为例，连接到 50Hz 的电网正常运行时，额定转速为 1512r/min，相比于 1500r/min 的同步转速高了 0.8%。异步发电机正常运行时转子转速在 1500～1512r/min 波动，而风力机的转速几乎不变。

图 3-6 为转子侧接入不同大小电阻 R_r 时的 T_e—s 曲线，可以看出随着 R_r 的增加，

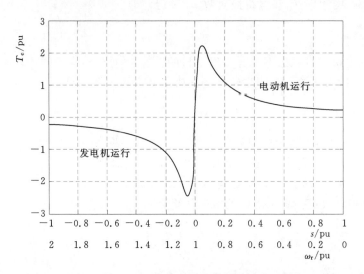

图 3-5　异步电机转矩—滑差率曲线

T_e—s 曲线向两侧水平扩展，可以调节电机转速，扩大电机的稳定运行范围。因此，可以通过改变转子电阻进行调速，但转子电阻的能量消耗将会降低机组的效率。

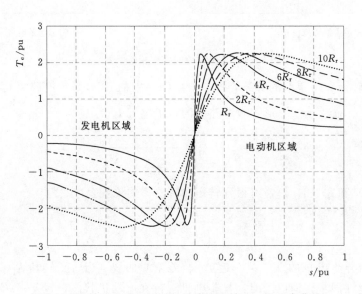

图 3-6　转子电阻不同时的异步电机转矩—滑差率曲线

　　图 3-7 为定子电压降落时的 T_e—s 曲线。可以看出，随着定子电压的降低，T_e—s 曲线向下收缩，因而 FSIG 将会随着电磁转矩的降低而升速，一旦 $|s| > |s_{max}|$，即使电压恢复，电机也会失稳而造成脱网。因此，FSIG 也存在低电压穿越的问题，只是转速变化相对较慢，当电压跌落时间较长时才会造成 FSIG 的失稳。FSIG 的低电压穿越能力与 T_e—s 曲线所对应的稳定运行区域（s_{max}）有关，转子电阻越大，s_{max} 就越大，电机就不容易进入不稳定运行区。

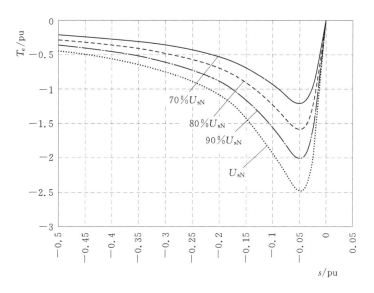

图 3-7 定子电压暂降时的异步电机转矩—滑差率曲线

3.3.2 双速运行

风速变化时，风力机需通过改变转速以保持最佳叶尖速比运行，捕获最大风能，提高风能转化效率。但由于 FSIG 没有电力电子变流器驱动，转子侧也不能接入电阻，在实际应用中通常采用改变极对数来实现异步风力发电机组的变速运行，以提高其发电效率。

双速运行主要通过改变定子绕组的接线方式来实现。定子绕组极数为 4 或 6 的异步发电机，与频率为 50Hz 的电网相连时同步转速为 1500r/min 和 1000r/min。通过改变定子绕组的极数，发电机转子转速可以运行在略高于同步转速的不同转速下。额定风速下运行的 4 极异步发电机，可以在风速变小时改为 6 极异步发电机运行，降低转子转速，提高风能利用系数。

为了更好地描述定速风电机组的双速运行模式，图 3-8 所示的异步发电机转子能以

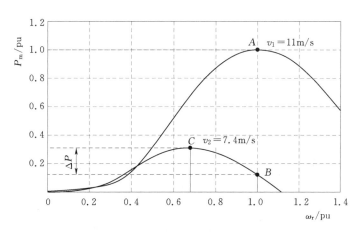

图 3-8 双速运行时发电机有功功率和转速关系曲线

两种固定转速运行，定子绕组为 4 极时转子转速 $\omega_r = 1.0\text{pu}$ 和定子绕组为 6 极时转子转速 $\omega_r = 0.67\text{pu}$。在额定风速 $v_1 = 11\text{m/s}$ 下，定子绕组为 4 极的异步发电机运行在最大功率跟踪点 A 点，随着风速由 v_1 降到 v_2，由于发电机转速基本保持不变，风电机组运行在 B 点，输出功率降低为 0.12pu，远小于 v_2 风速下最大输出功率 0.3pu。因此，通过改变定子绕组的极数，使得发电机转子以 $\omega_r = 0.67\text{pu}$ 的速度运行在 C 点，输出 v_2 风速下的最大功率 0.3pu。双速运行的定速风电机组，通常在特定的风速下进行定子绕组极数的切换，如图 39 所示，在风速为 v_w 时，发电机在两种转子转速下具有相同的输出功率。当风速小于 v_w，发电机转子以 $\omega_r = 0.67\text{pu}$ 的速度运行可以捕获到更多的风能，有效提高定速风力发电机组的运行效率。

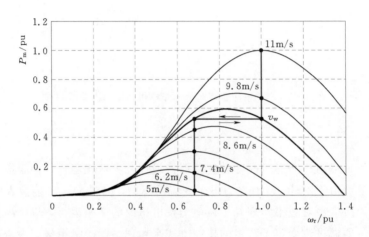

图 3-9　定速风电机组双速运行有功功率和转速关系曲线

3.4　仿　真　算　例

在定速风力发电系统仿真算例中，采用额定功率为 2MW、额定电压为 690V 的笼型异步发电机，其定子端并联三相补偿电容，通过变压器升压以后经过传输线路与外部等值电力系统相连，如图 3-10 所示。仿真系统的参数见表 3-2。针对定速风力发电机组在启动过程、稳态有功和无功特性、风速突变和电网电压跌落这三种情况下的响应做了仿真分析。

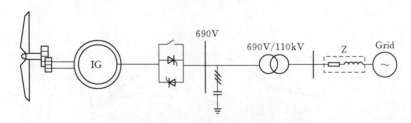

图 3-10　FSIG 的仿真算例等效电路图

3.4 仿 真 算 例

表 3 - 2 **FSIG 的 仿 真 参 数**

参 数 名 称	参 数 值	参 数 名 称	参 数 值
级对数 p_n	2	转子漏电感 $L_{\sigma s}$/pu	0.11
定子电阻 R_s/pu	0.0108	互感 L_m/pu	3.362
转子电阻 R_r/pu	0.0102	风力机惯量 H_t/s	3
定子漏电感 $L_{\sigma s}$/pu	0.102	发电机惯量 H_g/s	0.75

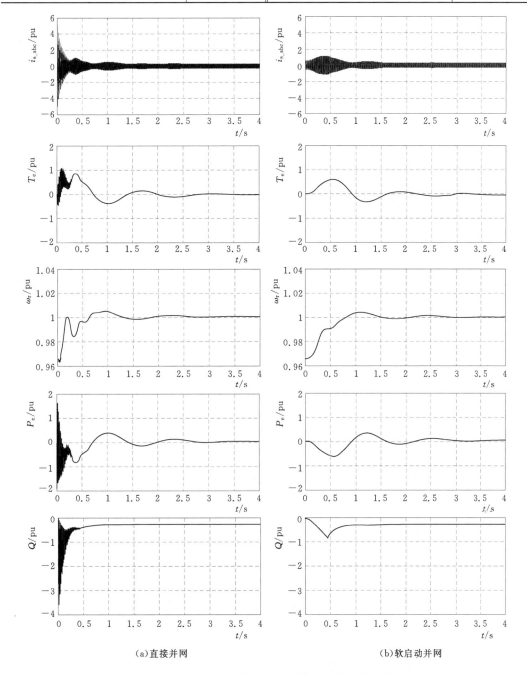

(a) 直接并网   (b) 软启动并网

图 3 - 11 风电机组软启动并网与直接并网的比较

3.4.1　启动过程

当速度大于切入风速时，风力机在桨距角的调节下产生机械转矩带动风力机和发电机转子加速旋转。在转子加速旋转期间，由于发电机定子侧与电网未连接，缺少励磁所需的励磁电流，因此发电机定子端并未产生电压。图 3-11 所示为当转子转速 ω_r 接近同步转速时（1450r/min），风力发电机组直接并网，发电机转速、电磁转矩和并网有功功率的响应情况。从图 3-11（a）中可以清楚看出，直接并网方式将产生很大的冲击电流，其峰值可达 5 倍的额定电流。同时，发电机的电磁转矩在启动过程中剧烈震荡，电磁转矩的剧烈波动对于风电机组的传动轴以及齿轮箱都是不利的。

图 3-11（b）为通过软启动器并网的风力发电机组特性，并网过程中发电机定子电压逐渐增加，没有冲击电流，电磁转矩波动有了明显减少，并网有功功率也相对平滑。由于定子电压缓慢增加，有效减小冲击电流对电网负面影响的同时，也减小了传动链上的机械应力，延长了机组的使用寿命。如果采用变桨系统，在启动过程中，需调节桨距角使得机械转矩逐渐增加，避免因并网点压低时电磁功率小，而使得电机在启动过程中超速。

3.4.2　自然风速下的发电性能

自然风速下风力发电机组的发电性能如图 3-12 所示。由图 3-12 可见，随着风速的波动，风电场出口电压、转子转速、电磁转矩和有功、无功功率均出现了较明显的波动，且变化趋势与风速变化一致。在 5~15s 风速突变过程中，由于转子转速变化很小，没有缓冲作用，机械转矩的突变引起了风力发电场并网点电压、电磁转矩、有功及无功的大幅波动。定速机组因转速基本固定，除了不能追踪最大功率外，对风速变化时有功的延迟和平滑作用较小，且无功随有功变化。

3.4.3　电压跌落响应

并网点电压波动，对定速风力发电机组的稳定运行也有着至关重要的影响。电网电压的跌落，有可能使得定速风力发电机组发电机转子飞车，甚至脱网来避免风力发电机组受到损坏。本小节对正常运行下的风力发电机组，根据并网点电压分别跌落 20% 和 60% 的故障情况对风力发电机组的响应做了仿真分析，电压跌落维持时间为 625ms。

图 3-13 为电网电压 U_{grid} 跌落 20% 时风力发电机组的响应情况，电网电压跌落期间，发电机定子端电压 U_s 和电磁转矩 T_e 都随之降低，而发电机转子转速不断增大。但在电网电压故障消除后，风电机组经过一段暂态响应又恢复到原先的稳定运行状态。该算例风力机采用的是双质块模型，可以看出转速在电网扰动时的振荡，并引起了有功的振荡。

采用单质块和双质块的仿真电网电压跌落 60% 时风力发电机组的响应情况其结果见图 3-14。采用单质块模型时，电机在电压跌落过程中已经超速进入不稳定区，即使电网电压在 625ms 以后恢复到正常值，风力发电机组也不能恢复到稳定运行状态，此时机组必须脱离电网以保证设备不受损坏。采用双质块模型时，在电压跌落过程中，电机转速不是持续增加，而是摆动式增加，电网电压恢复时，转速并未增至非稳定区域，但引起的功率大幅波动仍会造成机组保护动作而脱网。

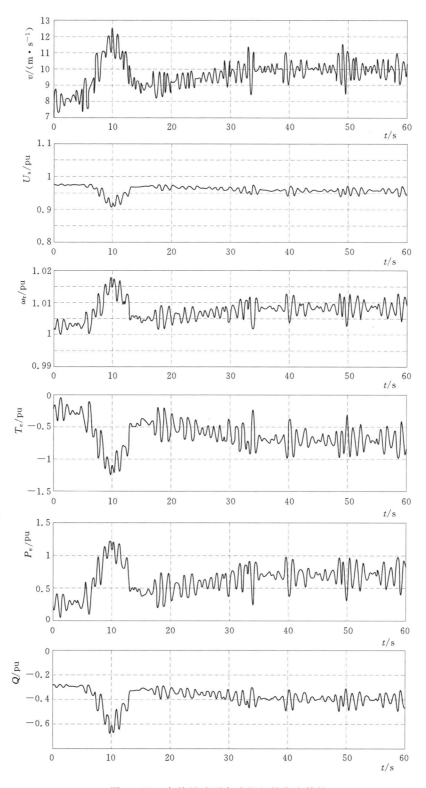

图 3-12　自然风速下定速机组的发电特性

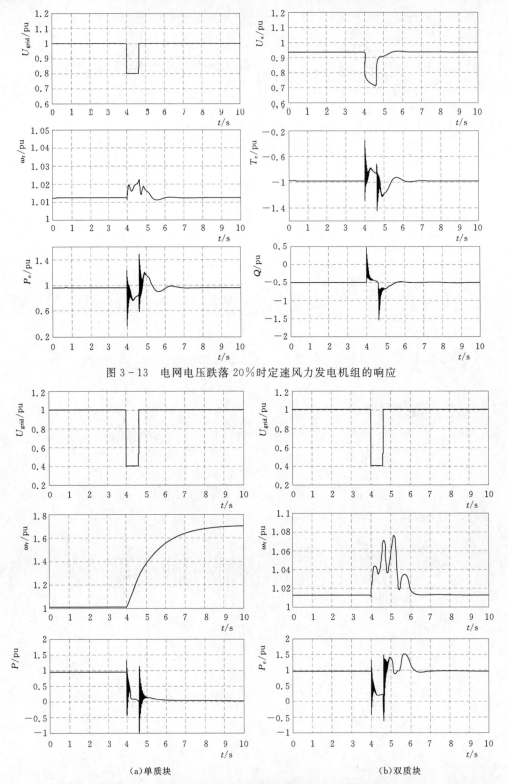

图 3-13　电网电压跌落 20％时定速风力发电机组的响应

(a)单质块

(b)双质块

图 3-14　电网电压跌落 60％时的定速风力发电机组的响应

第4章 双馈异步风力发电机组的原理及建模

4.1 概　　述

双馈异发风力发电机组（Doubly-Fed Induction Generator，DFIG）是最早的变速恒频风力发电机型，Vestas 公司的 1.5MW 双馈机组样机建于 1996 年。至今，采用双馈异步发电机驱动的风力发电机组仍是市场的主流机型。双馈型风力发电机组的优点是：可以连续变速运行，风能转换率高，可改善作用于风轮桨叶上的机械应力状况；换流器容量为风力发电机组额定容量的 25％～30％，换流器成本相对较低；功率因数高，并网简单，无冲击电流。其主要缺点是存在滑环和齿轮箱问题，维护保养费用高于无齿轮箱的永磁机组。

由于双馈电机兼有异步发电机和同步发电机的特性，DFIG 也被称为交流励磁同步发电机、同步感应发电机或异步化同步发电机等。由于 DFIG 与传统的同步发电机有不同的转子绕组、励磁结构以及不同的励磁控制策略，使其具有一些传统同步发电机不具备的优点。DFIG 与同步发电机相比，由于实行交流励磁，励磁电流的幅值、频率和相位均可调节，控制更加灵活，不仅可以实现变速恒频运行，还可以实现有功和无功的解耦控制。正因为具备上述优点，DFIG 在水电站、抽水蓄能电站、风力发电系统、潮汐发电站等获得广泛应用。

本章重点介绍了 DFIG 在风力发电系统中的应用，对其运行原理和功率关系予以说明，并建立了风力发电机组的数学模型以及控制系统模型，最后进行了双馈风力发电系统的仿真算例分析，研究双馈风电机组的并网发电特性。

4.2　运行原理和功率关系

4.2.1　结构及稳态特性

DFIG 的结构及功率流向如图 4-1 所示，采用绕线式异步发电机，其定子直接联网，转子侧通过双 PWM 换流器与电网相连。发电机向电网输出的总功率由定子侧输出功率和转子侧通过换流器输出的滑差功率组成，因此称为双馈电机。在图 4-1 所示的双 PWM 换流器中，与电机转子侧相连的称为转子侧换流器（Grid Side Converter，GSC），与电网相连的称为网侧换流器（Rotor Side Convert，RSC）。转子侧变换器主要功能是：①在转子绕组中加入交流励磁，通过调节励磁电流的幅值、频率和相位，实现定子侧输出电压的恒频恒压，同时实现无冲击并网；②通过矢量控制实现 DFIG 的有功功率、无功功率独立调节；③实现最大风能追踪和定子侧功率因数的调节。网侧变换器的主要功能是：保持直流母线电压的稳定，将滑差功率传输至电网，并可实现网侧无功功率控制。

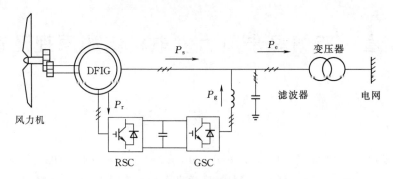

图 4-1　DFIG 结构图

DFIG 定子绕组直接与电网连接，流过工频的三相对称交流电流，产生角速度为 ω_e 的旋转磁场；转子绕组通过双 PWM 换流器接入电网，流过频率可调的三相交流电流，产生相对于转子以滑差角速度 ω_{sl} 旋转的磁场。DFIG 运行时，定子、转子旋转磁场应保持相对静止以实现机电能的稳定转换，因此

$$\omega_e = \omega_r + \omega_{sl} \tag{4-1}$$

式中　ω_r——发电机转速；

$\quad\quad$ ω_e——同步转速；

$\quad\quad$ ω_{sl}——滑差角速度。

根据式（3-2），可得定子、转子电流频率 f_e、f_r 关系为

$$f_e = \frac{p_n n}{60} \pm f_r = \frac{f_r}{|s|} \tag{4-2}$$

式中　n——转子转速，r/min；

$\quad\quad$ s——异步发电机的转差率。

DFIG 的稳态等效电路如图 4-2 所示，定子电压电流与转子电压电流正方向按电动机惯例，并将转子侧的量折算到定子侧。根据等效电路，可得 DFIG 的基本方程式为

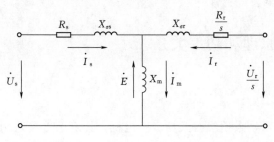

图 4-2　DFIG 的稳态等效电路

$$\begin{cases} \dot{E} = \dot{I}_m \cdot jX_m \\ \dot{U}_s = \dot{E} + \dot{I}_s(R_s + jX_{\sigma s}) \\ \dfrac{\dot{U}_r}{s} = \dot{E} + \dot{I}_r\left(\dfrac{R_r}{s} + jX_{\sigma r}\right) \\ \dot{I}_r = \dot{I}_m - \dot{I}_s \end{cases} \tag{4-3}$$

式中　$\dot{U}_s$、$\dot{U}_r$——定子、转子电压相量；

$\quad\quad$ $\dot{E}$——气隙磁场感应电动势相量；

$\quad\quad$ $\dot{I}_s$、$\dot{I}_r$——定子、转子电流；

$\quad\quad$ $\dot{I}_m$——励磁电流相量；

R_s、R_r——定子、转子电阻；

$X_{\sigma s}$、X_m——定子、转子漏抗和互抗，定子电抗 $X_s = X_{\sigma s} + X_m$，转子电抗 $X_r = X_{\sigma r} + X_m$。

从等效电路和基本方程式中可以看出，双馈电机就是在普通绕线式转了电机的转子回路中增加了一个变频电源，不仅可以为电机提供励磁，还可以调节双馈电机的转速，实现最大功率跟踪控制。

4.2.2 运行状态及功率关系

异步发电机直接并网时，输出功率由转矩-转差特性决定，当转差率 $s < 0$，运行于超同步状态时才能向电网馈入功率。风速较小时可能处于电动机运行状态，从电网吸收功率。而双馈电机的定子和转子都向电网馈入功率，在超同步和亚同步时，均可向电网发电，但转子侧功率的方向不同，下面分析 DFIG 各功率之间的关系。

风力发电机输出总的电磁功率为 P_e，定子侧向电网输出的功率为 P_s，转子侧通过换流器向电网输出的功率为 P_r。由式（4-1）可知，电网频率恒定，可通过调节转子侧电流频率 f_r 来调节转速。DFIG 在调速过程中，双 PWM 换流器流过的有功功率为滑差功率，忽略定子与转子回路中的损耗，则定子、转子侧功率存在的关系为

$$P_r = -sP_s \qquad (4-4)$$

P_r 又称为滑差功率。由式（4-4）可知，DFIG 的调速范围越宽，则所需的换流器容量就越大。DFIG 输出总的电磁功率为

$$P_e = P_s + P_r = (1-s)P_s \qquad (4-5)$$

根据调速过程中转差率的正负，DFIG 可以有三种运行状态，即亚同步（$s > 0$）、同步（$s = 0$）和超同步（$s < 0$）运行状态，此时双 PWM 换流器也相应处于不同的运行状态以馈入和馈出能量。在不同运行状态下，定转子功率及输出总功率关系如图 4-3 和表 4-1 所示。

（1）亚同步运行状态。此时 $\omega_r < \omega_e$，转差率 $s > 0$，式（4-2）取正号，频率为 f_r 的转子电流产生的旋转磁场的转速与转子转速同方向，$P_r < 0$，由

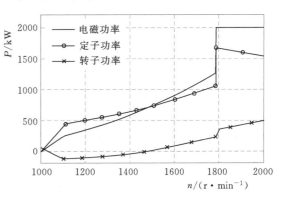

图 4-3 DFIG 的定子、转子侧功率及输出总功率的关系

电网经换流器向转子馈入功率，输出的电磁功率小于定子侧功率，即 $P_e < P_s$。

（2）超同步运行状态。此时 $\omega_r > \omega_e$，转差率 $s < 0$，式（4-2）取负号，频率为 f_r 的转子电流产生的旋转磁场的转速与转子转速反方向，功率由转子侧换流器流向电网，$P_e > P_s$。

（3）同步运行状态。此时 $\omega_r = \omega_e$，$f_r = 0$，转子中的电流为直流，与同步发电机相同，即 $P_e \leqslant P_s$。

DFIG	$s>0$	$s<0$	$s=0$
运行状态	亚同步速	超同步速	直流励磁
定子侧功率流向	向电网注入有功	向电网注入有功	向电网注入有功
转子侧功率流向	从电网吸收有功	向电网注入有功	无有功流动

表 4 - 1 DFIG 不同运行状态时的功率流向

4.3 动 态 模 型

4.3.1 数学模型

4.3.1.1 三相静止坐标系下的数学模型

建立 DFIG 在三相静止坐标系和两相同步旋转坐标系下的数学模型时，为了便于分析，通常做如下假设：

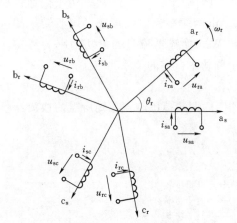

图 4 - 4 DFIG 的等效物理模型

（1）忽略磁饱和和空间谐波，各绕组自感和互感为定值。

（2）忽略温度对电机参数的影响。

（3）三相绕组对称，空间互差 120°电角度，磁动势沿气隙正弦分布。

（4）转子绕组均折算到定子侧，折算后定、转子匝数相等。

规定正方向，定子、转子绕组均采用电动机惯例，经绕组折算后，得到图 4 - 4 所示的 DFIG 等效物理模型和三相静止坐标系下的数学模型。

1. 电压方程

定子三相绕组电压方程为

$$\begin{cases} u_{sa} = R_s i_{sa} + \dfrac{d\psi_{sa}}{dt} \\ u_{sb} = R_s i_{sb} + \dfrac{d\psi_{sb}}{dt} \\ u_{sc} = R_s i_{sc} + \dfrac{d\psi_{sc}}{dt} \end{cases} \tag{4-6}$$

式中 u_{sa}、u_{sb}、u_{sc}——定子各相电压；

       i_{sa}、i_{sb}、i_{sc}——定子各相电流；

       ψ_{sa}、ψ_{sb}、ψ_{sc}——定子各相绕组磁链。

转子三相绕组电压方程为

$$\begin{cases} u_{ra} = R_r i_{ra} + \dfrac{d\psi_{ra}}{dt} \\ u_{rb} = R_r i_{rb} + \dfrac{d\psi_{rb}}{dt} \\ u_{rc} = R_r i_{rc} + \dfrac{d\psi_{rc}}{dt} \end{cases} \tag{4-7}$$

式中　u_{ra}、u_{rb}、u_{rc}——转子各相电压；

　　　i_{ra}、i_{rb}、i_{rc}——转子各相电流；

　　　ψ_{ra}、ψ_{rb}、ψ_{rc}——转子各相绕组磁链。

上述方程写成矩阵形式为

$$\begin{bmatrix} u_s \\ u_r \end{bmatrix} = \begin{bmatrix} R_s & 0 \\ 0 & R_r \end{bmatrix} \begin{bmatrix} i_s \\ i_r \end{bmatrix} + p \begin{bmatrix} \psi_s \\ \psi_r \end{bmatrix} \tag{4-8}$$

其中 $u_s = [u_{sa}, u_{sb}, u_{sc}]^T$；$u_r = [u_{sa}, u_{sb}, u_{sc}]^T$；$i_s = [i_{sa}, i_{sb}, i_{sc}]^T$；$i_r = [i_{ra}, i_{rb}, i_{rc}]^T$；$\psi_s = [\psi_{sa}, \psi_{sb}, \psi_{sc}]^T$；$\psi_r = [\psi_{ra}, \psi_{rb}, \psi_{rc}]^T$。

式中　p——微分算子。

2. 磁链方程

DFIG 定子、转子磁链均由各绕组自感和互感磁链组成，其矩阵形式的磁链方程可写为

$$\begin{bmatrix} \psi_s \\ \psi_r \end{bmatrix} = \begin{bmatrix} L_{ss} & L_{sr} \\ L_{rs} & L_{rr} \end{bmatrix} \begin{bmatrix} i_s \\ i_r \end{bmatrix} \tag{4-9}$$

其中

$$L_{ss} = \begin{bmatrix} L_{sm} + L_{\sigma s} & -0.5 L_{sm} & -0.5 L_{sm} \\ -0.5 L_{sm} & L_{1m} + L_{\sigma s} & -0.5 L_{sm} \\ -0.5 L_{sm} & -0.5 L_{sm} & L_{sm} + L_{\sigma s} \end{bmatrix}$$

$$L_{rr} = \begin{bmatrix} L_{rm} + L_{\sigma r} & -0.5 L_{rm} & -0.5 L_{rm} \\ -0.5 L_{rm} & L_{rm} + L_{\sigma r} & -0.5 L_{2m} \\ -0.5 L_{rm} & -0.5 L_{rm} & L_{rm} + L_{\sigma r} \end{bmatrix}$$

$$L_{sr} = L_{rs}^T = L_{sm} \begin{bmatrix} \cos\theta_r & \cos(\theta_r + 120°) & \cos(\theta_r - 120°) \\ \cos(\theta_r - 120°) & \cos\theta_r & \cos(\theta_r + 120°) \\ \cos(\theta_r + 120°) & \cos(\theta_r - 120°) & \cos\theta_r \end{bmatrix}$$

式中　L_{sm}、L_{rm}——定子、转子绕组励磁电感，绕组折算后有 $L_{sm} = L_{rm}$；

　　　$L_{\sigma s}$、$L_{\sigma r}$——定子、转子漏感；

　　　θ_r——转子的位置角。

3. 转矩方程

DFIG 的电磁转矩为

$$\omega_e T_e = 0.5 p_n \left(i_r^T \frac{dL_{rs}}{d\theta_r} i_s + i_s^T \frac{dL_{sr}}{d\theta_r} i_r \right) \tag{4-10}$$

从 DFIG 在三相静止坐标系下的数学模型，可以看出 DFIG 具有非线性、时变性、强耦合的特性，为了简化分析和便于控制器设计，需要通过坐标变换简化 DFIG 的数学模型。

4.3.1.2　两相同步旋转坐标系下的数学模型

两相同步旋转 dq 坐标系以电网频率旋转，与三相静止坐标系的位置关系如图 4-5 所示，同步旋转坐标系 d 轴与定子 as 轴的夹角为 θ，转子 ar 轴与定子 as 轴的夹角为 θ_r，有如下关系式

$$\begin{cases} \omega_e = \dfrac{d\theta}{dt} \\[2mm] \omega_r = \dfrac{d\theta_r}{dt} \end{cases} \tag{4-11}$$

定子三相 as - bs - cs 坐标系到两相同步旋转 dq 坐标系的变换矩阵为

$$C_{32s} = \frac{2}{3} \begin{bmatrix} \cos\theta & \cos(\theta-120^{\circ}) & \cos(\theta+120^{\circ}) \\ \sin\theta & \sin(\theta-120^{\circ}) & \sin(\theta+120^{\circ}) \\ 1/2 & 1/2 & 1/2 \end{bmatrix} \tag{4-12}$$

其反变换为

$$C_{23s} = \begin{bmatrix} \cos\theta & \sin\theta & 1 \\ \cos(\theta-120^{\circ}) & \sin(\theta-120^{\circ}) & 1 \\ \cos(\theta+120^{\circ}) & \sin(\theta+120^{\circ}) & 1 \end{bmatrix} \tag{4-13}$$

转子三相 ar - br - cr 坐标系到两相同步旋转 dq 坐标系时，其坐标轴夹角应为 $\theta-\theta_r$。

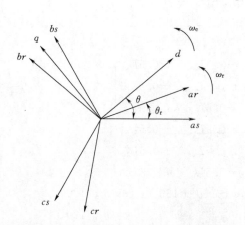

图 4-5　三相静止坐标系和两相同步旋转　　　　图 4-6　同步旋转 dq 坐标系
坐标系的空间关系　　　　　　　　　下 DFIG 等效模型

由三相静止坐标系下的数学模型经坐标变换，可得 DFIG 在两相同步旋转坐标系下的数学模型，由于 dq 轴相互垂直，两相绕组之间没有磁的耦合，故 DFIG 的数学模型得到很大的简化，便于控制器的设计。其等效物理模型如图 4-6 所示。

1. 电压方程

$$\begin{cases} u_{sd} = R_s i_{sd} - \omega_e \psi_{sq} + \dfrac{d\psi_{sd}}{dt} \\[3mm] u_{sq} = R_s i_{sq} + \omega_e \psi_{sd} + \dfrac{d\psi_{sq}}{dt} \end{cases} \tag{4-14}$$

$$\begin{cases} u_{rd} = R_r i_{rd} - \omega_{sl} \psi_{rq} + \dfrac{d\psi_{rd}}{dt} \\[3mm] u_{rq} = R_r i_{rq} + \omega_{sl} \psi_{rd} + \dfrac{d\psi_{rq}}{dt} \end{cases} \tag{4-15}$$

式中　u_{sd}、u_{sq}、u_{rd}、u_{rq}——定子、转子的 d 轴、q 轴电压分量；

i_{sd}、i_{sq}、i_{rd}、i_{rq}——定子、转子的 d 轴、q 轴电流分量；

ψ_{sd}、ψ_{sq}、ψ_{rd}、ψ_{rq}——定子、转子的 d 轴、q 轴磁链分量；

ω_{sl}——滑差角速度，$\omega_{sl} = \omega_e - \omega_r$。

2. 磁链方程

$$\begin{cases} \psi_{sd} = L_s i_{sd} + L_m i_{rd} \\ \psi_{sq} = L_s i_{sq} + L_m i_{rq} \end{cases} \tag{4-16}$$

$$\begin{cases} \psi_{rd} = L_m i_{sd} + L_r i_{rd} \\ \psi_{rq} = L_m i_{sq} + L_r i_{rq} \end{cases} \tag{4-17}$$

式中　L_m——同步坐标系下定子绕组和转子绕组间的等效互感，$L_m = 3/2 L_{sm}$；

　　　L_s——同步坐标系下定子绕组的自感，$L_s = L_{\sigma s} + L_m$；

　　　L_r——同步坐标系下转子绕组的自感，$L_r = L_{\sigma r} + L_m$。

3. 转矩方程

$$T_e = \frac{3}{2} p_n (\psi_{sq} i_{sd} - \psi_{sd} i_{sq}) \tag{4-18}$$

4.3.1.3　同步坐标系下模型的矢量形式

根据上述推导出的双馈电机在 dq 同步坐标系下的模型，可以得到 DFIG 在同步旋转坐标系下矢量形式的等效电路，如图 4-7 所示。

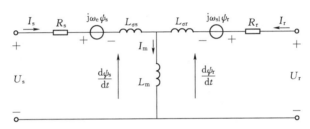

图 4-7　DFIG 在 dq 同步坐标系下的等效电路的矢量形式

F 代表 dq 坐标系下的空间矢量，如电压、电流或磁链矢量，以其 d 轴分量为实部，q 轴分量为虚部，可将矢量 F 表示为复数形式

$$F = F_d + j F_q \tag{4-19}$$

为表述清晰及推导方便，定转子磁链、电压、转矩和定子侧功率的数学模型可以改写成如下矢量的复数形式

$$\begin{cases} \psi_s = L_s I_s + L_m I_r \\ \psi_r = L_r I_r + L_m I_s \end{cases} \tag{4-20}$$

$$\begin{cases} U_s = R_s I_s + \dfrac{d\psi_s}{dt} + j\omega_e \psi_s \\ U_r = R_r I_r + \dfrac{d\psi_r}{dt} + j\omega_{sl} \psi_r \end{cases} \tag{4-21}$$

$$T_e = \frac{3}{2} p_n \mathrm{lm}[\psi_s \hat{I}_s] \tag{4-22}$$

$$P_s + j Q_s = -\frac{3}{2} U_s \hat{I}_s \tag{4-23}$$

式中　　ψ_s、ψ_r——定子、转子磁链矢量；

　　　　U_s、U_r——定子、转子电压矢量；

　　　　I_s、I_r——定子、转子电流矢量，本书中"ˆ"表示共轭；

　　　　P_s、Q_s——DFIG 定子侧有功功率与无功功率。

4.3.2　PWM 换流器的数学模型

　　DFIG 通过电力电子变换装置进行转子励磁调节，实现其功率控制和变速恒频运行。为实现风力发电机组最大风能跟踪控制，DFIG 的转速需随风速变化在一定范围内动态调节，要求转子励磁电源频率可动态调节，而 DFIG 在亚同步速和超同步速下均可发电运行，则要求转子励磁装置采用能量双向流动的换流器。采用 PWM 控制技术的电压源型换流器（Voltage Source Converter，VSC）由于其主电路拓扑成熟、控制灵活、技术可靠，成为目前双馈风力发电系统中应用的主流换流器类型。

　　根据 DFIG 的典型结构，其转子通过两个背靠背的电压源型 PWM 换流器接入电网，双 PWM 换流器在保持直流母线电压恒定的前提下，可根据控制需求独立互逆地运行于整流或逆变状态。当 DFIG 处于超同步运行时，转子侧馈出能量，转子侧换流器 RSC 工作于整流状态，网侧换流器 GSC 工作于逆变状态；当 DFIG 处于亚同步运行时，转子侧馈入能量，RSC 工作于逆变状态，GSC 工作于整流状态。

　　双 PWM 换流器的主电路完全相同，但在整个励磁系统中功能不同，因而具体的控制方法有所不同，通常转子侧换流器采用定子电压或磁链定向的矢量控制，网侧换流器采用电网电压定向的矢量控制。通过建立 PWM 换流器的数学模型，可分析其运行机理，并为其控制系统设计提供依据。

4.3.2.1　三相静止坐标系下的数学模型

　　为了方便，引入开关函数的概念。假设 S_i 为第 i（$i=a$，b 或 c）相的开关函数，则将 S_i 表示成如下形式

$$S_i = \begin{cases} 1 & i \text{ 相上桥臂导通} \\ 0 & i \text{ 相下桥臂导通} \end{cases} \tag{4-24}$$

　　用开关等效的 PWM 换流器主电路的简化模型如图 4-8 所示。

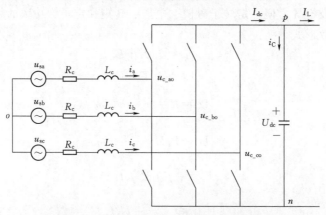

图 4-8　PWM 换流器主电路简化模型

PWM 换流器主电路可以由以下状态方程来描述

$$
\begin{cases}
L_{\mathrm{c}}\dfrac{\mathrm{d}i_{\mathrm{a}}}{\mathrm{d}t}=u_{\mathrm{sa}}-R_{\mathrm{c}}i_{\mathrm{a}}-u_{\mathrm{c\_ao}}\\[2mm]
L_{\mathrm{c}}\dfrac{\mathrm{d}i_{\mathrm{b}}}{\mathrm{d}t}=u_{\mathrm{sb}}-R_{\mathrm{c}}i_{\mathrm{b}}-u_{\mathrm{c\_bo}}\\[2mm]
L_{\mathrm{c}}\dfrac{\mathrm{d}i_{\mathrm{c}}}{\mathrm{d}t}=u_{\mathrm{sc}}-R_{\mathrm{c}}i_{\mathrm{c}}-u_{\mathrm{c\_co}}
\end{cases}
\tag{4-25}
$$

式中　　　　　　R_{c}、L_{c}——换流器交流侧电阻和电感；

u_{sa}、u_{sb}、u_{sc}——电网三相电压；

i_{a}、i_{b}、i_{c}——换流器交流侧电流；

$u_{\mathrm{c\_ao}}$、$u_{\mathrm{c\_bo}}$、$u_{\mathrm{c\_co}}$——换流器交流输出对交流电源中性点的电压，可表示为

$$
\begin{cases}
u_{\mathrm{c\_ao}}=u_{\mathrm{c\_an}}+u_{\mathrm{c\_no}}\\
u_{\mathrm{c\_bo}}=u_{\mathrm{c\_bn}}+u_{\mathrm{c\_no}}\\
u_{\mathrm{c\_co}}=u_{\mathrm{c\_cn}}+u_{\mathrm{c\_no}}
\end{cases}
\tag{4-26}
$$

式中　　　　　　$u_{\mathrm{c\_no}}$——换流器直流侧负端 n 点对交流电源中性点 o 的电压；

$u_{\mathrm{c\_an}}$、$u_{\mathrm{c\_bn}}$、$u_{\mathrm{c\_cn}}$——换流器交流输出端 a、b、c 对直流侧负端 n 点的电压，可用开关函数表示为

$$
\begin{cases}
u_{\mathrm{c\_an}}=S_{\mathrm{a}}U_{\mathrm{dc}}\\
u_{\mathrm{c\_bn}}=S_{\mathrm{b}}U_{\mathrm{dc}}\\
u_{\mathrm{c\_cn}}=S_{\mathrm{c}}U_{\mathrm{dc}}
\end{cases}
\tag{4-27}
$$

式中　U_{dc}——直流侧电压。

采用 PWM 调制时，在一个调制周期 T_{s} 内，换流器第 i（$i=$a，b 或 c）相占空比（幅值调制比）M_i（范围为 0~1）为

$$
M_i=\frac{t_{\mathrm{on\_}i}}{T_{\mathrm{s}}}
\tag{4-28}
$$

即在调制周期 T_{s} 内，上桥臂开通、$S_i=1$、$u_{\mathrm{c\_}i\mathrm{n}}=U_{\mathrm{dc}}$ 的时间为 t_{on}，而下桥臂开通、$S_i=0$、$u_{\mathrm{c\_}i\mathrm{n}}=0$ 的时间为 $T_{\mathrm{s}}-t_{\mathrm{on}}$。利用平均状态空间法，可得式（4-27）中在一个调制周期 T_{s} 内按照开关函数变换的电压的等效平均值为

$$
\begin{cases}
\overline{u}_{\mathrm{c\_an}}=\lambda M_{\mathrm{a}}U_{\mathrm{dc}}\\
\overline{u}_{\mathrm{c\_bn}}=\lambda M_{\mathrm{b}}U_{\mathrm{dc}}\\
\overline{u}_{\mathrm{c\_cn}}=\lambda M_{\mathrm{c}}U_{\mathrm{dc}}
\end{cases}
\tag{4-29}
$$

式中　λ——与调制方式有关的定值，当采用 SPWM 调制，$\lambda=1$；当采用 SVPWM 调制时，$\lambda=2/\sqrt{3}$。

换流器输出电压三相对称时有

$$
\overline{u}_{\mathrm{c\_ao}}+\overline{u}_{\mathrm{c\_bo}}+\overline{u}_{\mathrm{c\_co}}=0
\tag{4-30}
$$

将式（4-29）、式（4-31）代入式（4-26）中，可得 no 之间的电压在调制周期内的平均值为

$$
\overline{u}_{\mathrm{c\_no}}=-\frac{\overline{u}_{\mathrm{c\_an}}+\overline{u}_{\mathrm{c\_bn}}+\overline{u}_{\mathrm{c\_cn}}}{3}=-\frac{M_{\mathrm{a}}+M_{\mathrm{b}}+M_{\mathrm{c}}}{3}\lambda U_{\mathrm{dc}}
\tag{4-31}
$$

将式（4-29）、式（4-31）代入式（4-26）中，可得换流器输出的相电压为

$$
\begin{cases}
\overline{u}_{c\_ao}=\overline{u}_{c\_an}+\overline{u}_{c\_no}=\dfrac{2M_a-M_b-M_c}{3}\lambda U_{dc} \\[2mm]
\overline{u}_{c\_bo}=\overline{u}_{c\_bn}+\overline{u}_{c\_no}=\dfrac{2M_b-M_a-M_c}{3}\lambda U_{dc} \\[2mm]
\overline{u}_{c\_co}=\overline{u}_{c\_cn}+\overline{u}_{c\_no}=\dfrac{2M_c-M_a-M_b}{3}\lambda U_{dc}
\end{cases}
\tag{4-32}
$$

对于图 4-8 中的 p 节点，有

$$
\begin{cases}
I_{dc}=i_C+I_L \\[1mm]
I_{dc}=S_a i_a+S_b i_b+S_c i_c \\[1mm]
i_C=C\dfrac{dU_{dc}}{dt}
\end{cases}
\tag{4-33}
$$

式中 C——直流侧电容值；

$\quad\quad i_C$——直流侧电容电流；

$\quad\quad I_L$——直流侧负载的电流。

于是可得电容电压的状态方程

$$
C\frac{dU_{dc}}{dt}=I_{dc}-I_L=S_a i_a+S_b i_b+S_c i_c-I_L
\tag{4-34}
$$

在一个调制周期 T_s 内，利用平均状态空间法可得

$$
C\frac{dU_{dc}}{dt}=\lambda M_a i_a+\lambda M_b i_b+\lambda M_c i_c-I_L
\tag{4-35}
$$

综合以上各式，可以得到在三相静止坐标系下三相电压源型 PWM 换流器的数学模型

$$
\begin{cases}
L_c\dfrac{di_a}{dt}=u_{sa}-R_c i_a-\overline{u}_{c\_ao}=u_{sa}-R_c i_a-\dfrac{2M_a-M_b-M_c}{3}\lambda U_{dc} \\[2mm]
L_c\dfrac{di_b}{dt}=u_{sb}-R_c i_b-\overline{u}_{c\_bo}=u_{sb}-R_c i_b-\dfrac{2M_b-M_a-M_c}{3}\lambda U_{dc} \\[2mm]
L_c\dfrac{di_c}{dt}=u_{sc}-R_c i_c-\overline{u}_{c\_co}=u_{sc}-R_c i_c-\dfrac{2M_c-M_a-M_b}{3}\lambda U_{dc} \\[2mm]
C\dfrac{dU_{dc}}{dt}=I_{dc}-I_L=\lambda M_a i_a+\lambda M_b i_b+\lambda M_c i_c-I_L
\end{cases}
\tag{4-36}
$$

当采用三相 SPWM 调制时有

$$
\begin{cases}
M_a-\dfrac{1}{2}=M\dfrac{U_{dc}}{2}\sin(\omega t+\delta) \\[2mm]
M_b-\dfrac{1}{2}=M\dfrac{U_{dc}}{2}\sin(\omega t-120°+\delta) \\[2mm]
M_c-\dfrac{1}{2}=M\dfrac{U_{dc}}{2}\sin(\omega t+120°+\delta)
\end{cases}
\tag{4-37}
$$

式中 M——调制比（$M_a M_b M_c$）的幅值；

$\quad\quad \delta$——VSC 交流侧输出电压与系统交流电压的夹角。

由式（4-37）可得

$$\left(M_a-\frac{1}{2}\right)+\left(M_b-\frac{1}{2}\right)+\left(M_c-\frac{1}{2}\right)=0 \qquad (4-38)$$

根据式（4-37）和式（4-38），式（4-36）可进一步简化为

$$\begin{cases} L_c\dfrac{\mathrm{d}i_a}{\mathrm{d}t}=u_{sa}-R_ci_a-\lambda(2M_a-1)\dfrac{U_{dc}}{2}=u_{sa}-R_ci_a-\lambda MU_{dc}\sin(\omega t+\delta)\dfrac{U_{dc}}{2} \\[2mm] L_c\dfrac{\mathrm{d}i_b}{\mathrm{d}t}=u_{sb}-R_ci_b-\lambda(2M_b-1)\dfrac{U_{dc}}{2}=u_{sb}-R_ci_b-\lambda MU_{dc}\sin(\omega t-120°+\delta)\dfrac{U_{dc}}{2} \\[2mm] L_c\dfrac{\mathrm{d}i_c}{\mathrm{d}t}=u_{sc}-R_ci_c-\lambda(2M_c-1)\dfrac{U_{dc}}{2}=u_{sc}-R_ci_c-\lambda MU_{dc}\sin(\omega t+120°+\delta)\dfrac{U_{dc}}{2} \\[2mm] C\dfrac{\mathrm{d}U_{dc}}{\mathrm{d}t}=\lambda M_ai_a+\lambda M_bi_b+\lambda M_ci_c-I_L \end{cases}$$

$$(4-39)$$

换流器直流侧的功率为

$$\begin{aligned} P_{dc}=U_{dc}I_{dc}&=U_{dc}(\lambda M_ai_a+\lambda M_bi_b+\lambda M_ci_c) \\ &=\overline{u}_{c\_an}i_a+\overline{u}_{c\_bn}i_b+\overline{u}_{c\_cn}i_c \\ &=\overline{u}_{c\_ao}i_a+\overline{u}_{c\_bo}i_b+\overline{u}_{c\_co}i_c=P_{ac} \qquad (4-40) \end{aligned}$$

由式（4-40）可知，若忽略损耗，换流器交流侧的有功功率 P_{ac} 和直流侧的功率 P_{dc} 是相等的。

4.3.2.2 同步旋转坐标系下的数学模型

为了实现功率解耦控制，需将静止坐标系下的数学模型转化到 dq 同步旋转坐标系下。交流系统电压在 abc 三相静止坐标系中与 dq 同步旋转坐标系中的关系如图 4-9 所示。

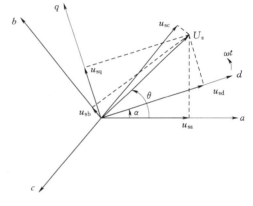

图 4-9 abc 三相静止坐标系与 dq 同步旋转坐标系之间的关系

对式（4-32）进行 Park 坐标变换可得换流器输出的交流电压在同步旋转坐标系下为

$$\begin{cases} \overline{u}_{c\_d}=\dfrac{2}{3}\left[M_a\cos\theta+M_b\cos(\theta-120°)+M_c\cos(\theta+120°)\right]\lambda U_{dc} \\[2mm] \overline{u}_{c\_q}=-\dfrac{2}{3}\left[M_a\sin\theta+M_b\sin(\theta-120°)+M_c\sin(\theta+120°)\right]\lambda U_{dc} \end{cases}$$

$$(4-41)$$

由于占空比 M_a、M_b、M_c 的取值范围为（0,1），在 dq 坐标系中对应空间矢量起始点不是坐标原点。式（4-41）也可由取值范围为（-1,1）的空间矢量（$2M_a-1,2M_b-1$，$2M_c-1$）计算得到，即

$$\begin{cases} \overline{u}_{c\_d}=\dfrac{2}{3}\left[(2M_a-1)\cos\theta+(2M_b-1)\cos(\theta-120°)+(2M_c-1)\cos(\theta+120°)\right]\lambda\dfrac{U_{dc}}{2} \\[2mm] \overline{u}_{c\_q}=-\dfrac{2}{3}\left[(2M_a-1)\sin\theta+(2M_b-1)\sin(\theta-120°)+(2M_c-1)\sin(\theta+120°)\right]\lambda\dfrac{U_{dc}}{2} \end{cases}$$

$$(4-42)$$

定义幅值调制比矢量为 M，M 在 abc 坐标系下为（$2M_a-1,2M_b-1,2M_c-1$），而 M 在 dq 坐标系下为（M_d,M_q），根据式（4-42），M_d 和 M_q 可由下式计算

$$M=\begin{bmatrix} M_{d} \\ M_{q} \end{bmatrix}=C_{32s}\begin{bmatrix} 2M_{a}-1 & 2M_{b}-1 & 2M_{c}-1 \end{bmatrix}^{T} \tag{4-43}$$

M_{d} 和 M_{q} 的取值范围为 $(-1,1)$，从而同步旋转坐标系下换流器输出的交流电压可表示为

$$\begin{cases} \overline{u}_{c\_d}=\lambda M_{d}\dfrac{U_{dc}}{2} \\[2mm] \overline{u}_{c\_q}=\lambda M_{q}\dfrac{U_{dc}}{2} \end{cases} \tag{4-44}$$

对式 (4-36) 进行坐标变换可得换流器在同步旋转坐标系下的状态方程为

$$\begin{cases} L_{c}\dfrac{di_{d}}{dt}=u_{sd}-R_{c}i_{d}+\omega_{e}L_{c}i_{q}-\lambda M_{d}\dfrac{U_{dc}}{2} \\[2mm] L_{c}\dfrac{di_{q}}{dt}=u_{sq}-R_{c}i_{q}-\omega_{e}L_{c}i_{d}-\lambda M_{q}\dfrac{U_{dc}}{2} \\[2mm] C\dfrac{dU_{dc}}{dt}=\lambda M_{d}i_{d}+\lambda M_{q}i_{q}-I_{L} \end{cases} \tag{4-45}$$

为表述简便，可将 dq 坐标系下的换流器交流侧及直流侧模型以按照式 (4-19) 定义的矢量的复数形式表示为

$$\begin{cases} L_{c}\dfrac{dI}{dt}=U_{s}-R_{c}I-j\omega_{e}L_{c}I-\lambda M\dfrac{U_{dc}}{2} \\[2mm] C\dfrac{dU_{dc}}{dt}=I_{dc}-I_{L}=\lambda M_{d}i_{d}+\lambda M_{q}i_{q}-I_{L} \\[2mm] P_{g}+jQ_{g}=-\dfrac{3}{2}U_{g}\hat{I}_{g} \\[2mm] P_{c}=U_{dc}I_{dc}=P_{g}-I^{2}R_{c} \end{cases} \tag{4-46}$$

其中

$$I=\begin{bmatrix} i_{d} \\ i_{q} \end{bmatrix}=C_{32s}\begin{bmatrix} i_{a}i_{b}i_{c} \end{bmatrix}^{T}$$

$$U_{s}=\begin{bmatrix} u_{sd} \\ u_{sq} \end{bmatrix}=C_{32s}\begin{bmatrix} u_{sa}u_{sb}u_{sc} \end{bmatrix}^{T}$$

式中　I——换流器并网电流的 d 轴、q 轴分量；

u_{s}——电网电压的 d 轴、q 轴分量。

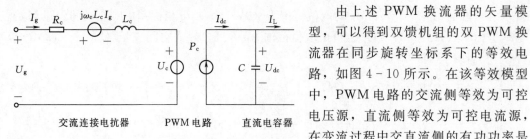

图 4-10　PWM 换流器在同步旋转坐标系下的等效电路

由上述 PWM 换流器的矢量模型，可以得到双馈机组的双 PWM 换流器在同步旋转坐标系下的等效电路，如图 4-10 所示。在该等效模型中，PWM 电路的交流侧等效为可控电压源，直流侧等效为可控电流源，在变流过程中交直流侧的有功功率是相等的。

根据该电路，可进一步得到 DFIG 的双 PWM 换流器的等效电路，如图 4-11 所示，从而可得到双 PWM 换流器的各电气量之间的关系。其中，下标 g 表示网侧换流器 GSC

的电气量，而下标 r 表示转子侧换流器 RSC 的电气量。

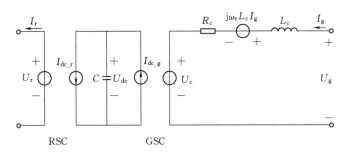

图 4-11 DFIG 的双 PWM 换流器在同步旋转坐标系下的等效电路

4.4 控 制 策 略

风力发电机组包含诸多不同时间常数的子系统，如气动系统、机械系统和电气系统，通常，电气系统的动态响应要远快于机械系统。由于变速恒频风力发电机组中电力电子装置的存在，各子系统时间常数之间的差别很大，相对常规发电系统而言其控制系统更为复杂。

双馈风力发电系统的控制包括风力机控制器、换流器控制器和并网控制器，其总体控制系统如图 4-12 所示。风力机将风能转换为机械能，而发电机及其换流器控制系统则将机械能转换为电能。两个子系统协调工作，共同确保整个风力发电系统的正常运行。风力机控制属于机械控制，动态响应较慢，其包含两个相互耦合的控制器：最大功率跟踪控制

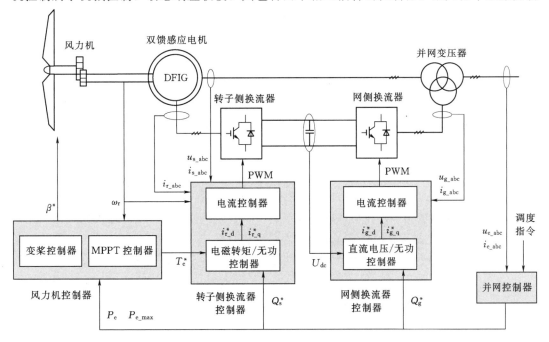

图 4-12 DFIG 风力发电机组的整体控制系统框图

器（MPPT Controller）和桨距角控制器（Pitch Controller），相应的输出为电磁功率参考值和桨距角参考值，分别负责 DFIG 换流器的电磁功率设定和风力机的桨距角控制。DFIG 的换流器控制属于电气控制，动态响应快，包含两个相互解耦的 PWM 换流器控制器：转子侧换流器 RSC 控制器实现机组的有功功率和定子侧无功功率独立控制，其有功功率控制跟踪风力机控制给出的功率指令，实现转速的间接控制，以使机组运行在最优转速，捕获最大风能；网侧换流器 GSC 控制器则实现直流母线电压控制，这是两个换流器实现解耦控制的关键，除此之外，网侧换流器还可单位功率因数运行，或向电网补偿适量无功。并网控制器除了控制风电机组的并网和停机过程，在运行中根据风电场集中监控系统发来的调度指令以及风机的运行情况和约束条件，给机侧和网侧换流器发无功指令，并可限定风力机的功率捕获。

4.4.1 风力机控制

风力机控制器由最大功率跟踪控制器和变桨控制器构成，其作用分别为生成 DFIG 换流器的电磁功率给定及控制风力机的桨距角。两个控制器相互配合，使得风速小于额定风速时风力机最优运行，风速大于额定风速时有效限制风力发电机组的功率和转速。这两个控制器有两种不同的配合方案，分别如图 4-13 和图 4-14 所示。

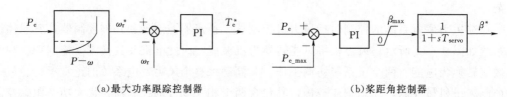

（a）最大功率跟踪控制器 （b）桨距角控制器

图 4-13 风力机协调控制策略 （1）

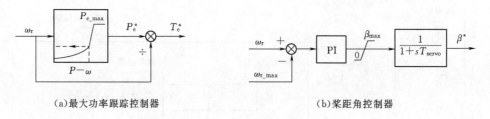

（a）最大功率跟踪控制器 （b）桨距角控制器

图 4-14 风力机协调控制策略 （2）

方案 I 通过转速的 PI 控制器进行功率跟踪控制，通过功率的 PI 控制器调节风力机桨距角限制捕获的机械功率。在功率跟踪控制器中，首先根据 DFIG 实际输出到电网的功率 P_e 和最大功率跟踪曲线确定转速给定值 ω_r^*，再通过转速 PI 调节得到电磁功率的给定值 P_e^*。在桨距角控制器中，当 DFIG 实际输出功率 P_e 小于功率限定值 P_{e_max} 时，保持桨距角为 $0°$，风力机最优运行；当 DFIG 输出功率 P_e 大于限定值 P_{e_max} 时，调节桨距角，减小风力机捕获的机械功率。通常功率限定值 P_{e_max} 为发电机的额定功率，在风电机组降额运行时则由调度指令决定。

方案 II 通过功率的 PI 调节器进行功率跟踪控制，通过转速的 PI 调节器调节桨距角限制转子速度。转速控制器在发电机转速超过最大转速时，调节桨距角减小风力机捕获功率以限制转速。在功率跟踪控制器中，根据转子速度和最大功率跟踪曲线确定 DFIG 的有功给定值。在桨距角控制器中，当转子速度小于最大转速时，保持桨距角为 0°，风力机最优运行；当转子速度大于最大转速时，调节桨距角，减小风力机捕获的机械功率。由于功率跟踪控制器可通过限幅值直接限制 DFIG 输出的电磁功率的大小，风力机只要控制转子不超速，即可在超过额定风速时限制捕获的机械功率。

在这两种方案中，均无需检测风速，在风力机特性已知的情况下，根据图 2-7 所示的最大功率跟踪曲线，即可通过转子速度查得对应的电磁功率，而并非根据风速确定功率。由于转速不会随风速突变，功率跟踪控制有效利用了风力机的机械惯性缓冲风速变化对输出功率波动的影响。方案Ⅰ和方案Ⅱ的主要区别在于：方案Ⅰ换流器控制的目标是转速，在风速超过额定风速时，转速被平稳限定到最大转速，但由于桨距调节相对较慢，功率会在额定功率附近有所波动；方案Ⅱ换流器控制的目标是功率，在风速超过额定风速时，功率被平稳限定到最大功率，而转速会有所波动。当主要考虑风机对电网影响程度时，可采用方案Ⅱ作为风力机的控制策略。

4.4.2　换流器的控制策略概述

PWM 换流器的控制可分为间接电流控制和直接电流控制。间接电流控制以幅相控制为代表。它的主要优点是控制简单，一般无需瞬时的电流反馈。缺点是动态响应较慢，对系统参数波动较敏感。直接电流控制以瞬时电流反馈为特点，包括固定开关频率电流控制、滞环电流控制以及高性能的矢量控制（VOC）和直接功率控制（DPC）等。这类控制方法可获得高性能的电流响应，但控制算法较间接电流控制复杂。

在 DFIG 的变速恒频控制中，矢量控制技术应用最为广泛。采用矢量控制技术将 DFIG 转子电流分解为相互解耦的有功分量和无功分量，对其进行独立控制，可以实现 DFIG 输出有功功率和无功功率的解耦控制。双馈发电机转子侧换流器和网侧换流器均有一套独立的矢量控制系统。矢量控制是 1971 年西门子公司的 F. Blaschke 等人首先提出来的，它是交流传动调速系统实现解耦控制的核心，其基本思路是通过电机理论和坐标变换理论，把交流电动机的电流分解成磁场定向旋转坐标系中的励磁电流分量和与之垂直的转矩分量，然后分别对它们进行控制使交流电动机得到和直流电动机一样的控制性能。借鉴这一思想，对于 DFIG 来说，通过矢量控制技术对双馈异步发电机的有功功率和无功功率进行解耦控制，从而实现控制风力发电机组变速运行和提供无功电压支持的目的。

直接功率控制也可实现有功和无功的独立控制，但与交流调速中的直接转矩控制（DTC）类似，PWM 整流器的 DPC 存在着开关频率不确定、需要高速模/数转换器等不足。传统矢量控制方案通常以静止坐标系模型为基础，通过坐标变换得到同步旋转坐标系模型，采用 PI 调节器实现对电压与电流的控制。但对常规 PI 调节器，稳态与动态性能、快速性与超调量、跟踪与抗扰等方面的矛盾难以很好解决，往往造成实际应用中 PI 参数的整定困难。这些问题是系统特性变化与控制量之间采用简单的线性映射引起的，因此近年来提出了多种形式的非线性 PID 改进控制策略。采用非线性控制器代替三相电压型 PWM 整流器同步控制中的普通 PI 控制器，使得系统在保持单位功率因数的同时，动态性能有了明显提高，而级联式非线性 PI 控制方案，更简化了参数整定问题，同时计算简单、便于实际应用。

与此同时，无传感器控制技术近年来也成为电压型 PWM 整流器控制的研究热点。由于目前广泛应用的是电压型 PWM 整流器，主要采用电压定向矢量控制方式，此时需要检测电网电压、输入电流和直流母线电压，众多传感器及其信号处理电路带来高成本及复杂性问题。直流母线电压传感器用于保证直流电压的稳定，交流电流传感器提供电流反馈信号，实现过流保护，两者一般不宜省去。实际中应用最多的是无电网电压传感器控制方式。无电网电压传感器矢量控制中的核心任务是利用有关检测量观测出坐标系统的空间位置角度。实现这一目标有估计电网电压获得角度信号、直接估计电网电压的角度和估计虚拟电网磁链得到角度信号等三种方法。

本节仅介绍应用最广泛的基于 PI 调节器的矢量控制策略，分为转子侧换流器的矢量控制及网侧换流器的矢量控制。

4.4.3　转子侧换流器的控制

在双馈异步电机的变速恒频控制中，转子侧换流器采用矢量控制技术将 DFIG 转子电流分解为相互解耦的有功分量和无功分量，对其进行独立控制，从而实现 DFIG 输出有功功率和无功功率的解耦控制。根据 DFIG 的动态模型式（4－20）和式（4－21）可得

$$\psi_r = \frac{L_m}{L_s}\psi_s + \sigma L_r I_r \tag{4-47}$$

$$I_s = \frac{1}{L_s}(\psi_s - L_m I_r) \tag{4-48}$$

$$U_r = R_r I_r + \sigma L_r \frac{dI_r}{dt} + \frac{L_m}{L_s}\frac{d\psi_s}{dt} + j\omega_{sl}\left(\sigma L_r I_r + \frac{L_m}{L_s}\psi_s\right) \tag{4-49}$$

将式（4－47）、式（4－48）代入式（4－22）、式（4－23）中可得电磁转矩定子侧功率以电子磁链和转子电流为变量的表达式

$$T_e = -\frac{3}{2}p_n \mathrm{Im}\left[\frac{L_m}{L_s}\psi_s \hat{I}_r\right] \tag{4-50}$$

$$P_s + jQ_s = -\frac{3}{2}U_s \frac{1}{L_s}(\hat{\psi}_s - L_m \hat{I}_r) \tag{4-51}$$

为实现有功和无功的解耦，需将同步旋转的 dq 轴进行定向。由于转子侧的电压幅值和频率是变化的，而电网侧电压较为稳定，通常将 d 轴定向到定子侧的电压或磁链上。对于这两种不同的定向方式，转子电流的 dq 轴分量表示有功和无功的含义不同，在矢量控制的电流内环设计上也有所不同，下面分别予以讨论。

4.4.3.1　定子磁链定向的矢量控制

当采用定子磁链定向（Stator - Flux - Oriented，SFO）时，同步旋转坐标系 d 轴与 DFIG 定子磁链矢量 ψ_s 重合，如图 4－15 所示。其中 $\alpha_s\beta_s$ 为定子两相静止坐标系（α_s 轴取定子 a 相绕组轴线正方向），$\alpha_r\beta_r$ 为转子两相坐标系（α_r 轴取转子 a 相绕组轴线正方向）。$\alpha_r\beta_r$ 坐标系相对于 $\alpha_s\beta_s$ 坐标系以转子角速度 ω_r 逆时针方向旋转，α_r 轴与 α_s 轴的夹角为 θ_r；dq 坐标系以同步速 ω_e 逆时针旋转，d 轴与 α_s 轴的夹角为 θ_s。

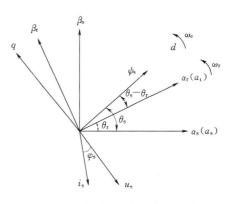

由于采用定子磁链定向，定子磁链的 dq 轴分量可表示为

$$\begin{cases} \psi_{sd} = |\psi_s| = \psi_s \\ \psi_{sq} = 0 \end{cases} \qquad (4-52)$$

将式（4-52）代入式（4-50）、式（4-51）可得

$$T_e = \frac{3p_n L_m}{2L_s} \psi_s i_{rq} \qquad (4-53)$$

$$P_s = \frac{3\omega_e L_m}{2L_s} \psi_s i_{rq} = T_e \frac{\omega_e}{p_n}$$

$$Q_s = -\frac{3\omega_e}{2L_s} \psi_s (\psi_s - L_m i_{rd})$$

$$(4-54)$$

图 4-15　定子磁链定向的坐标关系

从式（4-53）和式（4-54）可以看出，在定子磁链定向控制下，DFIG 的电磁转矩（或定子输出有功功率）和无功功率可通过调节转子电流的 dq 轴分量实现独立调节。但是对于 DFIG，输出的总功率并不仅是定子侧有功 P_s，还包含转子侧的滑差功率，忽略损耗时，总输出功率应为

$$P_e = T_e \Omega_r = \frac{3\omega_r L_m}{2L_s} \psi_s i_{rq} = \frac{3\omega_e L_m}{2L_s} \psi_s i_{rq} - \frac{3(\omega_e - \omega_r) L_m}{2L_s} \psi_s i_{rq} = (1-s) P_s \qquad (4-55)$$

式中　Ω_r——转子机械角速度，$\Omega_r = \omega_r / p_n$。

式（4-55）说明，调节转子电流的 q 轴分量 i_{sq} 可以调节输出的电磁功率，但电磁功率与转速变化也有关系。即相同功率输出时，风力机转速不同，转子电流的 q 轴分量 i_{rq} 也不相同。但 DFIG 的电磁转矩与 i_{rq} 是严格的线性关系，与转速无关，因此，i_{rq} 的给定值应根据电磁转矩的控制器计算得到。电磁转矩控制器的参考值由风力机控制器中最大功率点跟踪（Maximum Power Point Tracking，MPPT）控制给定，而反馈值可根据测得的定子侧功率由式（4-54）计算得到。

在风力发电场没有要求风力发电机组发无功的时候，DFIG 可单位功率因数运行，即 $Q_s = 0$，由式（4-54）可计算此时的转子电流 d 轴分量为

$$i_{rd} = \frac{\psi_s}{L_m} \approx -\frac{u_s}{\omega_e L_m} \qquad (4-56)$$

由式（4-56）可以看出，当 DFIG 定子侧不从电网吸收无功时，建立磁场所需的无功由转子侧换流器提供。转子侧换流器在不超过容量限制的前提下，在式（4-56）所需的励磁分量的基础上，还可为系统进一步提供无功补偿。

在得到转子电流的 dq 轴分量的参考值之后，通过内环电流 PI 调节器可得到转子侧换流器的电压参考值，然后通过 SPWM 或 SVPWM 环节即可得到换流器各 IGBT 的驱动信号。但由式（4-49）可知，转子电压的 dq 轴分量与电流的 dq 轴分量并没有完全解耦，耦合项为

$$\Delta U_r = j\omega_{sl} \left(\sigma L_r I_r + \frac{L_m}{L_s} \psi_s \right) \qquad (4-57)$$

定子磁链定向时，将式（4-52）代入式（4-57）可得为消除转子电压、电流交叉耦合的补偿项为

$$\begin{cases} \Delta u_{rd} = -\omega_{sl}\sigma L_r i_{rq} \\ \Delta u_{rq} = \omega_{sl}\sigma L_r i_{rd} + \omega_{sl}\dfrac{L_m}{L_s}\psi_{sd} \end{cases} \qquad (4-58)$$

　　由此可设计出双馈风力发电机组转子侧换流器基于定子磁链定向的矢量控制策略，如图 4-16 所示。整个控制系统采用电流内环和功率外环组成的串级控制系统，而有功的串级控制环和无功串级控制环相互独立，并行控制。在功率外环中，电磁转矩参考值由风机控制层中的 MPPT 控制给定，而无功参考值则由风力发电场控制给定，电磁转矩和无功的反馈值可由定子侧的电压和电流计算得到，经 PI 调节器输出转子电流无功分量和有功分量参考指令。在仿真中，由于电机的电感参数是已知的，并且在运行中也是按常数处理，而且功率和电流之间没有微分关系，内环电流的给定值也可由式（4-54）直接计算得到，从而省去外环两个 PI 调节器的参数设计。电流内环的 PI 控制器得到的解耦项，再加上由式（4-58）计算的耦合项，即可得到转子电压指令，经坐标变换后经 PWM 发生器得到 DFIG 转子侧换流器三相 PWM 调制信号，实现对 DFIG 的有功和无功控制。

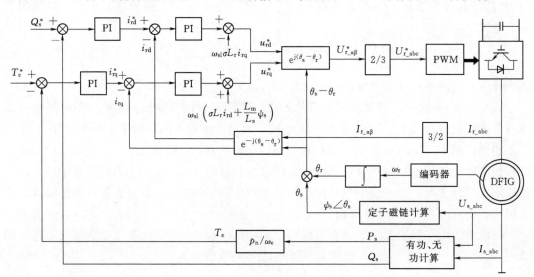

图 4-16　基于 SFO 的 DFIG 转子侧换流器控制框图

4.4.3.2　定子电压定向的矢量控制

　　目前并网换流器的电压锁相技术（PLL）已经比较成熟，具有较高的精度和抗干扰能力，因此，DFIG 也常采用基于电压定向（Stator - Voltage - Oriented，SVO）的矢量控制策略，SVO 的个坐标系关系如图 4-17 所示。电压矢量的角度可直接由 PLL 环节得到，不必再计算磁链。

　　由于 DFIG 定子侧频率为工频，故定子电阻远小于定子电抗，当定子磁链稳定时，若忽略定子电阻，则可认为 DFIG 感应电动势近似等于定子电压，由式（4-21）可得定子

电压为

$$U_s \approx j\omega_e \psi_s \qquad (4-59)$$

由式（4-59）可知，定子电压矢量落后定子
磁链矢量 90°。因此，SVO 控制与 SFO 控制
在稳态时控制特性是一样的，只是转子电流的
dq 轴分量所代表的有功和无功含义相反。采
用 SVO 时，定子电压的 dq 轴分量为

$$\begin{cases} u_{sd} = |U_s| = U_s = -\omega_e \psi_{sq} \\ u_{sq} = 0 \end{cases} \qquad (4-60)$$

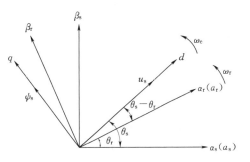

图 4-17　定子电压定向坐标系关系

将式（4-60）代入式（4-50）和式（4-54）可得 SVO 控制的转矩、功率与转子电
流的关系为

$$T_e = \frac{3p_n L_m}{2\omega_e L_s} U_s i_{rd} \qquad (4-61)$$

$$\begin{cases} P_s = \dfrac{3L_m}{2L_s} U_s i_{rd} = T_e \dfrac{\omega_e}{p_n} \\ Q_s = -\dfrac{3}{2L_s} U_s \left(\dfrac{U_s}{\omega_e} + L_m i_{rq} \right) \end{cases} \qquad (4-62)$$

由式（4-61）、式（4-62）可知，在定子电压定向控制下，电磁转矩和无功功率分
别与转子电流 i_{rd} 和 i_{rq} 成正比。而根据式（4-57）和式（4-60）可计算出 SVO 的电流环
耦合项为

$$\begin{cases} \Delta u_{rd} = -\omega_{sl}\sigma L_r i_{rq} + \dfrac{\omega_{sl} L_m}{\omega_e L_s} u_{sd} \\ \Delta u_{rq} = \omega_{sl}\sigma L_r i_{rd} \end{cases} \qquad (4-63)$$

由此可得 DFIG 转子侧换流器基于定子电压定向的矢量控制策略，如图 4-18 所示。

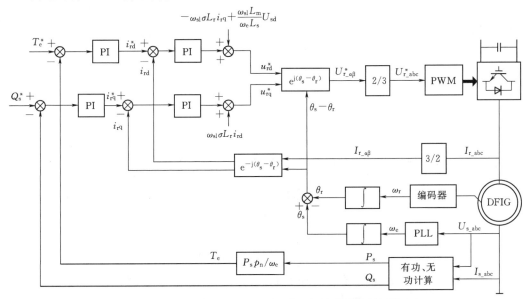

图 4-18　基于 SVO 的 DFIG 转子侧换流器控制框图

4.4.4　网侧换流器的控制

网侧换流器的控制目标是保持直流环节电压稳定和交流侧单位功率因数运行，直流电压的稳定即意味着直流功率的平衡，这也是转子侧和网侧双 PWM 换流器可独立控制的关键。网侧换流器将滑差功率送入电网，滑差功率随转速的变化如图 4-3 所示，在转差率较小时，网侧换流器有一定功率裕量，可为电网提供无功支持。

网侧换流器通常采用电网电压定向的矢量控制，即同步旋转坐标系 d 轴与电网电压矢量 U_g 重合。在同步旋转坐标系下，网侧换流器交流侧的瞬时有功和无功为

$$P_g = \frac{3}{2}(u_{gd}i_{gd} + u_{gq}i_{gq}) = \frac{3}{2}u_{gd}i_{gd}$$

$$Q_g = \frac{3}{2}(u_{gq}i_{gd} - u_{gd}i_{gq}) = -\frac{3}{2}u_{gd}i_{gq} \tag{4-64}$$

式中　P_g、Q_g——网侧换流器从电网吸收的有功功率和无功功率；

　　　u_{gd}、u_{gq}——网侧换流器并网点电压的 dq 轴分量；

　　　i_{gd}、i_{gq}——网侧换流器交流侧电流的 dq 轴分量。

由式可知，控制 i_{gd}、i_{gq} 即可分别控制网侧换流器从电网吸收的有功功率和无功功率。由图 4-11 可得直流环节的数学模型为

$$C_{dc}\frac{dU_{dc}}{dt} = I_{dc\_g} - I_{dc\_r} = (P_g - P_r)/U_{dc} \tag{4-65}$$

由式（4-65）可知，当直流电压稳定时，$P_g = P_r$，网侧换流器和转子侧换流器可以独立控制，自动接收转子侧的滑差功率。因而 i_{gd}、i_{gq} 的参考值分别由直流电压和无功功率的 PI 调节器给定。当 $Q_g = 0$ 时，网侧换流器与电网没有无功功率交换，运行于单位功率因数状态。

网侧换流器的内环电流控制与转子侧换流器类似，电压和电流的 dq 轴分量同样存在耦合，但耦合项的计算有所不同。由式（4-46），在 dq 同步旋转坐标系下，重写网侧换流器的数学模型如下

$$\begin{cases} L_c \dfrac{di_{gd}}{dt} = u_{gd} - R_c i_{gd} + \omega_e L_c i_{gq} - u_{cd} \\ L_c \dfrac{di_{gq}}{dt} = -R_c i_{gq} - \omega_e L_c i_{gd} - u_{cq} \end{cases} \tag{4-66}$$

式中　u_{cd}、u_{cq}——网侧换流器交流侧电压 dq 轴分量，$\begin{bmatrix} u_{cd} \\ u_{cq} \end{bmatrix} = \lambda \begin{bmatrix} M_{cd} \\ M_{cq} \end{bmatrix} \dfrac{U_{dc}}{2}$；

　　　M_{cd}、M_{cq}——网侧换流器在 dq 坐标系下的幅值调制比，取值范围为（-1,1）。由式（4-66）可得网侧换流器交流侧电压的参考值为

$$\begin{cases} u_{cd}^* = -u_{cd}' + \Delta u_{cd} \\ u_{cq}^* = -u_{cq}' + \Delta u_{cq} \end{cases} \tag{4-67}$$

式中　u_{cd}'、u_{cq}'——网侧换流器交流电压的非耦合项，根据电流 PI 调节器计算得出；

　　　Δu_{cd}、Δu_{cq}——解耦的补偿项，可由式（4-68）计算。

$$\begin{cases} \Delta u_{cd} = u_{gd} + \omega_e L_c i_{gq} \\ \Delta u_{cq} = -\omega_e L_c i_{gd} \end{cases} \quad (4-68)$$

将并网点电压 u_{gd} 引入到解耦项中可以减小 PI 控制的积分环节稳定所需时间,而电阻 R_c 压降较小,且并不存在耦合,因此可以忽略。

根据式 (4-64)、式 (4-65) 可设计网侧换流器基于电网电压定向的矢量控制策略,如图 4-19 所示。并网电流 d 轴分量参考指令由直流电压 PI 控制器计算得到;并网电流 q 轴分量可直接由式 (4-64) 中的无功功率计算公式得到,因为该式中网侧换流器并网点电压已知,并且无需其他参数,因而不必再设置 PI 调节器。经电流控制内环的 PI 控制器得到网侧换流器电压非耦合项 u'_{dr}、u'_{qr},再加上由式 (4-68) 计算的电压补偿分量 Δu_{dr}、Δu_{qr},即可得到转子电压指令 u^*_{cd}、u^*_{cq},经坐标变换和 PWM 发生器得到 DFIG 网侧换流器三相 PWM 调制信号,实现网侧换流器的并网控制。

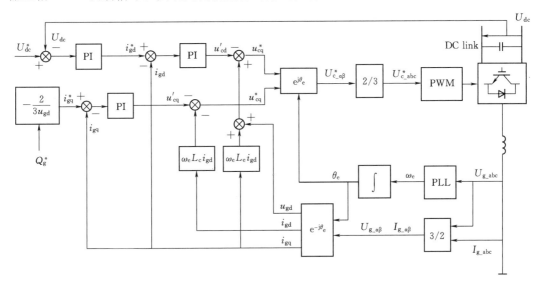

图 4-19　DFIG 网侧换流器的控制框图

4.5　仿　真　算　例

DFIG 仿真系统的结构如图 4-20 所示,参数见表 4-2。由于双馈风力发电机转子励磁电流在幅值、相位、相序和频率上都是可控的,通过调节转子励磁就可以使发电机定子端电压与电网电压相同时实现软并网。

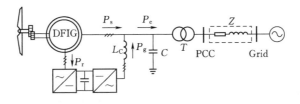

图 4-20　DFIG 仿真系统结构图

表 4 - 2　　　　　　　　　　　DFIG 仿真系统参数

DFIG	额定功率	15×2MW
	定子电压、频率	690V/50Hz
	极对数 P_n	2
	定转子绕组变比	1∶3
	R_s/R_r	0.0108pu / 0.012pu
	L_m	3.362pu
	$L_{\sigma s}/L_{\sigma r}$	0.102pu / 0.11pu
	惯性常数 H_g	3s
风力机	惯性常数 H_t	0.75s
换流器	C_{dc}	15×10000μF
	L_g	0.25mH/15
滤波器	R_f/C_f	0.06Ω/1000μF
变压器	V_1∶V_2/Z_T	110kV；690V/10%
电网	V_N/SCL	110kV/400MVA

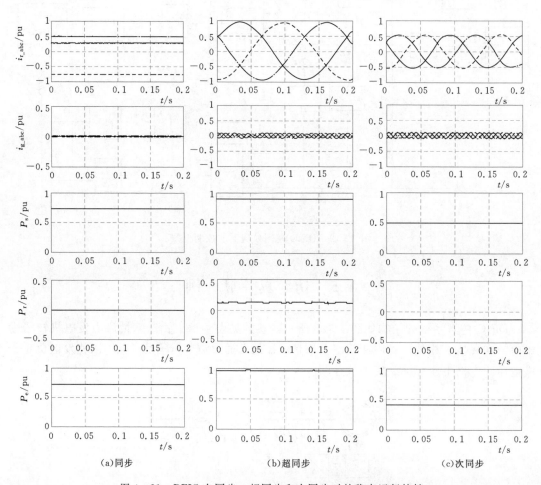

图 4 - 21　DFIG 在同步、超同步和次同步时的稳态运行特性

66

4.5.1 DFIG 的稳定运行仿真分析

首先仿真分析了 DFIG 在同步速、超同步速、亚同步速运行时换流器工作的稳态波形，如图 4-21 所示。当 DFIG 运行于同步速（$\omega_r=1pu$）时，转子电流频率为 0，转子侧换流器为 DFIG 提供直流励磁，网侧换流器电流为 0，向电网传输的功率为 0；当 DFIG 运行于超同步（$\omega_r=1.1pu$）时，转子电流频率为 $0.1\times50=5Hz$，网侧换流器的电流为 $50Hz$，向电网传输的功率为 $0.1P_s$；当 DFIG 运行于亚同步速（$\omega_r=0.82pu$）时，转子电流频率为 $0.18\times50=9Hz$，网侧换流器的电流仍为 $50Hz$，从电网吸收的功率为 $0.18P_s$。随着转速的变化，DFIG 在三种不同的运行状态下切换，DFIG 向电网发出总的功率 P_e 都为定子侧功率 P_s 与换流器传输功率 P_r 之和，且 $P_r=-sP_s$；转子电流的频率在 $0\sim s_{max}f$ 之间变化，幅值则随转速的增加而增加；网测换流器电流频率始终为 $50Hz$，幅值与滑差功率成正比。

4.5.2 DFIG 的最大风能追踪控制仿真分析

由于自然界风速的随机性而引起的风力机输入功率也是随机变化的，只有变速风电机组才能保证风力机运行在最大功率曲线上，使风力机捕获最大的风能。图 4-22 描述了最大风能捕获的过程，如果风力机在风速 v_2 下稳定运行在最大功率曲线 P_{opt} 的 B 点上，此时 DFIG 的转速 ω_2 和功率输出 P_2 均处于最佳的运行状态，同时 DFIG 的输出功率 P_e 和风力机的输入功率 P_m 是相等的。当风速由 v_2 突变到 v_3 时，风力机的机械功率 P_m 会随着风速的变化由 B 点突变到 D 点，即由 P_2 突变到 P_D。但此时由于 DFIG 的机械惯性和调节过程的滞后，发电机输出电磁功率 P_e 仍然在 B 点，此时 $P_m>P_e$，引起转速的增加进而使 DFIG 输出功率 P_e 逐渐增加。在变化过程中，风力机沿着 v_3 风速下功率曲线 DC 轨迹运行，而发电机沿着最大风能利用曲线 BC 轨迹运行。当在风速 v_3 下风力机的输出功率与最优功率曲线交点 C 时，功率将会再一次平衡，此时在风速 v_3 下 DFIG 转速稳定在 ω_3，风力机输出的功率稳定在 P_3。风速突然变小到 v_2 的过程与其同理，将稳定运行于新的功率平衡点 A。

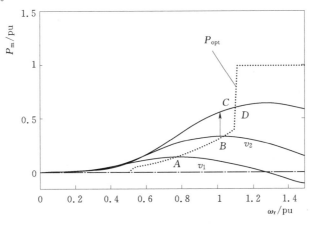

图 4-22 最大风能追踪示意图

为了验证最大风能追踪控制的效果，在并网后通过风速改变来进行仿真分析。在并网后风力机以 7m/s 的速度正常运行，在运行到 5s 时风速突变为 10m/s。在风速变化过程中，可以看到 DFIG 的最大功率跟踪效果，如图 4-23 所示。

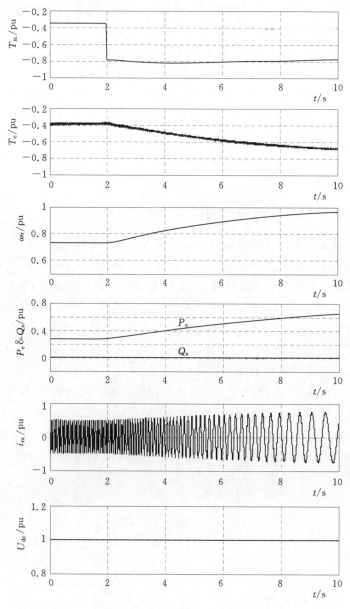

图 4-23　风速突变时 DFIG 的 MPPT 控制过程

　　风速突变后，机械转矩 T_m 随之突变，转速开始增加。在风能最大跟踪的控制下，DFIG 的电磁转矩与电磁功率随转速缓慢增加，直至达到新的功率平衡点。当风速变化引起 DFIG 转速变化时，转子电流不仅在幅值上发生变化，在频率上也有所调整。幅值的改变是跟随风速的变化，并且反映了 DFIG 输出功率的改变。而电机角速度 ω_r 的变化决定了定子电流频率的变化，这也验证了 DFIG 变速恒频运行的原理。在 MPPT 控制过程中，输出有功并不会突变，而是随转速缓慢增加，利用自身惯性减小了风速突变对电网的有功冲击；而在此过程中，无功并未发生变化，换流器的直流电压也保持不变。

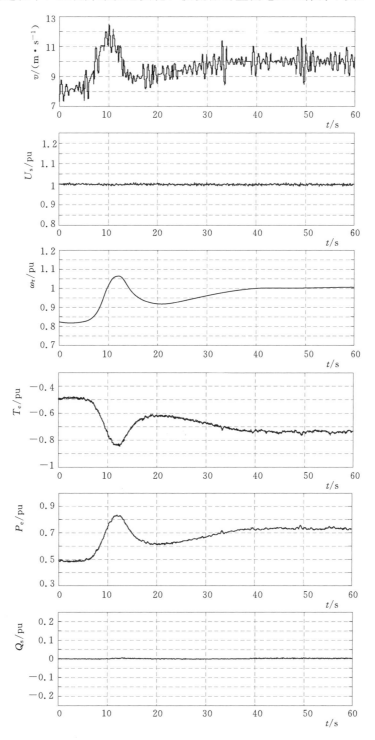

图 4-24　DFIG 在自然风速时的运行特性

4.5.3　自然风速下双馈机组输出功率的仿真结果

双馈机组的输出功率情况与风速大小的波动紧密相关。由于自然界中的风速具有不规律性，双馈风力发电机组的转子转速与输出功率也将一直处于变动之中。图 4-24 中所示为在 60s 的风速变化下，机组定子电压 U_s、转子转速 ω_r、电磁转矩 T_e、输出有功功率 P_e、无功功率 Q 的仿真结果。当风速波动时，风力发电机组的转子转速和输出总功率也会相应地变化，且与其变动趋势保持一致。当风速波动时，风力发电机组的转子转速和输出总功率也会相应地变化，且与其变动趋势保持一致。但相对于 FSIG，功率变化中已经没有高频波动分量，并且在 5~15s 的阵风中，转速波动增加，但功率波动大幅减小。因

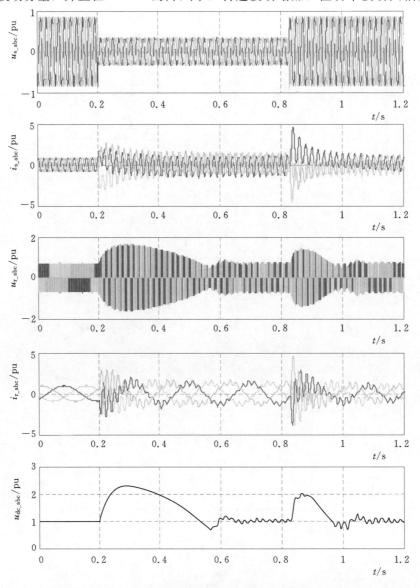

图 4-25　DFIG 在电网电压跌落 60%时的暂态响应

此，可调速的 DFIG 机组在风速随机波动过程中，即可追踪最大风功率，而且可充分利用自身惯性，对风速的高频波动有很好的平滑作用，并且无功不随有功变化，因而对电网的电能质量影响也比 FSIG 更小。

4.5.4 电压跌落响应

换流器的引入实现了风力发电机组的变速恒频运行，但由于其过压过流能力较差，在电网扰动情况下的低电压穿越问题比传统发电机组突出。本书将在第 7 章分析风力发电机组的低电压穿越问题，本节仅给出电网电压跌落时，不考虑换流器承受电压和电流的能力，即保护不动作、DFIG 机组不脱网情况下的动态响应，包括定转子侧的电压、电流和直流电压，以说明其在电压跌落时换流器过压、过流的原因。风速为 11m/s，并网点电压 U_{grid} 从 4s 开始跌落 60%、跌落时间为 625ms 的情况下，风电机组的暂态响应如图 4-25 所示。

由图 4-25 可以看出，在电网故障扰动过程中，电网电压的暂降或突升，都会造成电机定子侧电流的大幅振荡，进而耦合到转子侧，造成转子侧换流器的过压及过流，同时换流器的直流母线电压也会有大幅升高。与 FSIG 在电网电压跌落时因转速升高而可能造成电机失稳的脱网情况不同，DFIG 是因为换流器的过压及过流保护动作而脱网，由于暂态电压和电流的上升速度远比转速快得多，且换流器的电压和电流保护都是瞬时动作的，因此 DFIG 的低电压穿越能力要比 FSIG 差很多。因此，目前解决 DFIG 低电压穿越的方法主要是通过 Crowbar 将转子侧短路，即转换为 FSIG 运行状态，避免因转子侧换流器保护动作而造成机组脱网。为扩展 FSIG 运行状态时的稳定运行区域，即提高 DFIG 转换为 FSIG 运行状态时的低电压穿越能力，需合理设置 Crowbar 的电阻值。

第5章 全功率换流器驱动风力发电机组
的原理及建模

5.1 概 述

直驱式风力发电系统（Direct-driven Wind Generation System），是一种由风力机直接驱动低速发电机发电的系统，省去了升速齿轮箱，减少了故障率并可降低维护成本。永磁同步发电机（Permanent Magnet Synchronous Generator，PMSG）相对较容易做到40对以上的极对数，直接与低速风力机连接，并且通过全功率换流器（Full Rated Converter，FRC）并网，从而衍生出了一种新型的变速恒频风力发电系统——直驱式永磁同步风电机组。

直驱式永磁同步风电机组具有以下优点：

（1）发电效率高。直驱式风力发电机组没有齿轮箱，减少了传动损耗，提高了发电效率，尤其是在低风速环境下，效果更加显著。

（2）可靠性高。齿轮箱是风力发电机组运行出现故障频率较高的部件，直驱技术省去了齿轮箱及其附件，简化了传动结构，提高了机组的可靠性。同时，机组在低转速下运行，旋转部件较少，可靠性更高。

（3）运行及维护成本低。采用无齿轮直驱技术可减少风力发电机组零部件数量，避免齿轮箱油的定期更换，降低了运行维护成本。

（4）对电网扰动适应能力更强。直驱式永磁风力发电机组的低电压穿越使得电网并网点电压跌落时，风力发电机组能够在一定电压跌落的范围内不间断并网运行，并向电网提供无功支持，从而维持电网的稳定运行。

然而，直驱式风力发电技术也存在制约其发展的各种因素。例如，直驱式风力发电机组没有齿轮箱，低速风轮直接与发电机相连接，各种有害冲击载荷也全部由发电机系统承受，因此对发电机要求更高；永磁直驱发电机的极数非常大，通常在40对极以上，发电机的结构变得非常复杂，发电机的外径和重量大幅增加，整机吊装维护困难，尤其在5MW以上的风力发电机组应用时受到体积和重量过大的限制；直驱式风力发电机组所采用的全功率换流器成本相对较高，且高次谐波含量高，因此必须使用谐波滤波器；且稀土永磁材料价格不断增长，也使未来PMSG的应用拓展受到限制。

考虑PMSG的以上不确定因素，基于电励磁同步发电机（FRC-SG）和笼型异步发电机（FRC-IG）的半直驱机组在未来的风电市场中也将会占有一席之地。这些机组的一个共同特点是均采用FRC驱动，其容量与发电机容量相当。相对于部分功率换流器驱动的DFIG，FRC有更宽的调速范围和更好的电网适应性。由于风力发电机组的功率全部通过换流器传递，发电机的机械特性和电网动态特性有效隔离，减小了相互影响，具有较好的电网适应性，但同时也降低了系统的惯性，在高风电渗透率情况下会影响系统的稳定性。随着电力电子技术的发展，变频装置的成本在不断降低。综合考虑长期运行、维护等各方面的成本，全功率换流器驱动的风力发电技术具有良好的发展前景。

本章首先介绍 FRC 驱动的风力发电机组的结构和基本原理，然后建立 PMSG 的动态模型，并阐述其 PWM 换流器的控制策略，分析 PMSG 在稳态及动态工作特性。此外，对全功率换流器驱动的异步风力发电机组的原理和控制策略也进行了分析。

5.2 全功率驱动的风力发电机组的原理

5.2.1 发展概况

在变速恒频风力发电技术的初期，除了德国 Enercon 公司，大部分风机厂商采用了和定速机组相似的传动链结构。由于风力发电机组中的高速比齿轮箱结构复杂、运行环境恶劣，所以机组事故率较高，维护量大。直驱式风力发电系统采用低速的多级发电机与风力机直接相连，省去了变速齿轮箱，使传动链系统得到了简化，减小故障率和维护成本的同时，也使传动效率得到提升。1992 年，德国 Enercon 公司开始研制兼具无齿轮、变速变桨距等特征的风力发电机。当时由于电气技术和成本等原因，发展较慢，直到 1997 年，在世界风机市场上才出现了该公司开发的一系列直驱式励磁变速变桨距风力发电机组。这些容量从 330kW～2MW 的高产能、运行维护成本低的先进机型的出现，引起了世界风电场开发商的青睐。2004 年以后，直驱式风力发电机组的市场份额逐年增加。随着近几年电力电子技术的快速发展，各国对直驱式风力发电机组的研究越来越重视，其优势也得到不断提升。2000 年，瑞典 ABB 公司成功研制了 3MW 的可变速风力发电机组，其中包括永磁式转子结构的高压风力发电机"Wind former"，其转子采用多级永磁钢制成，全部定子由一整根高压电缆绕成，采用直驱方式连接，其单机容量 3MW、高约 70m、风扇直径约 90m，最大容量达到了 5MW。2003 年，在日本 Okinawa 电力公司开始运行的 MWT－S2000 型风力发电机，是日本三菱重工首度完全自行制造的 2MW 级风机，采用小尺寸的变速无齿轮永磁同步电机，新型轻质叶片。目前，除了一直采用直驱机组的德国 Enercon 公司和中国的金风科技公司，包括 GE 的很多风电厂商开始研制直驱风力发电机组产品。德国西门子公司开发了 3.6MW 直驱永磁同步风力发电机组样机和 3MW 直驱永磁同步风力发电机组，荷兰 Largewey 风电公司现在也开始生产 2MW 的直驱永磁风力发电机组，并已经进入欧洲市场。直驱永磁风力发电机组与双馈式异步风力发电机组已成为成为风电市场上的两大主流机型，并且直驱永磁风力发电机组的市场份额会逐年增加，尤其对于维护成本高且不易实施的海上风力发电更具竞争力。

近年来，我国参与直驱式风力发电机组研发的企业数量逐年增加。从 100W 到 100kW 的中小型风力发电机组采用的都是直驱永磁风力发电机，是世界上生产、应用最多的国家。在大型并网风电领域，我国也有世界先进的直驱永磁风力发电机组的制造技术。我国新疆金风科技有限公司与德国 Vensys 公司合作研制的 1.5MW 直驱永磁风力发电机组，到 2009 年年底，已有 1500 多台安装在风电场。湘潭电机公司研制的 2MW 直驱永磁风力发电机组也已经在风电场批量投入运行。2012 年由湖南湘电风能集团研发设计的国内首台 5MW 永磁直驱海上风力发电机组在福清三山镇东沙村的海岸安装成功，标志中国风电装备制造业的发展跨入世界前列。

由变频器驱动的笼型异步电机已广泛应用在需要变速传动的工业领域，将变频调速技术扩展到风力发电系统中实现其变速运行，可以提高风力发电机组对风能的利用效率。与转子侧接换流器的双馈风力发电机组相比，其换流器容量与发电机容量相当，因此换流器成本高。但全功率换流器的调节能力强，调速范围宽，电网适应能力好，可更好满足并网规范的要求。而与全功率换流器驱动的永磁直驱风电机组相比，由于异步电机不能通过增加极对数来降低转速，因此无法省去高速比的齿轮箱。但异步电机造价低、结构简单。通过全功率换流器将发电机与电网相连的构想已经被设备制造商 Siemens 公司应用到兆瓦级风电机组中。

5.2.2　结构

基于全功率换流器的风力发电机组典型结构如图 5-1 所示，主要由风轮、齿轮箱（可选）、发电机、全功率电力电子换流器等设备以及控制系统构成。由于来自风电机组的所有功率都通过换流器传递，因而功率换流器的容量与发电机的容量相同。同时，功率换流器起到有效隔离发电机与电网的作用，发电机的电气频率可以随着风速的变化而变化，而电网频率恒定，从而实现风力发电机组的变速运行。

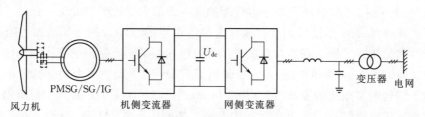

图 5-1　典型的 FRC 风力发电系统结构

采用 PMSG 的直驱式风力发电机组可以省去故障率较高的齿轮箱，此外，PMSG 的优势有：在大型风力发电机中，永久磁铁励磁技术可以将发电机直径减少一半，大大减少了系统体积重量和成本，提高了发电机的可靠性，使直驱风力发电技术的优势更加突出；由于能量只从发电机流向电网，无需双向流动，因此功率换流器结构可以较为简单。但低速多极 PMSG 的直径大、极距小，磁极数通常在 40 对极以上，体积和重量很大，并且随着稀土永磁材料的涨价，电励磁的同步发电机和异步发电机也将用会于 FRC 风电机组之中。电励磁发电机需要额外电源用于励磁，其优势在于，转子励磁电流可控，可以控制磁链在不同功率段获得最小损耗，同时可以避免永磁体失磁的风险。但是电励磁发电机需要为励磁绕组提供空间，会使电机尺寸更大，且转子绕组直流励磁需要滑环和电刷等易耗机械部件，使系统可靠性低、造价升高。这些电励磁直驱低速发电机所存在的固有缺点，使其发展与应用受到了限制，目前采用电励磁的直驱发电机市场占率较小。为减小电机体积和重量，可采用笼型异步发电机，但仍需高转速比的齿轮箱。

5.2.3 全功率换流器技术

作为风力发电机与电网连接的接口，全功率电力电子换流器的容量和发电机的容量相当，并且在整个系统中担负着极为重要的作用。例如，当风速变化时，全功率电力电子换流器应能向电网或负载输送谐波含量尽量少、功率因数较高的优质电能；同时实现对发电机转速和转矩的调节，提高发电机运行效率，确保风力发电机组最大限度地捕获风能，使系统运行在变速恒频状态。相对于只有30％功率换流器控制的双馈机组，全功率换流器驱动的风力发电机组具有更宽的调速范围和更优越的低电压穿越性能。因此，全功率换流器对整个直驱型风力发电系统意义重大，其特性直接影响系统运行性能。经过多年的发展，很多换流器拓扑可用于直驱风力发电系统，归纳起来主要有以下四种典型基本拓扑结构。

1. 不控整流＋晶闸管逆变＋无功补偿设备

图5-2给出了一种早期应用在直驱型风力发电系统的换流器拓扑结构。发电机侧换流器采用不可控的二极管整流结构，直流侧采用电感电容滤波，电网侧换流器使用晶闸管逆变结构。这种结构具有容量大、可靠性高、成本低、耐高压、大电流等优点。但是相控整流造成的谐波不但使电机转矩脉动增大，而且其谐波造成的损耗也会相应大为增加，影响系统的机械和电气寿命，因此实际系统中此种拓扑结构很少采用。

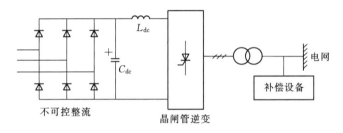

图5-2 不控整流＋晶闸管逆变拓扑结构

2. 不控整流＋Boost换流器＋PWM逆变

为了改善二极管整流直流母线电压不可控的缺点，采用如图5-3所示的系统结构，在三相不控整流后面接一个单管Boost升压电路。Boost升压电路的使用，可对整流电路进行功率因数校正（PFC），一定程度上可以对发电机电磁转矩和转速进行简单控制；提高了直流侧电压并保持其稳定，使系统损耗减小、可靠性增强。同时采用PWM逆变器作为交流电网侧换流器，实现了有功功率、无功功率的解耦控制，对直流母线环节的电压稳

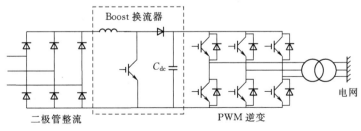

图5-3 不控整流＋Boost变换＋PWM逆变拓扑结构

定也起到了重要作用，可以提高并网的电能质量。由于这种拓扑结构成本相对较低，因此在当前直驱式风力发电工程中得到较多应用，如德国 Enercon 公司的直驱式风力发电系统 E82（2MW）、国内合肥阳光电源的小型并网风力机换流器均使用这种拓扑。

然而，该结构的发电机侧换流器结构仍存在缺陷。首先，这种结构和二极管不控整流一样存在功率单向流动，不能直接有效的对发电机实施控制，发电机侧的功率因数较低。其次，在永磁同步风力发电系统中，二极管整流桥的工作使得电枢反应难以避免，较大的电枢电流会产生较强的电枢磁场，使得发电机主磁场发生畸变，甚至导致永磁同步发电机去磁，这是系统运行中极大的安全稳定隐患。

3. 两电平双 PWM 换流器结构

图 5-4 是典型的两电平双 PWM 换流器拓扑结构。机侧和网侧换流器均采用可控器件 IGBT，利用 PWM 脉宽调制技术不但电流波形能得到很好的控制，而且 PWM 换流器可以四象限运行。采用 PWM 调制的发电机侧换流器本身具有 Boost 升压功能，无需额外的升压电路，发电机可以在很宽的风速范围内运行，有效地提高了系统的风能捕获效率。更为重要的是，这种两电平双 PWM 结构的换流器功率可以双向流动，这也使发电机的控制变得非常灵活，有更多的先进控制策略可以采用，以提高系统的性能。近年来双 PWM 背靠背换流器结构逐渐成为研究的热点，并已成为低压直驱风力发电系统中最为常用的拓扑结构。本章分析的风力发电机组采用两电平双 PWM 换流器，对其中涉及的控制策略进行介绍。

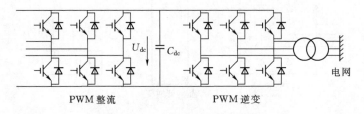

图 5-4　背靠背双 PWM 换流器结构

4. 多电平双 PWM 变流结构

近年来随风机容量的不断增大，受功率器件电压等级、开关频率、散热、可靠性、成本等诸多条件限制，两电平换流器已不能满足大功率风力发电系统的要求。为了改善上述不足，采用多电平小容量功率半导体器件并联其扩容的一个重要途径。图 5-5 为三电平背靠背双 PWM 换流器拓扑，与两电平双 PWM 换流器相比，三电平双 PWM 换流器具有高电压等级、输出电压波形更接近正弦、谐波含量少、电压变化率小、有更大的输出容量、损耗明显降低等优点。目前，世界范围内从事大功率风力发电用换流器和高压变频器研制的一些公司，都有多电平的产品方案。例如 ABB 公司用于风力发电的换流器，其整流器采用 12 脉冲二极管整流，逆变器采用三电平 NPC 结构，器件采用 IGCT；西门子公司也有相似的应用，功率器件采用高压 IGBT；法国 Alstom 公司采用飞跨电容型四电平拓扑，功率器件采用 IGBT，另外还基于 IGCT 开发出了飞跨电容型五电平变频器。

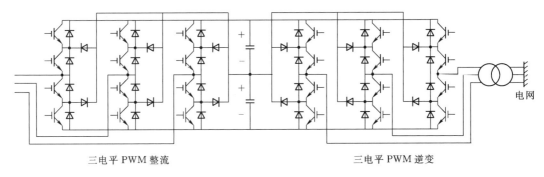

三电平 PWM 整流　　　　　　　　　　　三电平 PWM 逆变

图 5-5　三电平背靠背双 PWM 换流器结构

5.3　直驱式永磁同步风力发电机组

5.3.1　PMSG 的结构及稳态特性

采用背靠背双 PWM 全功率换流器并网的直驱式永磁风力发电机组的系统结构如图 5-6 所示。其功率传递过程为：当风通过推动风力机桨叶使风力机转子旋转时，风能被转化为带动与风力机同轴连接的发电机转子旋转的机械动能 P_m，再通过永磁同步发电机转化为电磁功率 P_s，进一步通过双 PWM 全功率换流器输出给电网的有功 P_g。

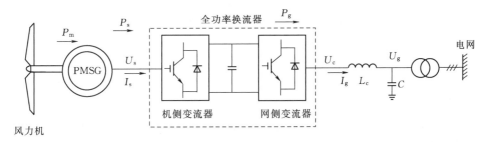

图 5-6　直驱式永磁风力发电机组并网结构

同步发电机定子侧输出电压的频率与转速的关系为

$$f_s = \frac{p_n n}{60} \tag{5-1}$$

式中　f_s——PMSG 定子侧电气频率；

　　　n——转子转速；

　　　p_n——极对数。

通过增加 PMSG 的极对数，可以减小其转速，使之与风力机的转速相匹配，从而省去增速齿轮箱。为避免 PMSG 的极对数太多，通常定子侧的额定频率仅为 10Hz 左右。如风力机的额定转速为 15r/min，额定频率为 10Hz 时所需的极对数为 40。PMSG 的转速的调节范围为 0～n_N（额定转速），而 DFIG 的调速范围约为额定转速附近的 ±30%，因而 PMSG 比 DFIG 的调速范围要宽。PMSG 的稳态等效电路和相量图如图 5-7 所示。图 5-

7 中，$\dot{U}_s$、$\dot{I}_s$ 分别表示定子电压与定子电流相量；ψ_f 表示转子永磁体磁链，通常为恒值；R_s、L_s 分别表示定子电阻与电感；X_s 表示定子电抗。

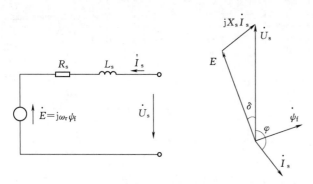

图 5 - 7　PMSG 的稳态等效电路和相量图

由图 5 - 7 可得 PMSG 的定子侧电压为

$$\dot{U}_s = j\omega_r\psi_f + R_s\dot{I}_s + j\omega_s L_s\dot{I}_s$$

$$(5-2)$$

式中　ω_s、ω_r——定子、转子的电角速度。

式（5 - 2）说明，风力机在变速过程中，PMSG 输出的电压也随之而变化。PMSG 的变压变频输出需经全功率换流器后，才能并入恒压恒频的电网。

由 PMSG 的稳态等效电路可得其输出的有功和无功功率为

$$P_s = \frac{U_s E}{X_s}\sin\delta$$

$$Q_s = \frac{U_s E}{X_s}\cos\delta - \frac{U_s^2}{X_s}$$

$$(5-3)$$

由于交—直—交全功率换流器只能将 PMSG 的有功功率传输给电网，而无功功率不能经过直流环节传输，因而发电机的无功功率需由机侧换流器提供和控制。由式（5 - 3）可知，由于发电机感应电势 E 随转速变化，因此 PMSG 输出有功不仅仅由功角决定，需进一步分析其动态模型。

5.3.2　PMSG 的动态模型

PMSG 的定子绕组与普通电励磁同步电机相同，都是交流三相对称绕组。为分析方便，在建立数学模型过程中作如下基本假设：

（1）转子永磁磁场在气隙空间分布为正弦波，定子电枢绕组中的感应电动势也为正弦波。

（2）忽略定子铁芯饱和，认为永磁磁场呈线性分布，电感参数不变。

（3）不计铁芯涡流与磁滞等损耗。

（4）转子无阻尼绕组。

永磁同步电机结构及坐标轴关系如图 5 - 8 所示，通常将两相旋转坐标的 d 轴定向在转子磁链上。此时，定子磁链为

$$\psi_{sd} = L_{sd}i_{sd} + \psi_f$$

$$\psi_{sq} = L_{sq}i_{sq}$$

$$(5-4)$$

式中　ψ_{sd}、ψ_{sq}——定子 d 轴、q 轴磁链；

$\quad\quad\ i_{sd}$、i_{sq}——定子 d 轴、q 轴电流；

$\quad\quad\ L_{sd}$，L_{sq}——定子 d 轴、q 轴电感。

采用电动机惯例规定正方向，则 PMSG 在 dq 同步旋转坐标系统下的电压方程为

$$u_{sd}=R_s i_{sd}-\omega_r \psi_{sq}+\frac{\mathrm{d}\psi_{sd}}{\mathrm{d}t}$$

$$u_{sq}=R_s i_{sq}+\omega_r \psi_{sd}+\frac{\mathrm{d}\psi_{sq}}{\mathrm{d}t} \qquad (5-5)$$

将式（5-4）代入式（5-5）可得

$$u_{sd}=R_s i_{sd}+L_{sd}\frac{\mathrm{d}i_{sd}}{\mathrm{d}t}-\omega_r L_{sq} i_{sq}$$

$$u_{sq}=R_s i_{sq}+L_{sq}\frac{\mathrm{d}i_{sq}}{\mathrm{d}t}+\omega_r L_{sd} i_{sd}+\omega_r \psi_f \qquad (5-6)$$

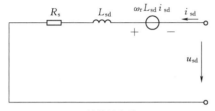

图 5-8　两极永磁同步电机结构图

由式（5-6）可得转子磁链定向方式下的 PMSG 等效电路，如图 5-9 所示。

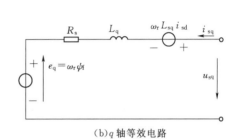

（a）d 轴等效电路　　　　　　　　　　（b）q 轴等效电路

图 5-9　PMSG 在 dq 同步坐标系下的等效电路

PMSG 的电磁转矩和功率为

$$T_e=-\frac{3}{2}p_n \mathrm{lm}[\psi_s \hat{I}_s]=-\frac{3}{2}p_n(\psi_{sd} i_{sq}-\psi_{sq} i_{sd}) \qquad (5-7)$$

$$\begin{cases} P_s=-\dfrac{3}{2}(u_{sd} i_{sd}+u_{sq} i_{sq}) \\[2mm] Q_s=\dfrac{3}{2}(u_{sd} i_{sq}-u_{sq} i_{sd}) \end{cases} \qquad (5-8)$$

式（5-7）和式（5-8）是转矩和功率的通用计算公式，适用于不同坐标系定向方式。如在转子磁链定向方式下，可将式（5-4）代入式（5-7）得

$$T_e=-\frac{3}{2}p_n i_{sq}\left[(L_{sd}-L_{sq})i_{sd}+\psi_f\right] \qquad (5-9)$$

上述 PMSG 的动态模型可以用矢量的复数形式表示为

$$\begin{cases} \psi_s=(L_{sd} i_{sd}+jL_{sq} i_{sq})+\psi_f \\[2mm] U_s=R_s I_s+\dfrac{\mathrm{d}\psi_s}{\mathrm{d}t}+j\omega_s \psi_s \\[2mm] P_s+jQ_s=\dfrac{3}{2}U_s \hat{I}_s \\[2mm] T_e=-\dfrac{3}{2}p_n \mathrm{lm}[\psi_s \hat{I}_s] \end{cases} \qquad (5-10)$$

式中　U_s、I_s——定子电压、电流矢量；

　　　ψ_s、ψ_f——定子磁链矢量、转子永磁体在定子中感应的磁链矢量。

5.3.3　FRC 建模

本节研究的驱动 PMSG 的 FRC 建模，是针对背靠背的双 PWM 换流器结构。相对于 DFIG 的部分功率换流器，由于其功率等级更大，常采用多电平 PWM 换流器结构或多台两电平换流器并联结构。本节不具体分析多电平及多重化换流器的工作原理，均以可控电压源模型等效。PMSG 的全功率换流器与 DFIG 的部分功率换流器相比，其结构相同，只是机侧换流器接在定子侧，因此其模型也基本相同。全功率换流器在 dq 同步旋转坐标系下的等值电路如图 5-10 所示，网侧换流器的电压、功率方程为

$$\begin{cases} U_g = R_c I_g + j\omega_e L_c I_g + L_c \dfrac{dI_g}{dt} + U_c \\ C\dfrac{dU_{dc}}{dt} = \dfrac{P_g}{U_{dc}} - \dfrac{P_s}{U_{dc}} \\ P_g + jQ_g = -\dfrac{3}{2}U_g \hat{I}_g \end{cases} \tag{5-11}$$

式中　U_g、I_g——网侧电压、电流矢量；

　　　U_c——网侧换流器交流侧输出电压矢量；

　　　R_c、L_c——网侧滤波电抗器的等效电阻、电感；

　　　C、U_{dc}——直流侧电容、直流侧电压；

　　　P_g、Q_g——网侧有功、无功功率。

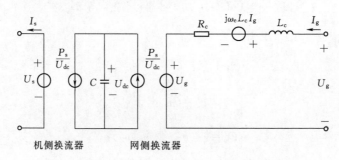

图 5-10　全功率换流器在 dq 坐标系下的等值电路

5.3.4　PMSG 的控制策略

PMSG 的全功率换流器的主要控制目标是在维持直流电压稳定的情况下实现最大风能追踪，将风能最大限度的转化为电能输送给电网，并对电网提供一定的无功支撑。针对上述控制目标，目前对 FRC 的控制策略主要包括矢量控制和直接功率控制，前者理论成型较早技术成熟，但是存在控制计算量大、对参数变化敏感的问题；后者转矩动态响应速度快、控制结构简单，然而低速时转矩脉动大无法达到前者的效果。永磁直驱式风力发电系统中，换流器要控制 PMSG 在极低速范围内运行，因此优先选择矢量控制方式。另外有功和直流电压外环、交流电流内环的双闭环结构能够实现优良的动态性能和限流能力，

0

因此应该用更为广泛，本节仅介绍 PMSG 矢量控制系统的原理。

PMSG 的机侧换流器和网侧换流器各有一套独立的矢量控制系统，分别控制电磁功率和直流电压。对于这两个换流器，有两种协同控制方法。协同控制策略Ⅰ如图 5-11 (a) 所示，机侧换流器控制电磁功率，实现最大风功率跟踪；网侧换流器控制直流电压，

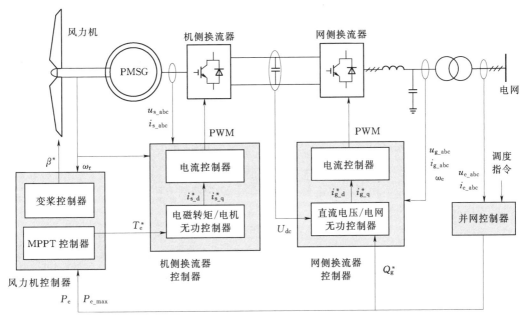

(a)协同控制策略Ⅰ

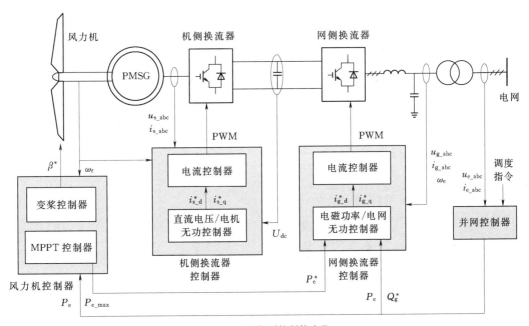

(b)协同控制策略Ⅱ

图 5-11 永磁直驱风力发电机组总体控制系统

实现输出有功无功的解耦控制。协同控制策略Ⅱ如图 5 - 11（b）所示，机侧换流器控制直流电压，而网侧换流器控制电磁转矩。控制策略Ⅰ是永磁同步电机的常规控制方法，在电动机调速控制中广泛应用。而控制策略Ⅱ在电网故障扰动时具有更好的控制特性，原因在于：将有功和无功控制集中于网侧换流器，便于根据系统需求对风电机组的有功与无功进行协调控制；在网侧换流器因电网电压跌落而进入限流状态时，直流电压仍可由机侧换流器进行控制。下面分别介绍两种控制策略的具体实现方法。

5. 3. 4. 1　PMSG 换流器的协同控制策略Ⅰ

在协同控制策略Ⅰ中，网侧换流器通过控制直流电压的稳定，自动接收机侧换流器捕获的风功率，与 DFIG 的网侧换流器控制方法相同，本节不再赘述。机侧换流器采用矢量控制直接调节发电机定子的电压频率，实现最大风能跟踪。矢量控制技术是当前应用最广的一种电机控制方法，对电机输出转矩的控制最终归结为对交轴、直轴电流 i_d、i_q 的控制。PMSG 通过编码器可以方便的检测到转子位置，因此其矢量控制通常基于转子磁链定向。对给定的电磁转矩，直轴和交轴电流有不同控制方式的组合，其控制效率、功率因数、转矩输出能力等都不相同，故需要讨论电机电流的控制方法。对于发电机侧换流器而言，可采用几种不同的控制策略。

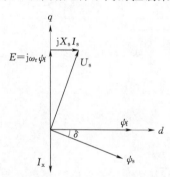

图 5 - 12　$i_d = 0$ 控制矢量图

1. 转子磁链定向控制

如图 5 - 12 所示，在同步旋转坐标系中，d 轴定向于 PMSG 永磁体磁链 ψ_f 方向。稳态时，定子电压方程可降阶为

$$\begin{cases} u_{sd} = R_s i_{sd} - \omega_r \psi_{sq} \\ u_{sq} = R_s i_{sq} + \omega_r \psi_{sd} \end{cases} \tag{5-12}$$

然而，由于定子、转子磁链存在角度差 δ，定子电压的 q 轴分量 u_{sq} 并不为 0。通过上述 PMSG 的数学模型可以看出，在基于转子磁链定向的同步旋转坐标系中，有功（转矩）并未和无功完全解耦。为简化控制，通常控制定子 d 轴电流为零，即 $i_{sd} = 0$，则有功和无功功率以及转矩可进一步表示为

$$\begin{cases} P_s = -\dfrac{3}{2} u_{sq} i_{sq} \approx -\dfrac{3}{2} \omega_r \psi_f i_{sq} \\ Q_s = \dfrac{3}{2} u_{sd} i_{sq} \approx -\dfrac{3}{2} \omega_r L_{sq} i_{sq}^2 \end{cases} \tag{5-13}$$

$$T_e = -\frac{3}{2} p_n \psi_f i_{sq} \tag{5-14}$$

由式（5-13）和式（5-14）可知，电磁功率 P_s 及转矩 T_e 与 q 轴电流 i_{sq} 呈线性关系，通过控制定子电流的 q 轴直流分量可控制电磁功率及转矩，使电机的转矩控制环节得到简化，这正是 $i_d = 0$ 控制的优点之一；另外，从图 5 - 12 可以看出，电机电流矢量 I_s 与转子磁链垂直，此时单位定子电流可获得最大转矩，可以有效降低隐极 PMSG 铜耗；同时，该控制方法中令 $i_d = 0$，电机不存在直轴电枢反应，不会使永磁体退磁。但是，该方法的缺点是随输出转矩增加，端电压增加较快，功率因数下降，对逆变器容量要求提高，对有

凸极效应的 PMSG 而言，该方法没有充分利用磁阻转矩，最大转矩较小。

由于 $i_\mathrm{d}=0$ 的控制方法简单，计算量小，其应用比较广泛。当从最大功率跟踪曲线得到转矩设定值 T_e^* 时，电机 d 轴、q 轴电流的参考值即可表示为

$$\begin{cases} i_\mathrm{sd}^* = 0 \\ i_\mathrm{sq}^* = -\dfrac{2T_\mathrm{e}^*}{3p_\mathrm{n}\psi_\mathrm{f}} \end{cases} \qquad (5-15)$$

由式（5-6）可知，电压 u_sd、u_sq 之间存在耦合项 $\omega_\mathrm{e}L_\mathrm{sd}i_\mathrm{sq}$ 和 $\omega_\mathrm{e}L_\mathrm{sq}i_\mathrm{sd}$，可以通过前馈补偿的方法将其作为干扰前馈补偿后，就可以消除两者之间的耦合。机侧换流器的矢量控制系统如图 5-13 所示。

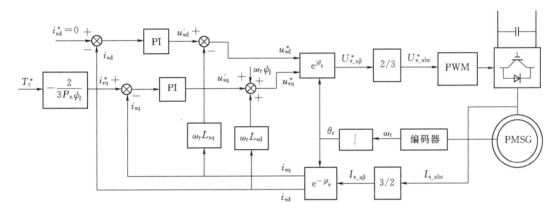

图 5-13 机侧换流器的转子磁链定向的控制框图

2. 定子磁链定向的单位功率因数控制

PMSG 不需要换流器提供励磁电流，但由式（5-13）可以看出，$i_\mathrm{sd}=0$ 控制时，电机与换流器之间存在不必要的无功交换。为使换流器容量最小化，降低成本，可控制电机运行在单位功率因数（Unity Power Factor，UPF）状态，即控制无功为 0。传统的单位功率因数控制是基于转子磁链定向的，调节 d 轴电流，使其补偿 q 轴电流所产生的无功分量，即可使发电机运行于单位功率因数，如图 5-14 所示。这种控制策略虽然可以降低换流器的额定容量，但是，定子电压随发电机转速的变化而变化，可能导致换流器过电压及发电机转子超速。同时，由于转子磁链定向使得电机定子侧有功（转矩）、无功与 i_sd、i_sq 都存在耦合，

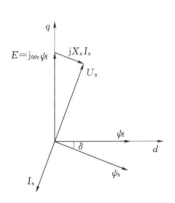

图 5-14 单位功率因数
控制矢量图

需要用复杂的计算确定 d 轴与 q 轴电流的参考值，而且动态性能不如有功、无功的独立解耦控制。

针对上述问题，本节将介绍一种基于定子磁链二次定向的机侧换流器矢量控制的新方法（图 5-15）。该方法结合转子磁链定向的 $i_\mathrm{d}=0$ 控制和单位功率因数控制的优点，可实现机侧有功、无功功率的解耦控制，达到单位功率因数要求，并且算法简单、易于实现。

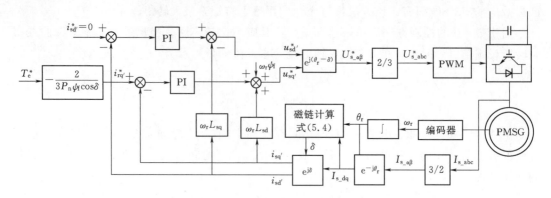

图 5-15 机侧换流器的定子磁链定向的控制框图

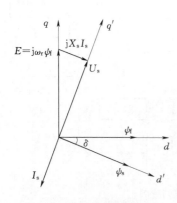

图 5-16 定子磁链定向的
单位功率因数控制矢量图

与网侧换流器的电网电压锁相技术相比，发电机侧定子电压矢量或定子磁链矢量空间位置不易直接准确定位，但永磁同步发电机侧可以通过编码器方便准确的检测到转子位置，因此可先将定子电压矢量 U_s 和定子磁链矢量 ψ_s 定向在基于转子磁链定向的同步旋转坐标系中，得到在此坐标系下各矢量之间的位置关系，再将原有转子磁链定向下的各物理量二次定向于定子磁链为 d' 轴的同步旋转坐标下，如图 5-16 所示，此时再令 $i_{sd}^* = 0$，即可实现 PMSG 的有功、无功的解耦控制。忽略动态特性，由式（5-12）得到新坐标系下永磁发电机的定子电压为

$$\begin{cases} u_{sd} = R_s i_{sd} - \omega_r \psi_{sq} = 0 \\ u_{sq} = R_s i_{sq} + \omega_r \psi_{sd} \end{cases} \quad (5-16)$$

根据式（5-7）、式（5-8），此时 PMSG 的转矩和功率为

$$T_e = -\frac{3}{2} p_n \psi_{sd} i_{sq} = -\frac{3}{2} p_n (L_{sd} i_{sd} + \psi_f \cos\delta) i_{sq} = -\frac{3}{2} p_n \psi_f i_{sq} \cos\delta \quad (5-17)$$

$$\begin{cases} P_s = -\frac{3}{2} u_{sq} i_{sq} \approx -\frac{3}{2} \omega_r \psi_f i_{sq} \cos\delta \\ Q_s = -\frac{3}{2} u_{sq} i_{sd} \end{cases} \quad (5-18)$$

式中 δ——定转子磁链的夹角，可由一次定向时计算出的 ψ_{sd} 和 ψ_{sq} 计算得出。

采用基于定子磁链二次定向的单位功率因数控制的 PMSG 矢量图如图 5-16 所示。由该矢量图可以看出，不同风速时，定子电压、电流矢量始终同相位，从而实现了永磁同步电机的单位功率因数控制。同时由于该算法先将各物理量定向于位置能准确测量的转子磁链上，然后采用定子磁链二次定向，因此该算法不但简单、定位准确，而且还实现了永磁同步电机的有功、无功的解耦控制，并且动态性能良好。如果引入定子侧电压的检测信号，也可采用锁相技术，定子电压矢量作为二次定向的 d 轴，即采用定子电压定向的矢量控制，也可实现 PMSG 的单位因数控制。

5.3.4.2 PMSG 换流器的协同控制策略Ⅱ

在控制策略Ⅱ中，网侧换流器作为直驱式风力并网发电系统中的一个重要的组成部分，协调控制有功功率和无功功率的流动，在电网扰动情况下具有更好的动态特性。机侧换流器控制直流电压的稳定，根据是否需要单位因数控制可采用转子磁链定向或定子磁链定向，q 轴电流的参考值由直流电压的 PI 调节器确定，其他环节与控制策略Ⅰ相同，不再赘述。网侧换流器的控制仍采用基于定子电压定向的矢量控制，如图 5-17 所示。只是外环由电磁功率控制器给定 d 轴的有功电流参考值，而电磁功率的给定值仍由风力机控制器中的最大功率跟踪控制确定。该控制策略的潜在优点在于当电网故障扰动时，不必额外采用硬件设备进行故障穿越，其原理将在第 7 章中介绍。此外，由于 PMSG 没有阻尼绕组，在机侧换流器的直流电压控制环中可引入阻尼控制环节，以防止机械或电磁转矩突变引起的传动链中的机械振动及转速波动。

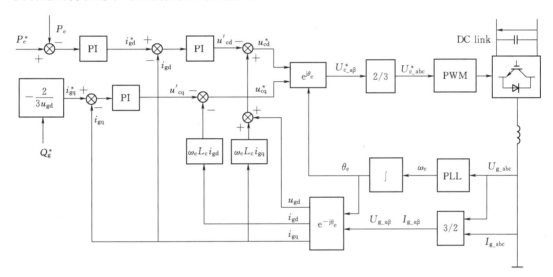

图 5-17 PMSG 的网侧换流器的控制框图

5.4 全功率换流器驱动的异步风电机组

由全功率换流器驱动的笼型异步电机（Full Rated Converter based Induction Generator，FRC-IG）已广泛应用在需要变速传动的工业领域，将变频调速技术扩展到风力发电系统中实现其变速运行，可以提高风力发电机组对风能的利用效率。与转子侧接换流器的双馈风力发电机组相比，其换流器容量与发电机容量相当，因此换流器成本高。但全功率换流器的调节能力强，调速范围宽，电网适应能力好，可更好满足并网规范的要求。而与全功率换流器驱动的直驱式永磁同步风力发电机组相比，由于异步电机不能通过增加极对数来降低转速，因此无法省去高速比的齿轮箱。但异步电机造价低、结构简单。通过全功率换流器将发电机与电网相连的构想已经被设备制造商 Siemens 公司应用到兆瓦级风力发电机组中。

5.4.1　结构及等效电路

FRC - IG 风力发电机组的结构如图 5 - 18 所示，在该系统中需要一个低速比的齿轮箱，从风机转速到额定电网频率的速度匹配由变速箱和全功率换流器共同完成。变速箱尺寸的减小可以降低机械速率转换造成的总功率损耗，空载损耗减少了，风机就可以在低风速时启动运行。电网始终以额定频率运行，通过全功率换流器并网的发电机转子转速与电网频率解耦，风机因此可以变速运行，在风速变化下可以调节发电机转速来实现最大风能追踪，提高整个风力发电机组的运行效率。通过全功率换流器并网的异步风力发电机组的主要优点是：变速箱更小，降低总功率的损耗；变速运行，可以大大提高风力机捕获的风能；全功率换流器的应用可以调节无功功率，减少机组并网对电网稳定运行的影响，提高风力发电机组故障穿越能力。FRC - IG 风力发电机组的等效电路如图 5 - 19 所示。

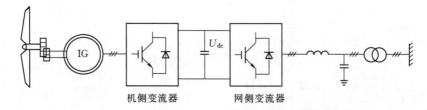

图 5 - 18　FRC - IG 风力发电机组的系统结构

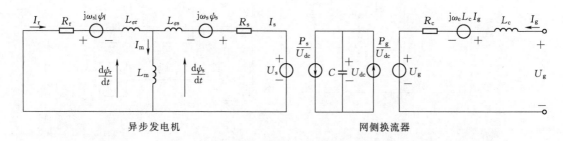

图 5 - 19　FRC - IG 风力发电机组的等效电路

5.4.2　控制策略

与异步发电机定子侧相连的换流器称之为机侧换流器，它需要向异步发电机提供建立磁场所需的无功功率，并进行最大功率跟踪或直流电压控制。矢量控制和直接转矩控制是电动机变频调速系统中广泛应用的两种高性能控制策略，均可拓展到风力发电机的调速控制中。基于磁场定向的矢量控制虽然计算较为复杂，但是在有功和无功的解耦控制、限制电机电流突变等方面性能更好，因此更适应于风速波动的风力发电机组并网控制。磁场定向技术可以分为定子磁场定向、气隙磁场定向和转子磁场定向三种控制方法。转子磁场定向通过电机转子磁链和电磁转矩的解耦控制，获得较好的调速性能，易于实现。下面介绍 FRC - IG 转子磁场定向的矢量控制方法。

根据式（4 - 20）、式（4 - 21）所示的电机定子磁链和电压方程可得定子电压和转子电流的表达式为

$$U_s = R_s I_s + \frac{\mathrm{d}(L_s I_s + L_m I_r)}{\mathrm{d}t} + \mathrm{j}\omega_e (L_s I_s + L_m I_r) \tag{5-19}$$

$$I_r = \frac{\psi_r - L_m I_s}{L_r} \tag{5-20}$$

将式（5-20）代入式（5-19）可得

$$U_s = R_s I_s + \sigma L_s \frac{\mathrm{d}I_s}{\mathrm{d}t} + \frac{L_m}{L_r}\frac{\mathrm{d}\psi_r}{\mathrm{d}t} + \mathrm{j}\omega_e \left(\sigma L_s I_s + \frac{L_m}{L_r}\psi_r\right) \tag{5-21}$$

整理后可得

$$\begin{cases} u_{sd} = R_s i_{sd} + \sigma L_s \dfrac{\mathrm{d}i_{sd}}{\mathrm{d}t} - \omega_e \sigma L_s i_{sq} \\[2mm] u_{sq} = R_s i_{sq} + \sigma L_s \dfrac{\mathrm{d}i_{sq}}{\mathrm{d}t} + \omega_e \sigma L_s i_{sd} + \omega_e \dfrac{L_m}{L_r}\psi_{rd} \end{cases} \tag{5-22}$$

其中
$$\sigma = 1 - L_m^2 / (L_r L_s)$$

式中 σ——漏磁系数。

根据图 5-19 所示的等效电路可得

$$\frac{\mathrm{d}\psi_r}{\mathrm{d}t} = -R_r I_r - \mathrm{j}\omega_{sl}\psi_r \tag{5-23}$$

将式（5-20）代入式（5-23）可得

$$\frac{\mathrm{d}\psi_r}{\mathrm{d}t} = -\frac{R_r}{L_r}(\psi_r - L_m I_s) - \mathrm{j}\omega_{sl}\psi_r \tag{5-24}$$

由此可得转子磁链与定子电流的关系为

$$(1 + \tau_r p + \mathrm{j}\tau_r\omega_{sl})\psi_r = L_m I_s \tag{5-25}$$

其中
$$\tau_r = L_r / R_r$$

式中 τ_r——转子时间常数；

p——微分算子。

采用转子磁链定向时，将旋转的 d 坐标轴与转子磁链矢量 ψ_r 的方向重合，即 $\psi_{rd} = |\psi_r|$，$\psi_{rq} = 0$，此时由式（5-25）可进一步得到转子磁链的幅值和滑差角速度为

$$\psi_{rd} = \frac{L_m}{1 + \tau_r p} i_{sd} \tag{5-26}$$

$$\omega_{sl} = \frac{L_m i_{sq}}{\tau_r \psi_{rd}} \tag{5-27}$$

由式（4-22）的电磁转矩方程及式（5-20）的转子电流表达式可得电磁转矩与转子电流关系为

$$T_e = -\frac{3L_m}{2L_r} p_n \psi_{rd} i_{sq} \tag{5-28}$$

通过上述方程式可知，在以转子磁链定向的 dq 旋转坐标系下，转子磁链只与定子电流 d 轴分量 i_{sd} 有关，而在转子磁链不变的情况下，电磁转矩只与定子电流 q 轴分量 i_{sq} 有关。因此，可以称定子电流的 d 轴分量为励磁分量，定子电流的 q 轴分量为转矩分量。通过控制发电机定子电流 d 轴分量 i_{sd} 和 q 轴分量 i_{sq}，实现励磁和转矩的解耦控制，控制发电机实现最大功率跟踪。机侧换流器控制框图如图 5-20 所示。与 PMSG 的转子磁链定

向不同，编码器测得的角频率加上转子电流的滑差角频率才是转子磁链的旋转速度。由式（5-22）可得内环电流控制器的解耦项为

$$\begin{cases} \Delta u_{sd} = -\omega_e \sigma L_s i_{sq} \\ \Delta u_{sq} = \omega_e \sigma L_s i_{sd} + \omega_e \dfrac{L_m}{L_r} \psi_{rd} \end{cases} \tag{5-29}$$

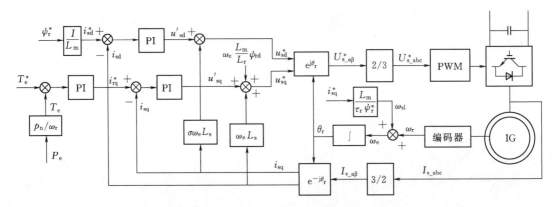

图 5-20　FRC-IG 的机侧换流器控制框图

5.5　仿　真　算　例

5.5.1　PMSG 的仿真分析

5.5.1.1　转子磁链定向和定子磁链定向的机侧矢量控制策略的仿真比较

仿真系统如图 5-21 所示，系统参数见表 5-1。5.3 节中重点讨论了几种永磁直驱风电系统机侧矢量控制方法的原理，本节在前面理论分析的基础上，应用 Matlab/simulink 仿真软件分别对传统机侧 $i_d=0$ 控制策略和基于二次定向的单位功率因数控制策略进行仿真分析与比较。风速在 3s 时从 10m/s 减小到 8m/s。

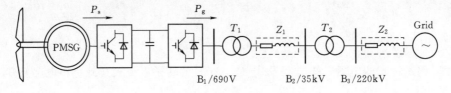

图 5-21　永磁直驱风电机组并网仿真结构图

表 5-1　　　　　　　　　　　　　　风电系统仿真参数

参　数　名　称	参　数　值
额定容量 P_N	$10 \times 2MW$
额定电压 U_N	690V
额定转速 ω_{t_N}	16.7r/min
极对数 p	38

续表

参 数 名 称	参 数 值
定子电阻 R_s	0.0066Ω
直轴电感 L_d	1.4mH
交轴电感 L_q	1.4mH
转子磁链 ψ_f	9.25Wb
风力机惯量常数 H_t	5.0s
发电机惯量常数 H_g	0.8s
直流电压额定值 U_{dc_N}	1200V
直流侧电容器 C	10mF
风电机组升压变 T_1	690V/35kV，5%
风电场升压变 T_2	35kV/220kV，10.5%
线路 1 阻抗 Z_1	$0.575+j1.652\Omega$
线路 2 阻抗 Z_2	$11.51+j32.91\Omega$
电网	220kV/50Hz，$SCR=10$

为采用转子磁链定向的 $i_d=0$ 控制策略时的仿真波形。从图 5 - 22 （a） 中可以看出，当风速发生跃变后，系统有功功率输出从 0.7pu 下降到 0.44pu，吸收的无功功率从 0.15pu 下降到 0.06pu，说明当风速减小时，风力机捕获的风电功率减小使得风力发电机有功输出减小，无功也同时随有功的减小而减小，电机功率因数增大。图 5 - 22 （b） 中，永磁同步发电机组定子 d 轴电流基本被控制为零，q 轴电流则随功率的降低而减小。图 5 - 22 （c）、（d） 是风速变化前后发电机线电压 u_{ab} 和 a 相电流 i_a 相位关系的局部放大图，从图中可以看出发电机线电压 u_{ab} 超前 a 相电流的相位随风速的变化而改变，进一步说明该控制方法下无功随风速变化，无法实现单位功率因数运行。

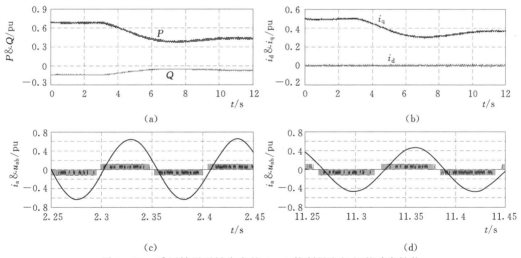

图 5 - 22 采用转子磁链定向的 $i_d=0$ 控制风电机组的动态性能

图 5 - 23 为采用基于定子磁链二次定向控制策略时的仿真波形。从图中可知，机侧有功功率输出值随风速降低而减小，但由于此方法严格保持定子电压、定子电流矢量同相位，使得无功功率能够保持在 0MVar 附近，从而实现了永磁同步电机的单位功率因数控

制。该方法同时又可以实现有功与无功的解耦控制，无功不会随有功变化而变化。在风速变化前后，发电机线电压 u_{ab} 均超前 a 相电流约 $30°$ 相位，保持单位功率因数运行。

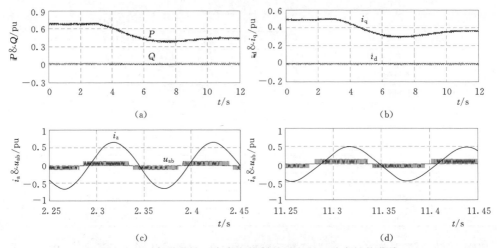

图 5-23　定子磁链二次定向控制的风电机组动态性能曲线

5.5.1.2　自然风速下基于定子磁链定向的直驱永磁风力发电机组输出功率的仿真结果

直驱永磁风力发电机组与双馈风力发电机组均属于变速恒频风力发电机组，由于功率换流器的隔离作用和自身惯性，使得这两种机组相对定速风力发电系统而言，在风速突变造成发电机侧转速波动增加的过程中，电网侧有功功率输出不会出现高频波动分量且输出相对平滑；同时网侧无功不随有功变化，网侧电压保持不变；整个风速变化过程中直流母线电压基本维持稳定。图 5-24 给出了在 60s 的风速变化过程中，风力发电机组转子转速 ω_r、电磁转矩 T_e、机侧输出有功功率 P_s、网侧电压 U_g、网侧输出有功及无功功率 P_g 和 Q_g 以及直流母线电压 U_{dc} 的仿真结果。

5.5.1.3　电压跌落响应

通过全功率变流器并网的直驱永磁同步风力发电机组，已被证实在低电压穿越特性方面更具优势。与双馈型风力发电机组不同，由于全功率变流器的隔离作用，直驱永磁同步电机不会受到电网故障的直接扰动，其实现风力发电机组的低电压穿越的关键问题在于维持变流器直流环节电容电压的稳定。

当电网电压的跌落与恢复发生变化时，直驱永磁同步风力发电机组系统侧的功率振荡及变流器的限流控制等因素会引起网侧电流 I_g 变化，从而导致 PMSG 网侧变流器输出功率 P_g 不稳定。由于全功率变流器的隔离作用，风力发电机组仍工作于最大功率跟踪状态，机侧变流器有功输出 P_s 仅取决于转子转速，由于风电机组惯性较大，在电网扰动过程中 P_s 变化不大，因而捕获的风电功率并未因电压跌落而变化。此时 $P_s \neq P_g$，即直流侧功率无法平衡，导致直流母线电压突变。因此，解决直驱永磁风电机组故障穿越的关键点是稳定直流母线两侧功率平衡。目前实现直驱永磁风电机组故障穿越的主要研究方案有：通过在直流侧安装卸荷电路消纳多余的能量；在直流侧安装储能装置，如超级电容等，快速吞吐有功功率；并联辅助变流器增加直流侧功率的输出通道；利用转子惯性储存多余的能量。本书将在第 7 章中对此问题进行深入的讨论。

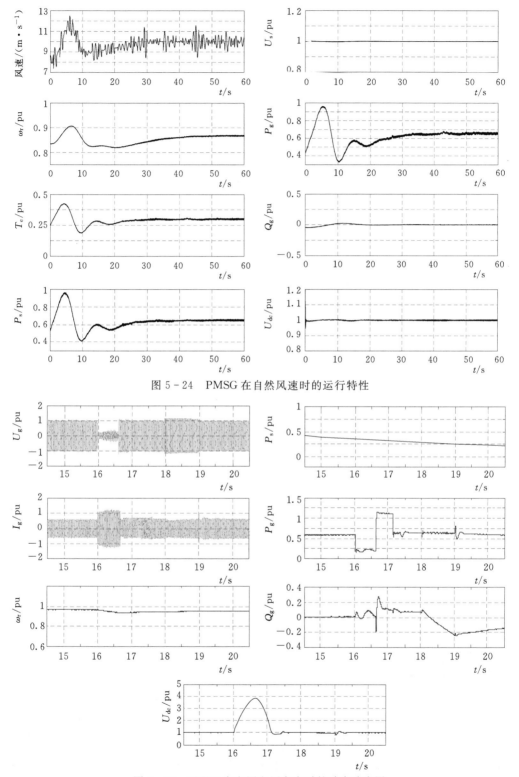

图 5-24　PMSG 在自然风速时的运行特性

图 5-25　PMSG 在电网电压突变时的动态响应图

图 5-25 给出了不增加任何外部设备和改变控制策略的前提下，网侧换流器控制直流母线电压，当电网电压骤降或突升时直驱永磁风力发电机组的动态响应图。图中包括电网侧电压、电流，转子转速、直流母线电压，网侧输出的有功和无功功率，以及发电机侧电压、电流、输出有功功率。仿真风速为 11m/s，并网点电压 U_{grid} 分别在 16～16.625s 跌落80%，在 18～19s 升高15%。由图 5-25 可以看出，电网电压的突变，均造成网侧输出电流 I_g 改变，从而造成经由网侧换流器输出到电网的有功功率发生变化，而且网侧也随有功变化而改变。但是由于风速恒定，机侧输出有功功率变化不大，进而造成直流母线两侧功率不平衡，直流母线电压大幅升高，不利于直驱永磁风力发电机组的正常稳定运行。机侧电压受网侧电压变化影响较大，而机侧电流变化不大。

5.5.2　FRC-IG 的仿真分析

本仿真算例中，采用额定功率为 2MW，额定电压为 690V 的笼型异步发电机通过 FRC异步机与外部等值电力系统相连，如图 5-26 所示。在 Matlab/Simulink 仿真环境中，本小节对机组最大风能跟踪、并网点电压波动以及电网电压跌落下的响应做了仿真分析。

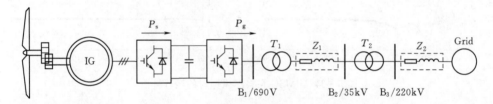

图 5-26　FRC-IC 仿真系统等效电网图

5.5.2.1　并网点电压控制

通过对网侧换流器控制策略的分析可知，网侧换流器在向电网输送有功功率，维持直流端电压稳定的同时，还可以对输送给电网的有功、无功进行解耦控制。通常在风电机组网侧换流器的控制策略中，无功功率给定值为零，实现单位功率因数并网。但在变速风电机组运行时，对并网点电压的造成一定的波动，不利于电网的安全稳定运行。因此，采用并网电压控制的网侧换流器控制策略，可以有效地调节无功功率来稳定并网点电压。

图 5-27（a）、（b）所示为风力发电机组在风速波动的情况下，网侧换流器采用单位功率因数控制和并网电压控制下的电网电压波动曲线。在网侧换流器进行并网电压控制时，电网电压可以很好地维持在额定电压附近，抑制电网电压的波动，减少风力发电机组并网对电网电压的影响。图 5-27（c）所示为网侧换流器在并网电压控制下无功功率随电网电压变化。

5.5.2.2　电压跌落响应

图 5-28 给出了风力发电机组在电网电压跌落故障下，网侧换流器采用单位功率因数控制和并网电压控制策略下的响应曲线。在 4s 时刻，电网电压跌落到 0.8pu，持续0.625s。网侧换流器采用并网电压控制，在电网电压跌落时通过对无功功率的调节，在一定程度上提升低电压穿越能力，降低直流侧电容在电网故障下的电压跃升，减少电网故障对风电机组的影响。

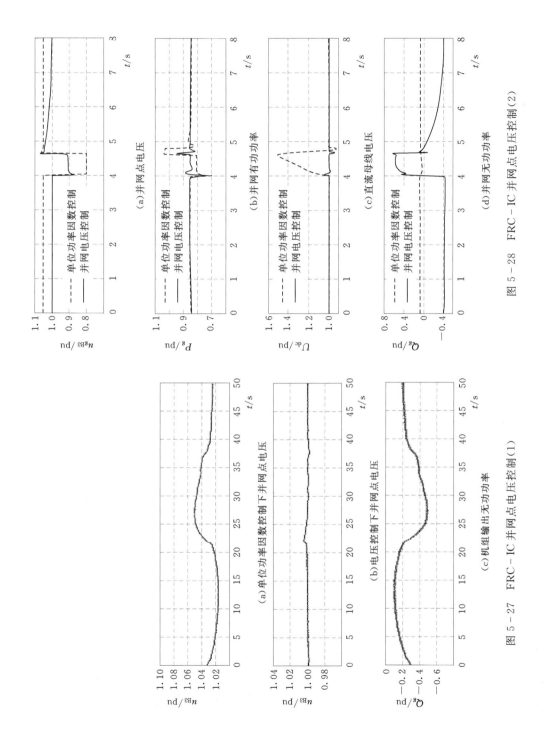

图 5 - 28 FRC - IC 并网点电压控制（2）

（a）并网点电压

（b）并网有功功率

（c）直流母线电压

（d）并网无功功率

（a）单位功率因数控制下并网点电压

（b）电压控制下并网点电压

（c）机组输出无功功率

图 5 - 27 FRC - IC 并网点电压控制（1）

第6章 风力发电对电力系统的影响

6.1 概　　述

风力发电已经在丹麦、德国、西班牙等国家的电力供应中占有较大比重，而中国、美国和欧盟对未来风力发电的渗透率也都提出了较高目标。随着风力发电在系统中的比例逐年增加，其波动性、间歇性和随机性等特点势必会对传统的电力系统产生一定影响。分析风力发电对电力系统的影响，在规划电网发展及制定系统运行调度策略时，考虑如何将风力发电经济、可靠地融入电网对风力发电的发展及系统的安全可靠运行至关重要。

风力发电机组对电网的影响从不同时间和空间尺度上看是不同的，如图 6-1 所示。从时间尺度来看，风力发电对电力系统的影响既可以是短期的也可以是长期的；从影响范围来看，风力发电对电力系统的影响既可以是局部范围的也可以是全系统范围的。

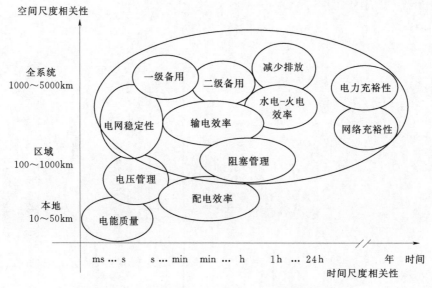

图 6-1　风电在不同时间和空间尺度上对系统的影响

不同时间尺度的风速变化对系统的影响不尽相同，根据不同的时间尺度可以将其分成以下阶段：

（1）湍流变化。秒到分钟时间段内的阵风造成，变化频率快，主要影响系统的电能质量。由于风力发电机组的平滑效应，秒到分钟级的功率波动彼此抵消，幅度不会太大，对一次调频影响较小。

（2）小时内变化。比分钟内变化幅度更大，由于风速预测很难达到精度要求，与实际值的差额由二次调频调整，因此增加了备用容量的需求。风力发电渗透率超过 10％时，备用容量需增加 2%～10%风力发电装机容量。

（3）天内变化。一天内可能出现多个波峰到波谷的变化，增加了调峰的压力，调峰能力不足时，就会造成"弃风"。并且风力发电的大幅变化将影响其他发电设备的效率。

（4）中长期变化。由于气候因素引起的日到周以及季节性变化，对电力系统的充裕度和长期规划有重要影响。

风电对系统的局部影响主要包括：①对继电保护的影响；②对电能质量的影响；③对线路潮流和母线电压的影响。局部影响发生在风力发电机组或风电场电气意义上的附近区域，并可以追溯到特定的风力发电机组或风电场。

风力发电并网对电力系统全系统范围的影响主要包括：①对系统频率的影响；②对电力系统调峰的影响；③对无功功率和电压支撑的影响；④对电力系统动态稳定性的影响。全系统范围的影响，不能归因于个别的风力发电机组或风电场。

本章首先介绍风力发电的特点以及风力发电渗透率的定义，然后分别从局部和全局的角度分析风电接入对电力系统的影响，最后仿真结果验证了风电并网对系统的影响。

6.2 风电并网特点及基本参数

6.2.1 风力发电的特点

研究风力发电对电力系统的影响，首先应充分了解风力发电的特点。与常规能源发电相比，风力发电具有以下特点：

（1）风电场输出的是波动性的功率，并且该功率波动具有一定的随机性和反调峰特性。由于风能的季节性和不稳定性，造成风力发电出力波动幅度大，波动频率无明确的规律性，在极端情况下，风力发电出力可能在 0～100%范围内变化。如图 6-2 所示，风力发电出力有时与电网负荷呈现明显的反调节特性，若把风功率看成负的负荷，与负荷合成的等效负荷的峰谷差加大。

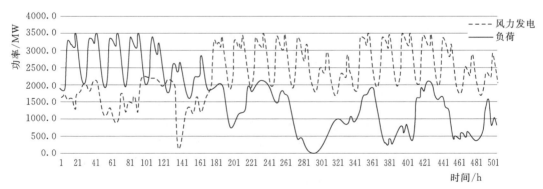

图 6-2 某电网风电功率和负荷数据

（2）风力发电年利用小时数偏低。风电与火电、水电相比，稳定性差，因而利用小时数低。据国家能源局的数据统计显示，2011 年全国风力发电平均利用小时数为 1920h。其中，国家电网区域内的风力发电可利用小时数为 1928，具体到二级区域电网来看，华北电网为 1982，西北电网为 1924，东北电网为 1816，华中电网为 2085，华东电网为 2204；南方电网区域的风力发电可利用小时数为 1801。而水电、火电与核电的可利用小时数则分别在 3000h、5000h、7000h 以上。

（3）风电功率可控性和调节能力差。风力发电的　次能源不可控，目前风电场还不具备常规电厂对电网有功和无功的调节能力。我国风力资源丰富地区一般都处于电网末端，电网的网架结构比较薄弱。例如，我国的风电场大部分集中分布在"三北"（华北、西北、东北）地区和东南沿海。这些地区大部分负荷相对较小，经济发展水平相对较低，一般情况下，远离负荷中心。大部分风力发电机组都采用集中并网方式，通过远距离输电线路将电能送到负荷中心。弱电网本身缺乏调节手段，风力发电大规模并网及远距离外送将给其运行带来进一步的挑战。

（4）发电机组单机容量小，但数量和类型多，并网特性与机群的空间分布及协调控制策略有密切关系。

6.2.2　风电的渗透率

风电并网对系统的影响主要取决于：风电渗透率、电网的规模及系统中各电源的构成。

当风电场并网容量较小时，对电力系统的影响并不明显，往往不需考虑风电场对电网的影响，可简单地将风电场视为一个负荷。随着风电场容量在电力系统中所占比例的增大，特别是大型风电场的并网，其对系统的影响就会很显著。

风电的渗透率（Penetration Level）有不同的定义方式，用于经济效益、规划、运行等不同的情况分析。

（1）风电电量渗透率。风电电量渗透率（Wind Energy Penetration）描述该区域在某段时间内（通常为 1 年）风电机组的发电量占总用电量的比重，定义为

$$风力发电电量渗透率(\%)=\frac{风电机组年发电量(TWh)}{年用电量(TWh)} \tag{6-1}$$

（2）风电装机容量渗透率。风电装机容量渗透率（Wind Power Capacity Penetration）描述该地区风电的装机容量占系统最大负荷的比重，也被称为风电穿透功率，定义为

$$风电装机容量渗透率(\%)=\frac{风电机组装机容量(MW)}{系统最大负荷(MW)} \tag{6-2}$$

风电穿透功率极限即系统能够接受的最大风电场装机容量占系统最大负荷的百分比。根据欧洲一些国家的实际运行情况，目前风电穿透功率极限达到 20% 是可行的。

（3）风电功率渗透率。风电发电功率渗透率（Wind Power Penetration）描述了某区域内目前实际发出的风电功率占该区域功率需求的百分比，定义为

$$风电发电功率渗透率(\%)=\frac{风电输出功率(MW)}{系统负荷+区域间交换功率(MW)} \tag{6-3}$$

为描述某区域是否能保证功率平衡，定义最大风电份额（Maximum Share of Wind Power）为

$$最大风电份额(\%)=\frac{最大风电输出功率(MW)}{系统最小负荷+区域间交换功率(MW)} \tag{6-4}$$

最大风电份额表征系统能够承受的风电输出功率，其值越接近 1，表明系统越接近其承受极限；其值大于 1，则必须弃风。在欧洲的一些国家，最大风电份额已经达到较高水平，例如丹麦为 57%，德国为 44%。

6.2.3 风电的短路容量比

除了风电（或风能）渗透率，风电场并网点的短路容量比（Short Circuit Ratio，SCR）也是衡量风电对电网影响大小的一个重要参数。风电场并网点短路容量比定义为风电场额定功率 P_{WF} 与该风电场与电力系统的连接点（Point of Common Coupling，PCC）的短路容量 S_{sc} 之比，反映了风力发电规模大小与电网强弱的对比关系，即

$$SCR=\frac{P_{WF}}{S_{sc}} \tag{6-5}$$

PCC 的短路容量表示网络结构的强弱，短路容量大说明该节点与系统电源点的电气距离小，联系紧密。风电场接入点的短路容量比反映了该节点电压对风电注入功率变化的敏感程度。风电场短路容量比大表明系统承受风电扰动的能力强。

对于风电场的短路容量比这一指标，欧洲国家给出的经验数据为 3.3%～5%，日本学者认为短路比在 10% 左右也是允许的，但 SCR 较大时，需对风电场接入的可行性进行详细分析，合理设计无功补偿设备。我国风能资源丰富的地区大都位于电网的末端，在风电场规划和设计阶段需要考虑电网条件，以保证风电场建成后能够正常运行，同时不会对所接入的地区电网带来不可接受的负面影响。

6.3 风电并网对电力系统的局部影响

在局部范围内，风力发电对电力系统的影响主要有以下方面：
(1) 对继电保护的影响。
(2) 对线路潮流和母线电压的影响。
(3) 对电能质量的影响，主要包括谐波、电压波动与闪变。
(1) 和 (2) 两方面在任何新机组接入电网时总是需要进行研究的，并不是风力发电所特有的。谐波电压畸变在采用电力电子变流器作为风电机组与电网的接口时特别受关注，而电压闪变对于大型定速风电机组以及弱配电线路显得更加突出。

6.3.1 对继电保护的影响

当风电场并网的容量比较小时，电网各种保护配置和整定计算，往往不考虑风电场的影响，仅是简单地将风电场视为一个负荷，不考虑其提供的短路电流。随着风电场并网容量的增加，特别是大规模集中式风电场并网，如果并网容量大到一定程度，当电网发生故障时，风电场提供的短路电流就可能超过系统侧提供的短路电流。在这种情况下，如果系统保护配置和整定计算仍不考虑风电场的影响则是不合理的，实际运行时可能导致保护装

置的误动。

6.3.1.1 风电机组的短路电流特性

1. 鼠笼式异步发电机（Squirrel Cage Induction Generator）

与同步发电机相比，鼠笼式异步发电机没有单独的励磁绕组，当发生三相短路后，机端电压降低至接近于零，电机由于无外加励磁，定子电流将逐渐衰减，稳态短路电流最终将衰减至零。

假定发电机空载运行，$t=0$ 时刻机端发生三相短路故障。在静止参考坐标系下，异步发电机定子绕组短路电流可表示为

$$i_s \approx \frac{\dot{U}_s}{jX'_s}\left[e^{-\frac{t}{T'_s}}+(1-\sigma)e^{j\omega_s t}e^{-\frac{t}{T'_r}}\right] \tag{6-6}$$

其中
$$\dot{U}_s=U_s e^{j\alpha}$$

$$\sigma=1-\frac{L_m^2}{L_s L_r},\ L_s=L_{\sigma s}+L_m,\ L_r=L_{\sigma r}+L_m$$

$$X'_s=\omega_s L'_s$$

$$T'_s=\frac{L'_s}{R_s},\ T'_r=\frac{L'_r}{R_r}$$

$$L'_s=L_{\sigma s}+\frac{L_{\sigma r}L_m}{L_{\sigma r}+L_m},\ L'_r=L_{\sigma r}+\frac{L_{\sigma s}L_m}{L_{\sigma s}+L_m}$$

式中　X'_s——定子暂态电抗；

T'_s、T'_r——定子和转子直流分量衰减时间常数；

L'_s、L'_r——定子和转子的暂态电感。

在 abc 坐标系下，a 相短路电流可表示为

$$i_{sa}\approx\frac{U_s}{X'_s}\left[e^{-\frac{t}{T'_s}}\cos\left(\alpha-\frac{\pi}{2}\right)+(1-\sigma)\cos\left(\omega_s t+\alpha-\frac{\pi}{2}\right)e^{-\frac{t}{T'_r}}\right] \tag{6-7}$$

由式（6-6）和式（6-7）可见，异步发电机的短路电流由直流分量和交流分量两部分组成，两者分别以时间常数 T'_s 和 T'_r 衰减，最终将衰减到零。

2. DFIG

双馈机组的短路电流特性不仅受机组本身特性的影响，还受其控制系统的影响，特别是转子过流保护 Crowbar 的状态对短路电流的影响比较大。

假定 $t=0$ 时刻，电网发生对称故障，机端电压幅值跌落至 kU_s。若故障后 Crowbar 瞬时投入，转子侧旁路电阻阻值为 R_{CB}，则此时双馈电机定子绕组短路电流为

$$i_s\approx a_1 k\dot{U}_s e^{j\omega_s t}+b_1(1-k)\dot{U}_s e^{\frac{-t}{T'_s}}+c_1 e^{\frac{-t}{T'_{rCB}}}e^{j\omega_r t} \tag{6-8}$$

其中
$$T'_{rCB}=\frac{L'_r}{R_r+R_{CB}}$$

式中　ω_r——转子转速；

a_1、b_1、c_1——常数，其值取决于发电机参数。

由式（6-8）可见，投入 Crowbar 之后，DFIG 定子绕组短路电流由三部分组成：①稳态交流分量；②暂态直流分量；③衰减的交流分量，其频率取决于发电机的转速。

若故障后 Crowbar 一直未投入，则双馈机组的变频器及其控制系统一直在工作，即变频器会通过对转子电流的控制来控制机组的有功功率和无功功率的输出。此时，DFIG 定子短路电流为

$$i_s \approx \frac{k\dot{U}_s}{j\omega_s L_s} e^{j\omega_s t} + \frac{(1-k)\dot{U}_s}{j\omega_s L_s} e^{\frac{-t}{T_s'}} - \frac{L_m i_s}{L_s} \tag{6-9}$$

可见，若转子电流可控，则 DFIG 输出的短路电流主要由三部分组成：①暂态直流分量，是为了保证故障瞬间定子磁链不发生突变而产生的，主要由短路时刻和机端电压降的大小决定；②交流稳态分量，由短路后的机端电压决定；③由转子励磁电流产生的稳态分量。

6.3.1.2 风力发电并网对配电网继电保护的影响

风电场并网方式一般有分散式接入和集中式接入两种。分散式接入是容量较小的风电场分散接入地区配电网，以就地消纳为主；集中式接入是在风能资源丰富区集中开发风力发电基地，通过输电通道集中外送，以异地消纳为主，接入电压等级较高。配电网主保护一般采用传统的电流速断保护，风电场接入后，对接入点上、下级线路的保护性能都将产生影响；高压线路主保护一般采用双侧电气量比较的纵联保护，风电场接入后，其动作性能基本不受影响。

图 6-3 给出了风电场接入配电网对保护 2 的影响。图 6-3（b）中曲线 1、2 分别为风电场未接入时，系统运行在最大、最小方式下，线路 AB、BC、CD 内部发生故障时的短路电流；曲线 3、4 为风电场接入后，系统分别运行在最大、最小方式下，线路 BC、CD 内部发生故障时流过保护 2 的电流。由于接入了风力发电电源，流过保护 2 的电流增大。$I_{dz,A}^{I}$、$I_{dz,B}^{I}$、$I_{dz,C}^{I}$ 分别为保护 1、2、3 的速断定值，$I_{dz,A}^{II}$、$I_{dz,B}^{II}$ 为保护 1、2 的限时速断定值；l 为线路长度。由图 6-3 可见，保护 2 的保护范围受系统运行方式和风电场接入的双重影响，风力发电源提供的短路电流使保护 2 安装处测量到的短路电流增大，保护范围增大，速断保护的范围可能延伸至下级线路，造成下级线路无选择性跳闸，并且风电场容量越大，影响越明显。

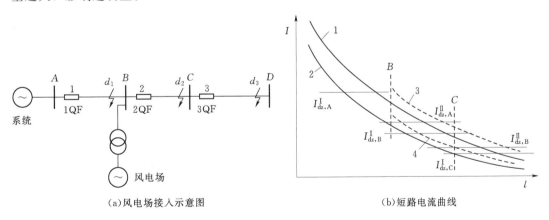

(a) 风电场接入示意图　　(b) 短路电流曲线

图 6-3　风电场接入对保护 2 的影响

图 6-4 给出了风电场接入对保护 1 的影响。图 6-4（b）中曲线 1、2 为风电场未接入时，系统分别运行在最大、最小方式下，线路 AB、BC 内部发生故障时的短路电流；

曲线 3、4 为风电场接入后，系统分别运行在最大、最小方式下，线路 *BC* 内部发生故障时流过保护 1 的电流。由于接入了风电电源，流过保护 2 的电流增大，母线 B 的残压升高，流过保护 1 的电流减小。$I_{dz,A}^{I}$、$I_{dz,B}^{I}$ 分别为保护 1、2 的速断定值，$I_{dz,A}^{II}$ 为保护 1 的限时速断定值。由图 6-4 可见，系统运行在非最大运行方式下时，保护 1 的限时电流速断保护范围将缩小。风电场在 *B* 处接入后，有可能在 *BC* 线路发生故障时不能动作。

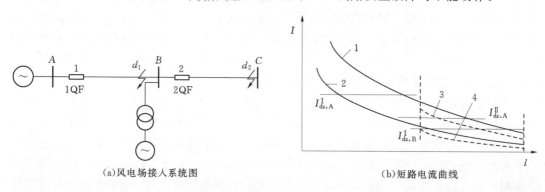

图 6-4　风电场接入对保护 1 的影响

另外，三相短路时短路电流初值大、衰减快，主要影响速断保护的灵敏系数和保护范围；两相短路时短路电流初值小、衰减慢，对速断和限时电流速断保护均造成影响。可见，系统运行方式、风电场容量、故障位置、故障类型等都对保护有直接的影响，使安装在电网中不同位置的保护的保护范围缩小或增大。

6.3.2　对电能质量的影响

由于风速和风向具有随机变动的自然特性，而大型的风力发电机组不具有电能存储的功能，因此风力发电机组的电能输出也是随机变动的，此外，由于不同安装地点的风速和风向具有明显的差异，即使是在同一个风电场内的风力发电机组，其出力的变动也是不同步的。这种随机的、随风速变动的功率注入电网，将对电网的电能质量造成影响。随着风电场规模的增大，其接入系统引起的电能质量问题必将越来越严重，在某些情况下电能质量问题将成为制约风电场装机容量的主要因素，这也促使风力发电机组电能质量检测工作成为风力发电机组准入制度中必不可少的内容之一。

风力发电接入对电能质量的影响主要包括对电压的影响和对频率的影响。电压质量可分为两种：①电压波动与闪变；②电压谐波畸变。本节主要讨论风力发电接入对电压质量的影响，对频率的影响将在后面讨论。

图 6-5　风电场—无穷大系统简化电路

6.3.2.1　电压波动和闪变

1. 机理分析

风力发电机组并网运行引起的电压波动及闪变，源于波动的功率输出，通过风电场—无穷大系统分析风

电场并网原理，如图 6-5 所示。

由图 6-5 可得

$$\dot{U}_1 - \dot{U}_2 = \left(\frac{P_2 + jQ_2}{\dot{U}_2}\right)^* (R + jX) \qquad (6-10)$$

以 $\dot{U}_2$ 为参考相量，则

$$\dot{U}_1 = U_2 + \frac{P_2 R + Q_2 X}{U_2} + j\left(\frac{P_2 X - Q_2 R}{U_2}\right) \qquad (6-11)$$

在一般情况下，由于

$$U_2 + \frac{P_2 R + Q_2 X}{U_2} \gg \frac{P_2 X - Q_2 R}{U_2} \qquad (6-12)$$

式（6-11）可简化为

$$U_1 \approx U_2 + \frac{P_2 R + Q_2 X}{U_2} \qquad (6-13)$$

可见，风电场升压变高压侧电压值与线路输送的有功、无功功率及等值线路的 R、X 值密切相关。当等值线路参数确定时，风电场升压变高压侧电压完全由线路输送功率决定。随着风电场输出功率增加，式（6-13）中 $P_2 R$ 增加，风电场端电压 U_1 增大。当风电场向外送出感性无功功率时，Q_2 为正，随着无功功率的增加，式（6-13）中 $Q_2 X$ 增大，风电场端电压 U_1 增大。当风电场吸收感性无功功率时，Q_2 为负，随着无功功率的增加，式（6-13）中 $Q_2 X$ 减小，风电场端电压 U_1 降低。当 $P_2 R$ 增大速度大于 $Q_2 X$ 的减小速度时，风电场端电压 U_1 就会上升，反之，风电场端电压 U_1 就会降低。

没有动态无功补偿的风电场通常从系统吸收无功功率，由于存在线路充电功率，Q_2 有一个从正到负的变化过程。风电场出力增加过程中，P_2 增大。总的说来，风电场出力较低时 $P_2 R$ 增大速度大于 $Q_2 X$ 的减小速度，所以风电场端电压 U_1 有一个上升过程。随着风电场出力的继续增大，Q_2 减小的速度很快，进而风电场升压变高压侧电压 U_1 随之下降。也就是说，在稳态运行过程中风电场电压将随风电场出力增加呈现"先升后降"的过程。

假定 $X/R = n$，则式（6-13）可改写为

$$U_1 \approx U_2 + (P_2 + nQ_2)\frac{X}{nU_2} \qquad (6-14)$$

n 值越大，P_2 值增长速度就越难以大于 nQ_2。也就是说，线路 n 值越大，电压先升后降的过程就越不明显。一般来说，高电压等级线路的 n 值要大于低电压等级的 n 值。所以，风电场采用高电压等级接入系统时，电压"先升后降"的过程比采用低电压等级接入时要小，也就是随着风速变化风电场的电压要相对稳定。

研究表明，$0.1 \sim 35\text{Hz}$ 频率范围内的电压波动将引起人眼可觉察到的闪变问题。相对较快的风速变动，其变化频率一般也约在 0.1Hz 数量级，这种频率范围的电压波动引起可觉察的闪变的可能性很小。由于自身结构的影响，风力发电机组在连续运行过程中将引起 1Hz 数量级的电压波动，这种连续的电压波动可能会引起相对较严重的闪变问题。

2. 影响因素

风力发电机组并网运行引起的电压波动源于其波动的功率输出，而输出功率的波动主要是由风速的快速变动以及塔影效应、风剪切、偏航误差等因素引起的。

（1）风速。风况对风力发电机组引起的电压波动和闪变具有直接的影响，尤其是平均

风速和湍流强度。随着风速的增大，风力发电机组产生的电压波动和闪变也不断增大，当风速达到额定风速并持续增大时，恒速风力发电机组因叶片的失速效应而使得电压波动和闪变减小；变速风力发电机组因为能够平滑功率波动，产生的电压波动和闪变也将开始减小。湍流强度对电压波动和闪变的影响较大，两者几乎呈正比增长关系。

（2）塔影效应。塔影效应是指风遇到塔架堵塞时会改变其大小和方向。远离塔筒时风速是恒定的，接近塔筒时风速开始增加，而更接近时风速开始下降。塔影效应对下风向类型风力发电机组的影响最严重。对于现代三叶片上风向风机，塔影效应可以用频率为 $3p$ 倍数的傅立叶级数表示，其中 p 为叶片的旋转频率。$3p$ 频率范围通常为 $1 \sim 2 \text{Hz}$。

（3）风剪切。风剪切是指风速随垂直高度的变化，同样会引起转矩波动。风剪切可用以风力发电机组轮毂为极点的极坐标下的二项式级数表示。从风轮的角度看，风廓线是一个周期性变化的方程，变化频率为 $3p$ 的倍数。

（4）叶片的重力偏差。完全对称布置的、结构和重力分配完全相同的叶片不会对风力发电机组的输出功率产生影响，因为叶片重力力矩不平衡而产生的力矩波动特征取决于叶片重力、重心位置以及叶片安装角度的差异。尽管叶片重力偏差也将引起风电机组较强的转矩和输出功率波动，但不会造成总的输出功率的减少；另外，由单叶片重力偏差造成的转矩和输出功率波动的频率为叶片的转动频率。

（5）接入系统的电网结构。风力发电机组所接入系统的电网结构对其引起的电压波动和闪变也具有较大影响。表征电网强度的参数有：公共连接点的电源阻抗、电源阻抗电感和电阻的比（X/R）、传统发电系统的容量和风电场的短路容量比等。风电场公共连接点的短路容量比和电网线路的 X/R 是影响风力发电机组引起的电压波动和闪变的重要因素。公共连接点短路容量比越大，风力发电机组引起的电压波动和闪变越小。合适的 X/R 可以使有功功率引起的电压波动被无功功率引起的电压波动补偿掉，从而使总的平均闪变值有所降低。研究表明，并网风电机组引起的电压波动和闪变与线路 X/R 呈非线性关系，当对应的线路阻抗角为 $60° \sim 70°$ 时，电压波动和闪变将最小。

（6）风力发电机组启动、停止和发电机切换。并网风力发电机组在启动、停止和发电机切换过程中也产生电压波动和闪变。恒速定桨距风力发电机组由于启动时无法控制风力机转矩，所以在切换过程中产生的电压波动和闪变要比持续运行过程中产生的电压波动和闪变大。对于恒速变桨距风力发电机组，结论是相反的。

6.3.2.2　谐波问题

对于风力发电机组来说，发电机本身产生的谐波是可以忽略的，谐波问题的来源是风力发电机组中采用的电力电子元件。对于直接和电网相连的恒速风机，在连续运行过程中没有电力电子器件参与，因而也基本没有谐波产生，当机组软并网装置处于工作状态操作时，将产生谐波电流，但由于投入的过程较短，发生的次数也不多，这时的谐波注入通常可以忽略，因此直接采用异步发电机与电网连接的风机谐波分量不大，目前 IEC61400—21 并没有要求对这种风力机所发出的谐波进行测量。

对于采用变速技术的双馈异步发电机和永磁直驱同步发电机而言，机组采用大容量的电力电子元件。直驱永磁同步风力发电机组的交直交变频器采用可控 PWM 整流或不控整流后接 DC/DC 变换，在电网侧采用 PWM 逆变器输出恒频率和电压的三相交流电。双馈式异步风力发电机组定子绕组直接接入交流电网，转子绕组端接线由三只滑环引出接至一台双向功率变换器，电网侧同样采用 PWM 逆变器。因为变速风电机组并网后变流器将始终处于工作状态，由于变流器的开关频率是不固定的，采用强制换流变流器的变速风力发电机组不但会产生谐波而且还会产生间谐波，而运用 PWM 开关变流器和合理设计的滤波器能够使谐波畸变最小化，甚至可以使谐波的影响忽略。但如果电力电子装置的开关频率恰好在产生谐波的范围内，则会产生很严重的谐波问题，谐波电流大小与输出功率基本呈线性关系，也就是与风速大小有关。在正常状态下，谐波干扰的程度取决于变流器装置的设计结构及其安装的滤波装置状况，同时与电网的短路容量有关。

随着电力电子器件的不断改进，这个问题正在逐步得到解决。采用新技术的逆变器与第一代调速风力发电机使用的变流器相比，低频谐波分量较小，但会产生一定的高频间谐波分量。由于频率较高，比较容易去除。

6.3.3 线路潮流和母线电压

大规模风电场接入电网后将改变接入点的潮流分布。风力发电机组局部的影响线路有功和无功潮流以及母线电压的方式取决于所采用的风力发电机组是定速的还是变速的。用于定速风力发电机组的笼型感应发电机的运行状况完全取决于输入的机械功率以及机端电压。此类发电机本身不能通过控制其与电网的交换的无功功率来控制母线电压。需要安装额外的无功补偿设备，通常采用的是固定电容器式的并联电容器。变速风机组理论上具有改变其与电网交换的无功功率的能力，从而能够影响其机端电压。这个能力在很大程度上依赖于电力电子变流器的定额及其控制器。

风力发电对系统的潮流和电压也可能提供有益的影响，如风电场接近负荷的话，减少了输配电线路上的损耗；风电场的快速无功控制可以在电网故障时提供无功支持。

6.4 风力发电并网对电力系统全系统范围的影响

除了局部的影响外，风力发电对系统还有全系统范围的影响，主要包括以下几方面：
（1）对系统频率响应的影响。
（2）对系统调峰和备用容量的影响。
（3）对系统动态特性的影响。

6.4.1 对系统频率响应的影响

电力系统的频率取决于发电量和负荷的平衡。当发电量与负荷相平衡时，系统的频率保持不变；当发电量大于负荷时，系统的频率上升；当发电量小于负荷时，系统的频率下降。

当系统中发生大的扰动，如发电机跳闸或负荷增加时，系统的频率响应按时间尺度可分为三种：
（1）惯性响应，持续时间为几秒钟。
（2）调速器响应，也称为"一次响应"，几秒到几十秒。
（3）AGC 响应，也称为"二次响应"，几十秒到几十分钟。

6.4.1.1　对惯性响应的影响

1. FSIG

基于普通异步机的定速风力发电机组，其转子转速与系统频率紧密耦合。当电力系统的频率降低时，定速风力发电机组转速降低，释放出其部分的旋转动能，为系统提供惯量响应，其响应的幅度取决于风力机叶片、风力机转子与发电机转子中储存的旋转动能以及电网频率变化率。

在任意转速 ω_r 下，旋转风力发电机组质量块中储存的动能 E_k 为

$$E_k = \frac{1}{2} J \omega_r^2 \qquad\qquad (6-15)$$

式中　J——风力发电机组叶片及转子的惯量。

如果 ω_r 发生变化，那么释放的功率可以表示为

$$P_k = \frac{dE_k}{dt} = \frac{1}{2} J \times 2\omega_r \frac{d\omega_r}{dt} = J\omega_r \frac{d\omega_r}{dt} \qquad\qquad (6-16)$$

定义惯性时间常数 H 为

$$H = \frac{J\omega_e^2}{2S_{Base}} \qquad\qquad (6-17)$$

将式（6-17）带入式（6-16）中，可得

$$\frac{P_k}{S_{Base}} = 2H \frac{\omega_r}{\omega_e} \frac{d(\omega_r/\omega_e)}{dt} \qquad\qquad (6-18)$$

式（6-18）在标幺值系统中可表示为

$$\bar{P}_k = 2H\bar{\omega}_r \frac{d\bar{\omega}_r}{dt} \qquad\qquad (6-19)$$

稳态时，同步发电机均运行于同步速，因此在电网频率变化时，不同机组释放的功率仅与其惯量成正比。对于 FSIG，在电网频率变化时，FSIG 释放出的功率还与自身转速及变化率有关，不同机组的惯性响应因初始转速和速度变化率不同而不同。

2. DFIG

基于 DFIG 的变速风力发电机组具有了控制能力，能够对其有功与无功进行解耦控制，但正是由于变速风力发电机组转速与电网频率的完全解耦控制，致使在电网频率发生改变时无法对电网提供频率响应，因此在电网频率改变时基于双馈电机的变速风电机组固有的惯量对电网则表现成为一个"隐含惯量"，无法帮助电网降低频率变化的速率。可以通过增加辅助控制环节，使该隐含惯量显性化，从而对系统提供惯性支持。

从以上分析可以看出，若采用定速机组，由于其转子与系统紧密耦合，因此其对系统的惯性影响与同步发电机类似；若采用变速恒频风力发电机组，其转子通过电力电子变频器与系统相连，若没有附加控制，其惯性对系统没有贡献。当风力发电机组取代传统的同步发电机时，系统的惯量会下降，从而使动态过程中频率的初始下降率增加，频率最低点降低。

6.4.1.2　对一次调频的影响

传统的风力发电机组多采用最大风功率追踪（MPPT）控制以最大限度地捕获风能，因此，风力发电机组没有备用容量，无法对系统提供一次频率支持。当风力发电机组取代传统的同步发电机时，系统的单位调节功率将会降低，从而系统的频率偏差将会增大。

在一些特殊运行条件下，如系统频率过高、线路过负荷等需要限制风机输出功率时，可以降低风力发电机组的输出功率，从而风力发电机组留有一定的备用容量。通过增加适当的频率控制环节，该备用容量可以在发电机跳闸或负荷增加引起系统频率下降时，对系统提供一次频率支持。

风力发电机组备用容量可以通过两种方法来获取：一是调节桨距角，二是向左或向右移动 MPPT 曲线（一般向右移动，此时风力发电机组输出功率降低，发电机转速增加储存动能）。

6.4.2 对系统调峰和备用容量的影响

6.4.2.1 对系统调峰的影响

一般一昼夜之内，在上午和照明时间，系统会出现两次尖峰负荷；深夜则为用电最少的低谷负荷（仅为尖峰负荷的 5%～70%）时间。尖峰负荷持续时间相对较短。尖峰负荷与低谷负荷的差值很大，因此要求有些发电机组在低谷负荷时停机，而在尖峰负荷到来之前迅速起动并增加出力，尖峰过后即降低出力和停机。这些机组称为尖峰负荷机组或调峰机组。它们具有起动时间短、出力变化快和可以频繁起停的性能。

风电出力对系统负荷峰谷差的影响，取决于风电日内出力变化幅度及方向与负荷变化幅度及方向的关系。根据风电对电网等效负荷峰谷差改变模式的不同，将风电日内出力调峰效应分为反调峰、正调峰与过调峰等 3 种情形。具体如下：

（1）风电反调峰是指风电日内出力增减趋势与系统负荷曲线相反，风力发电接入后系统等效负荷曲线峰谷差增大。

（2）风电正调峰指风电日内出力增减趋势与系统负荷基本相同，且风电出力峰谷差小于系统负荷峰谷差，风电接入后系统等效负荷曲线峰谷差减小。

（3）风电过调峰是指风电日内出力增减趋势与系统负荷基本相同，且风电出力峰谷差大于系统负荷峰谷差，风电接入后系统等效负荷曲线峰谷倒置。值得说明的是，风电过调峰的情况仅在风电装机容量相对于负荷的比例较大时才有可能出现。

风电对系统调峰能力的影响主要体现在风电作为"负"的负荷对于实际系统负荷峰谷差的影响，而且由于风力发电机组不具备常规发电机组所拥有的快速调峰调频能力，所以，风电大规模并网后的电力系统调峰能力将会被严重削弱，会对系统调度运行产生重大影响。大规模风电接入后，系统秒至分钟级的自动发电控制（Auto Generation Control，AGC）容量需求并没有显著增加，但日内的调峰容量需求会随着风电装机容量的增加而显著增长，这造成电网的调峰需求大幅度增加，电网的调峰能力可能成为风电发展的技术瓶颈。

为接纳大量风电并网运行，电网需采取以下调峰措施：

（1）改善系统电源结构。调整系统的电源结构，修建抽水蓄能、水电、燃气电站等增加调峰电源容量。最佳的调峰电源是抽水蓄能电站，可以显著增加电网调峰容量有利于平息波动的风力发电功率，提高风电接入容量；燃气机组具有启动快、运行灵活等优点，可以一定程度上满足风电出力变化对电网调峰的要求；另外，由于供热机组受到最小供热量的限制，调峰能力较差，供热机组所占的比重应适当减少。

（2）增加电网旋转备用。风电的正常波动和极端情况的切机对系统频率可以造成不同程度的影响，充裕的电网旋转备用对提高系统供电可靠性以及保证电网的安全运行具有重要意义。但是，这种调峰措施以牺牲电厂的经济性为代价。

（3）提高火电机组深度调峰能力。对已经投产运行的大中型火电机组进行调峰能力改造，实现50%额定出力的调峰能力；对规划建设的火电机组提出调峰能力的要求；改造供热机组，开发在供热期间的调峰能力，使之具备一定的调峰能力。

（4）改善电网负荷特性。优化负荷结构，降低负荷峰谷差，提升整个电网的负荷特性。电网调峰能力不仅取决于电源结构，同时也在很大程度上取决于电网的供电负荷。负荷峰谷差小，日最小负荷率大，对提高电网调峰能力意义很大，电网也就可以增加风电接纳容量。

（5）风电外送降低负荷峰谷差。如果电网是一个送端电网，将盈余的电力通过联络线外送，既可降低负荷变化对电网供电的影响，同时增加了电网的调峰能力，实现电力平稳外送，增加电网接纳风电的装机容量。

（6）政府的扶持。市场机制能够保证在调度计划的制定过程中公开、透明而且按照边际成本进行调整，充分利用各种廉价有效的调峰资源。对我国而言，通过电力体制改革，建立自由竞争的、由电网企业及其调度机构管理的电力市场是解决大规模风电并网引起的调峰调频问题的发展方向。

6.4.2.2 对系统备用容量的影响

系统的电源容量与最大负荷的差额称为系统的备用容量。为了保证电力系统安全、可靠、连续地运行，必须设置足够的备用容量。在大规模风电接入的电力系统中，除机组故障和系统负荷预测误差等因素，风电的随机性、间歇性会使风电功率预测存在较大误差，系统随机性增大，从保障系统安全稳定运行考虑，需要配置额外的旋转备用以保证系统有功功率的平衡。

6.4.3 对系统动态特性的影响

电力系统动态特性是指电力系统对改变其工作点的干扰如何响应。这类干扰包括：发电机跳闸或负荷接入和断开所引起的频率变化；故障引起的电压跌落；原动机机械功率或励磁电压变动等。电力系统会对干扰产生响应，这意味着，各种电力系统特性，如节点电压、支路电流、机械速度等开始改变。如果系统达到一个新的稳定状态后，所有干扰前连接到系统的发电机和负荷依然保持连接，则认为该系统是稳定的。如果在新的稳定状态中，负荷或发电机与系统断开，则认为原系统是不稳定的。

随着风电穿透功率的增大，对系统的稳定性影响也会越来越显著，尤其是在风电集中接入、电网又相对薄弱的区域电网，将成为风电发展的一个制约因素。电力系统的稳定性具有多个方面，如暂态稳定性、电压稳定性、小信号稳定性等。

暂态稳定性是系统受到大扰动后，例如在输电线路上发生三相短路然后保护动作快速清除故障后，系统中的同步发电机相互间保持同步的能力。对于输电系统故障，保护系统隔离故障线路的时间典型值是80ms；对于配电系统，故障清除的时间可能要长得多。如果故障扰动导致发电机失去同步，那么系统就是暂态不稳定的。

电压稳定性一般关注系统接受额外的负荷而不发生电压崩溃的能力。通常，随着负载功率的增加，馈电给负载的线路上的电流就会增加，导致该线路上的电压降增加和负载连接点上的电压下降。在暂态条件下的电压问题是很常见的，通常由无功功率需求过量引起。对于感应发电机，例如风电场的 FSIG，如果电网故障导致电压水平持续低下，则发电机端电压的下降导致发电机转矩水平的下降，从而引起送入电网的功率下降。当风力机的转矩超出发电机的负载转矩时，发电机就会加速；如果转速超过了与最大转矩对应的转速值，那么机组将会飞车并增加无功功率的需求，引起更高的超同步转差率，并进一步导致电压水平的下降，如果不采取合适的切机措施，会导致局部电网的电压崩溃。

小信号稳定性指系统受到小扰动后，保持一个运行点的能力。如果一个小扰动便能导致运行点离开其原始运行点，那么这个系统就是动态不稳定的。本节将重点讨论风力发电对系统小信号稳定性的影响。

同步发电机的电气转矩主要取决于转子与定子磁通之间的角度。此角度是两个磁通之间转差的积分，而磁通取决于电气与机械转矩的差。这就使得同步发电机的机械部分呈现为有着固有振荡特性的二阶系统。转速的微小变化不会对电机的电气转矩产生影响，因为它们几乎不会引起转子角度的变化。因此，转速振荡的阻尼必须依靠其他源，如阻尼绕组、励磁机和电力系统的其他部分。

比较弱的连接以及采用大型同步发电机集中发电都有可能使振荡衰减很慢或甚至不衰减。原因是如果同步发电机相对整个系统来说容量较大和（或）连接很薄弱，系统其他部分对阻尼转矩的贡献减小，恶化了振荡衰减。相对系统而言，容量较大的发电机的振荡也会影响其他发电机，从而在系统中传播振荡，引起电力系统中大量发电机相互之间产生振荡。频率越低，阻尼绕组提供的阻尼越少。当电力振荡频率约为 1Hz 或更低，阻尼绕组几乎不起作用。

风力机使用的发电机类型极少参与电力系统振荡。用于定速风力机的鼠笼型感应发电机以转差（即转子转速）与电气转矩之间的关系替代了同步发电机的转子角度与电气转矩之间的关系。因此，与同步发电机不同，机械部分是一阶的，没有振荡特性。在模型中包含转子暂态时，虽然也能观察到振荡，但这是因为增加了模型阶数，此振荡很小且能快速衰减。因此，鼠笼型感应发电机本身就有很好的衰减性能，与同步发电机相比，它较少依赖电力系统来提供阻尼，从而很少引起电力系统振荡。

用于变速风力机的发电机通过电力电子变流器与电力系统解耦，变流器控制转速和电气功率，并能阻尼可能发生的转速振荡。因为振荡不会通过变流器进行传输，所以变速风力机不会对电力系统中的任何振荡产生响应。

上述分析表明，如果用风力发电替代部分同步发电机发电，则同步发电机所满足的负荷需求减少。但是，因为系统拓扑保持不变，而同步发电机与电网阻抗成比例减少，这就加强了耦合程度，这样在多数情况下都可以提高同步发电机间的振荡阻尼。因此，风力机替代同步发电机有可能改善电力系统振荡阻尼。

6.5 仿 真 算 例

6.5.1 风力发电机组的短路电流仿真

6.5.1.1 FSIG 的短路电流仿真

在 DIgSILEN 仿真环境建立基于鼠笼式感应风力发电机组的风力发电场—无穷大母

线仿真模型，如图 6-6 所示。风力发电场由 30 台额定容量为 2MW 的异步风力发电机组并联组成，风力发电机组经过变压器升压后接入系统。异步风力发电机组模型中包括风机、桨距角控制、感应发电机及传动系统四部分。假定 0.1s 时，母线 MV 发生三相金属性短路故障，故障一直没有切除，定子的短路电流如图 6-7 所示。

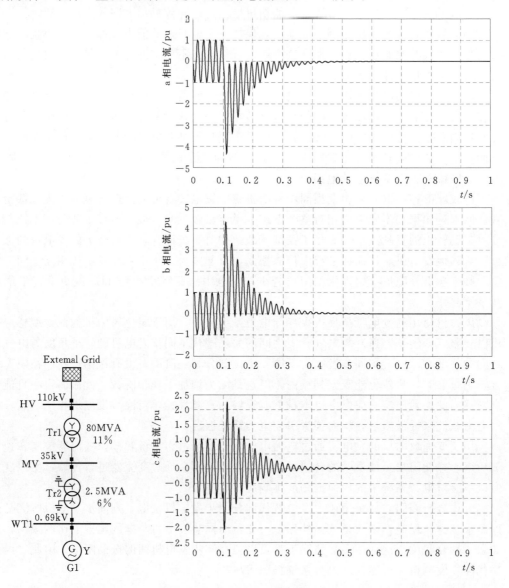

图 6-6 风电场并入无穷大
系统的仿真结构图

图 6-7 鼠笼式感应风力发电机组定子短路电流曲线

从图 6-7 中可见，短路发生后，定子电流显著增加，定子电流中包含有随时间衰减的直流分量和交流分量，该分量最终衰减为零。

6.5.1.2 DFIG 的短路电流仿真

采用如图 6-6 所示的仿真电路图。风电场由 30 台额定容量为 2MW 的双馈感应风力发电机组并联组成。假定 0.1s 时，母线 MV 发生三相金属性短路故障或非金属性短路，故障持续 0.5s，即 0.6s 时切除故障，仿真时长 1s。根据是否投入 Crowbar 保护电路及 Crowbar 退出的时间，考虑三种仿真场景。

场景一：当转子电流大于 1.5pu 时，投入 Crowbar 保护电阻，电阻阻值为 0.1pu，投入 0.12s 后，退出 Crowbar 保护电路，在这种仿真条件下，双馈感应发电机的暂态响应如图 6-8 所示。

场景二：Crowbar 投入同场景一，但 Crowbar 在故障清除后退出，在这种仿真条件下，双馈风力发电机组的暂态特性如图 6-9 所示。

场景三：Crowbar 不投入。在这种仿真条件下，双馈风力发电机组的暂态特性如图 6-10 所示。

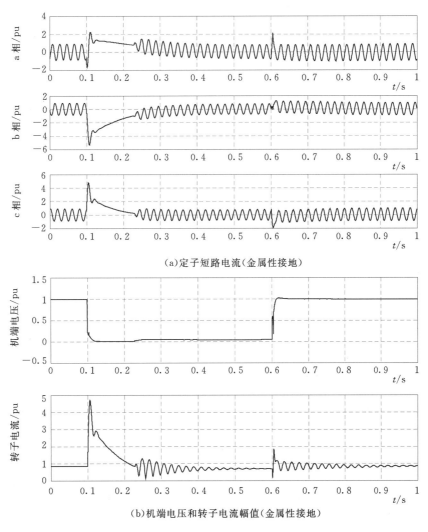

(a)定子短路电流(金属性接地)

(b)机端电压和转子电流幅值(金属性接地)

图 6-8（一） 双馈感应风力发电机组暂态响应（有 Crowbar，0.12s 后切除）

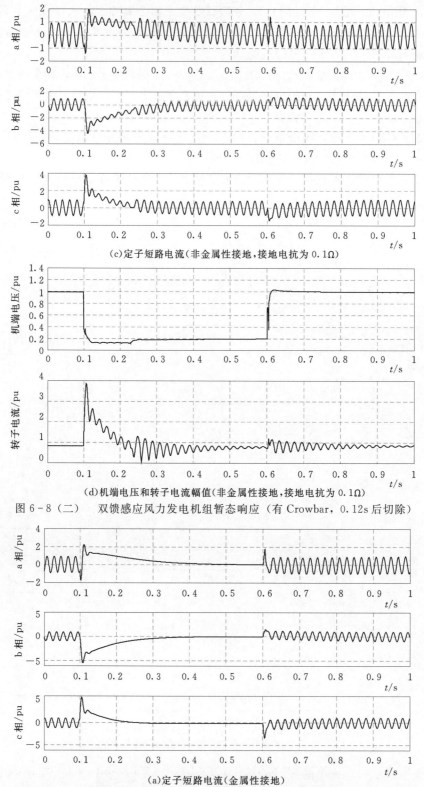

(c)定子短路电流(非金属性接地,接地电抗为 0.1Ω)

(d)机端电压和转子电流幅值(非金属性接地,接地电抗为 0.1Ω)

图 6 - 8（二）　双馈感应风力发电机组暂态响应（有 Crowbar，0.12s 后切除）

(a)定子短路电流(金属性接地)

图 6 - 9（一）　双馈感应风力发电机组暂态响应（有 Crowbar，0.5s 后切除）

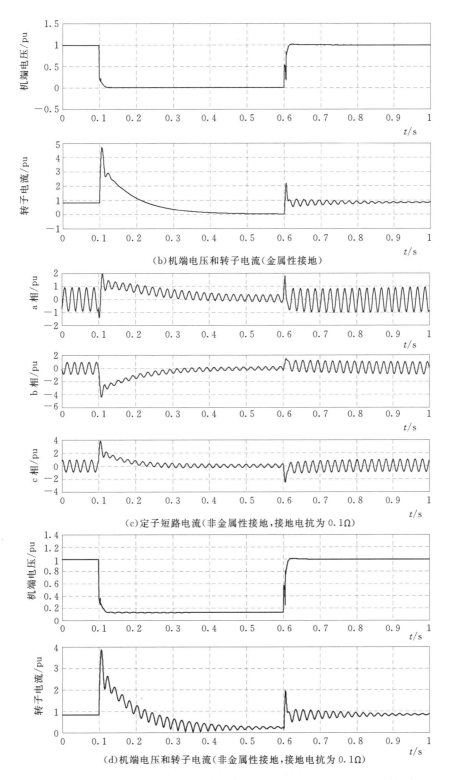

(b)机端电压和转子电流(金属性接地)

(c)定子短路电流(非金属性接地,接地电抗为 0.1Ω)

(d)机端电压和转子电流(非金属性接地,接地电抗为 0.1Ω)

图 6-9（二）　双馈感应风力发电机组暂态响应（有 Crowbar，0.5s 后切除）

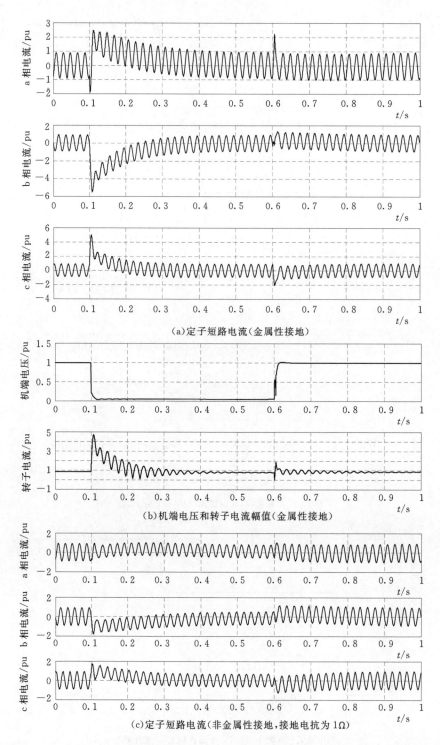

（a）定子短路电流（金属性接地）

（b）机端电压和转子电流幅值（金属性接地）

（c）定子短路电流（非金属性接地，接地电抗为 1Ω）

图 6-10（一）　双馈感应风力发电机组提供的短路电流暂态响应（无 Crowbar）

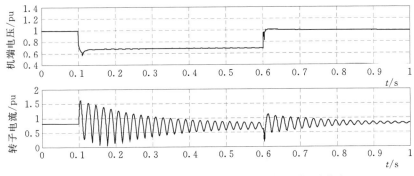

(d)机端电压和转子电流幅值(非金属性接地,接地电抗为 1Ω)

图 6-10(二) 双馈感应风力发电机组提供的短路电流暂态响应(无 Crowbar)

从图 6-8～图 6-10 可见,在电压跌落的瞬间,发电机定子电流和转子电流都会增加。Crowbar 投入后,转子电流失去控制,定子电流中出现与电压跌落深度有关的稳态交流分量和暂态直流分量。当电压跌落为 0 时,稳态交流分量为 0,暂态直流分量初始值最大,若 Crowbar 投入后一直未切除,则定子电流和转子电流最终衰减到 0。若故障后 Crowbar 未投入,定子电流中出现与电压跌落深度有关的稳态交流分量、暂态直流分量和在转子电流控制下输出的稳态交流分量。

6.5.2 风电对并网点电压影响的仿真

在 DIgSILENT 下建立如图 6-11 所示的仿真电路。风电场由 20 台 2.4MW 的定速恒频风力发电机组并联组成,经过一条 20km 的架空线路接入电网。改变风速,使风力发电机组的输出功率逐渐增加,观察功率变化对风电场高压母线 HV 电压的影响。考虑风电并网点的短路容量比和送出线路的参数的影响,进行以下仿真。

(1) 短路容量比为 10%(系统短路容量为 500MVA),线路 X/R 的比值分别为 20 和 1,风力发电机组有/无无功补偿(在机端 WT1 母线上增加 20MVar 的补偿电容器)时风电场送出功率对风电场高压母线电压的影响如图 6-12(b)、(c)所示。

(2) 短路容量比为 1%(系统短路容量为 5000MVA),线路 X/R 的比值分别为 20 和 1,风电机组有/无无功补偿时风电场送出功率对高压母线 HV 电压的影响如图 6-12(d)、(e)所示。

图 6-11 风电并网仿真系统结构图

从图 6-12(a)可见,随着机组输出有功功率增加,定速机组吸收的感性无功功率增加。当线路 X/R 的比值较大时,风电场端电压随着输出功率的增加而降低[如图 6-12(b)、(d)所示]。当线路 X/R 的比值较小时,风电场端电压随着输出功率的增加会出现先增后降的现象[如图 6-12(c)所示]。比较图 6-12(b)和(d)、(c)和(e)可见,风电短路容量比较小时,风力发电场输出功率变化引起的端电压波动明显减小。由图 6-12(b)、(c)、(d)和(e)可见,在风力发电机组输出端母线

WT 增加无功功率补偿可明显改善风电场并网点的电压水平。

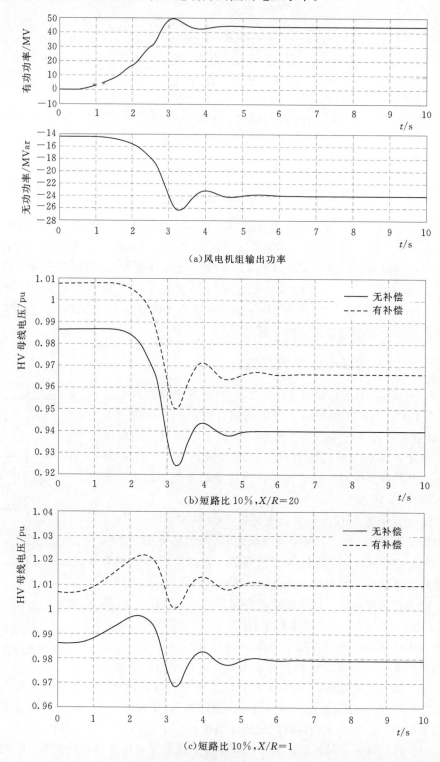

(a)风电机组输出功率

(b)短路比 10%,$X/R=20$

(c)短路比 10%,$X/R=1$

图 6-12 (一)　定速风力发电机组功率波动对并网点电压的影响

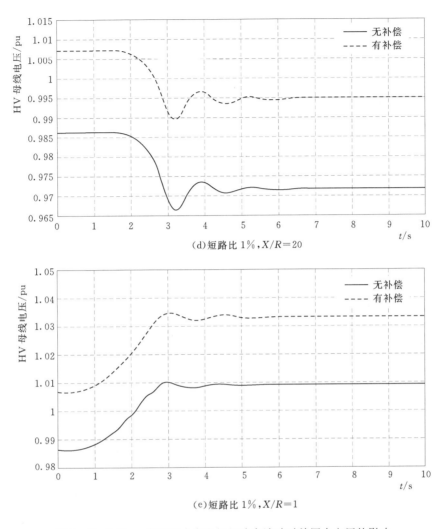

(d)短路比 1%，$X/R=20$

(e)短路比 1%，$X/R=1$

图 6-12（二）　定速风力发电机组功率波动对并网点电压的影响

6.5.3　风电对频率响应的仿真

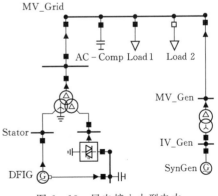

　　为了研究含 DFIG 风力发电机组的电力系统频率响应特性，在 DIgSILENT 仿真环境下建立如图 6-13 所示的小型电力系统模型。

　　该系统包含一台同步发电机与一台 2MW 的双馈感应风力发电机。同步发电机额定功率 8MW，功率因数 $pf=0.8$，惯性时间常数 $H=$ 2s，配备有标准 IEEE 调速系统 IEEESGO，调速器参数为：调速器响应时间 $T_{\text{gov}}=0.3\text{s}$，单位调节功率 $K_1=25$，$P_{\text{max}}=0.95\text{pu}$；同时配备自动调

图 6-13　风电接入小型电力
系统的仿真结构图

115

压装置 AVRSEXS。DFIG 机组采用基于最大风功率追踪的功率解耦控制策略，定子侧额定电压 690V，转子侧额定电压 1945V，直流母线额定电压 1200V，电机惯量为 84.08kgm^2，额定转速为 1800r/min。

风电穿透率增大对系统频率响应的影响有以下两种情况。

1. 同步发电机组不变

在仿真时间 $t=5$s 时，增加 750kW 负荷，风电穿透率分别为 0、15%、30% 三种情况下系统频率响应如图 6-14 所示。

由图 6-14 可见，在三种风电穿透率水平下，系统频率变化率（the Rate of Change of Frequency，ROCOF）、频率最低点以及频率稳态偏差都基本维持不变。这是由于系统总的惯量并未改变，系统总动能储备没有减少，因此整个系统的频率响应特性基本不变。

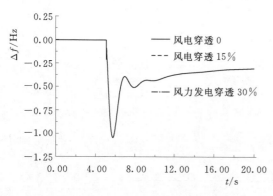

图 6-14 同步发电机不变时系统的频率响应

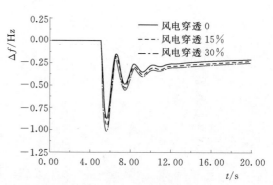

图 6-15 双馈机组取代部分同步发电机时系统的频率响应

2. 风力发电机组取代部分同步发电机组

为了模拟风力发电机组取代部分同步发电机组，当 DFIG 风力发电机组在系统中所占的比重增加时，按比例减小系统中同步发电机的容量。当风电穿透率分别为 0、15%、30% 时，系统的频率响应如图 6-15 所示。

由图 6-15 可见，当 DFIG 取代同步电机之后，由于系统总惯量的减少，频率变化率随风电穿透率的增加而增大，频率最低点下降；由于系统总动能储备的减少，频率稳态偏差随风电穿透率的增加而增大。因此，大量风电并网并取代部分同步发电机组时，若双馈风力发电机组不能提供辅助的频率支持，系统的频率调节能力将下降。

另一方面，假设系统频率从 f_0 变化到 f_1，发电机转子转速由 ω_0 变化为 ω_1，则发电机由于转速变化而释放的动能为 $\Delta E=H(\omega_0^2-\omega_1^2)$，其中 H 为电机惯性时间常数。传统的同步发电机允许的转速变化范围一般为 $0.95\sim1.00$，所释放的最大动能约为转子总动能的 9.75%；反观 DFIG 风力发电机，由于变速恒频运行，当转子转速约为 0.7 时，可以释放 51% 的转子动能，因此相比于传统的同步发电机，双馈风力发电机的动能释放潜力十分巨大，当双馈感应风力发电机组在电力系统中占据一定比重时，其对于系统转动惯量的贡献不容忽视。

6.5.4 风电对系统动态特性的影响仿真

基于四机两区域典型系统，在 PSD-BPA 仿真环境下，应用 PSD-SSAP 小干扰稳定性分析软件研究大规模风电接入对大容量远距离外送激发出的区间振荡模式的影响。四机两区域系统接线图如图 6-16 所示，包含了两个通过弱联络线连接的相似区域。每个区域接入两台电气距离相对较近的机组，每台机组的额定容量为 900MVA，额定电压为 20kV，具体参数见文献 [11]。建模过程中，常规机组均采用双轴模型且不计及电力系统稳定器（Power System Stabilization，PSS）装置的影响，将发电机 1（图 6-16 中 SG1）设为系统的平衡机组。

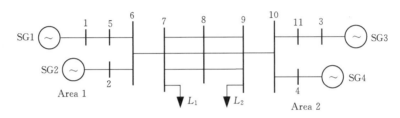

图 6-16 两区域测试系统单线图

通过 PSD-SSAP 软件对上述系统分析，得到系统特征值见表 6-1。系统有三个机电振荡模式，根据其参与因子和振荡频率，可分为两个本地振荡模式和一个区域间振荡模式。模态 1 为区域间振荡模式，其阻尼比为 0.008，振荡频率为 0.506，此振荡模式为弱阻尼，参与振荡的各发电机的参与因子分别为：发电机 1 为 0.2449、发电机 2 为 0.0843、发电机 3 为 1.000、发电机 4 为 0.5909。可见，两区域的发电机 3 和发电机 1 相对于本区域其他机组而言对区域振荡模式的贡献最大。模态 2 为区域 1 本地振荡模式，其阻尼比为 0.089，振荡频率为 1.067，阻尼状况良好，参与振荡的各发电机的参与因子分别为：发电机 1 为 0.9999、发电机 2 为 0.6889。模态 3 为区域 2 本地振荡模式，其阻尼比为 0.075，振荡频率为 0.998，阻尼状况良好，参与振荡的各发电机的参与因子分别为：发电机 3 为 0.6889、发电机 4 为 0.9999。

表 6-1　　　　　　　　　　　　四机两区域系统的机电振荡模式

模态序号	特征值	振荡频率	阻尼比	主要的状态变量
1	$-0.027+\text{j}3.179$	0.506	0.008	δ_1、ω_1、δ_3、ω_3
2	$-0.601+\text{j}6.701$	1.067	0.089	δ_1、ω_1、δ_2、ω_2
3	$-0.474+\text{j}6.270$	0.998	0.075	δ_3、ω_3、δ_4、ω_4

风电场从图 6-16 所示的 6 号节点处接入，与同区域的 2 台同步发电机组组成一个典型的风电外送系统。风电场采用单台等值机聚合的建模方式，风机机端电压为 0.69kV，经过 0.69kV/35kV/220kV 两级升压接入系统。风机模型分别考虑定速异步风电机组和双馈异步风力发电机组，定速风机单台容量为 0.75MW，双馈风机单台容量为 1.5MW。

1. 风力发电机组类型对区域间振荡的影响

为研究不同类型风力发电机组对系统区域振荡的影响，基于图 6-16 的四机两区域典型系统，改变区域 1 接入母线 6 的风力发电机组出力，通过调整同步发电机组 2 的出力来保持区域 1 外送有功的恒定，并调整无功补偿保持母线电压与基础方式基本一致，系统中其他常规机组的运行方式不变。风电场装机容量为 375MW，风力发电机组分别考虑采用 FSIG 和 DFIG 风力发电机组，其中 DFIG 风力发电机组为单位功率因数控制。

风电场出力 78MW、156MW、234MW 和 312MW 时，区域间振荡模式分别见表 6－2 和表 6－3。

表 6－2　　　　定速异步风力发电机组接入后，不同边界下系统小干扰分析结果

风电出力	特征值	振荡频率	阻尼比	机电回路相关比
78MW	$-0.068+j3.202$	0.510	0.021	1.278
156MW	$-0.087+j3.232$	0.515	0.027	1.283
234MW	$-0.101+j3.276$	0.521	0.031	1.292
312MW	$-0.117+j3.331$	0.530	0.037	1.302

表 6－3　　　　双馈风力发电机组接入后，不同边界下系统小干扰分析结果

风电出力	特征值	振荡频率	阻尼比	机电回路相关比
78MW	$-0.029+j3.243$	0.516	0.009	4.395
156MW	$-0.031+j3.252$	0.518	0.010	4.514
234MW	$-0.036+j3.255$	0.519	0.012	4.505
312MW	$-0.041+j3.259$	0.520	0.014	4.292

由以上计算结果可知：随着并网风电渗透率的增加，无论是风电场采用异步风力发电机组，还是双馈风力发电机组，系统区域间振荡模式的阻尼比和振荡频率均呈现上升的趋势；且相对于双馈机组而言，采用定速异步风力发电机组，阻尼比和振荡频率增幅更大，可见两种类型风力发电机组的接入对区域间振荡都有改善作用，且异步机组的改善作用大于双馈机组。

这是由于定速异步风力发电机组的定子侧与交流电网直接相连，其转矩—转差特性使得异步发电机能够在小范围内调节转差率以适应系统的低频功率振荡，从而对系统的振荡起到更好的阻尼作用；而对于双馈风力发电机组，由于其定子侧与电网相连，DFIG 的定子绕组能够感受到系统中的电压、频率等电气量的变化，从而在转子绕组中感应出振荡电流，产生阻尼转矩，也能对系统阻尼起到增强作用。

2. 风力发电机组控制方式对区域间振荡的影响

为研究风力发电机组控制方式对系统区域间振荡的影响，从 6 号母线接入装机容量为 375MW 的风电场，风力发电机组采用 DFIG 机组，无功电压控制模式分别考虑定功率因数控制和定电压控制，其中，定功率因数控制可在功率因数－0.98～0.98 范围内连续调节设定，这里假定功率因数为 1；定电压控制可在风力发电机组无功上、下限范围内，充分发挥风力发电机组无功控制能力，将机端电压控制在 0.9～1.1pu 之间的任何设定值。

针对风力发电机组定电压以及定功率因数控制两种情况，当风电场出力为 78MW、156MW、234MW、312MW 时，区域间振荡模式见表 6－4 和表 6－5。

表 6 - 4 　双馈风力发电机组采用恒功率因数控制，不同边界下系统小干扰分析结果

风电出力	特征值	振荡频率	阻尼比	机电回路相关比
78MW	$-0.029+j3.243$	0.516	0.009	4.395
156MW	$-0.031+j3.252$	0.518	0.010	4.514
234MW	$-0.036+j3.255$	0.519	0.012	4.505
312MW	$-0.041+j3.259$	0.520	0.014	4.292

表 6 - 5 　双馈风力发电机组采用定电压控制，不同边界下系统小干扰分析结果

风电出力	特征值	振荡频率	阻尼比	机电回路相关比
78MW	$-0.033+j3.301$	0.525	0.011	5.457
156MW	$-0.041+j3.311$	0.527	0.014	5.672
234MW	$-0.047+j3.318$	0.528	0.017	5.831
312MW	$-0.054+j3.321$	0.529	0.021	5.890

　　由以上计算结果可知：双馈风力电机组采用恒功率因数和定电压控制，随着风电渗透率增加，系统区域间振荡模式的阻尼比均呈现上升趋势，且相对于定功率因数而言，采用定电压控制的阻尼比和振荡频率增幅更大，可见其对系统区域间振荡的阻尼特性改善作用要大于恒功率因数控制模式。这是由于采用定电压控制风力发电机组可以对接入点电压提供支撑，增强双馈风力发电机组对系统区域间振荡的阻尼作用。

第7章 电网扰动情况下变速风力发电机组控制技术

7.1 概 述

随着并网风力发电规模的不断扩大，风力发电机组的安全稳定运行对电网的影响已不容忽视。2011 年我国共发生了 8 起大规模风力发电脱网事故，其中以甘肃酒泉风力发电基地的风机脱网事故最为严重；2012 年，我国"三北"地区也发生了多起大规模风力发电机组脱网事故。机组的大规模脱网会严重威胁电网电压和频率的稳定，导致短时内局部电网指标的大幅波动，直接威胁到电网的安全运行。为此，世界各国已制定的风力发电并网准则要求风力发电机组像传统常规机组（火、水、气、核）一样具备低电压穿越能力（Lower Voltage Ride‐Through，LVRT），即在电网出现故障扰动，引发局部电网电压瞬间跌落期间，风力发电机组应维持并网运行。丹麦要求电网电压跌落到 25% 可持续 100ms；德国要求电网电压跌落到 15% 可持续 300ms；澳大利亚要求电网电压跌落到 0% 可持续 175ms。

风力发电机组低电压穿越是指当电力系统事故或扰动引起并网点电压跌落时，在一定的电压跌落范围和时间间隔内，风力发电机组能够保证不脱网连续运行。我国于 2012 年正式实施了新修订国家标准《风电场接入电力系统技术规定》（GB/T 19963—2011），重点对并网风力发电机组的低电压穿越能力（Low Voltage Ride Through，LVRT）要求做出详细说明。图 7‐1 为我国规定并网风力发电机组低电压穿越基本要求，具体为：①风力发电机组并网点电压跌至 20% 标称电压时，风力发电机组能够保证不脱网连续运行 625ms；②风力发电机组并网点电压在发生跌落后 2s 内能够恢复到标称电压的 90% 时，风力发电机组能够保证不脱网连续运行。

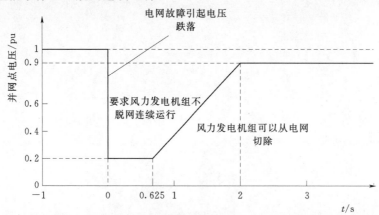

图 7‐1 国家标准规定并网风力发电机组低电压穿越的基本要求

此外，电网电压不平衡也是影响风力发电机组运行性能甚至稳定性的重要因素。由于大型风电场多位于电网末端，电网三相电压易受以下因素影响而产生不平衡：传输线路阻抗的不平衡、负荷不对称、不平衡故障扰动等。当电网电压不平衡时，相当于电机侧施加了负序电压源，对于 FSIG 和 DFIG，由于电机内没有负序电动势，即使较小的不平衡电压也将产生较大的负序电流，使电机产生振动，甚至造成电机过流而脱网。

本章主要介绍风力发电机组在电网电压跌落及电压不平衡情况下的动态特性，分析暂态过程中造成电机过压、过流的机理，研究风电机组在电网扰动下稳定运行的控制策略。

7.2 PMSG 的低电压穿越技术

目前，关于风力发电系统的低电压穿越研究大多针对双馈型风力发电机组，需采用主动式或被动式 Crowbar 来避免风机变流器的过压和过流，虽然可以满足并网准则对低电压穿越的要求，但存在的问题有：①双馈电机变为不受控的异步发电机运行后，稳定运行的转速范围受最大转差率所限而变小，若变桨系统未能快速限制捕获的机械转矩，仍很容易导致转速飞升；②由于 Crowbar 动作前后，发电机的励磁分别由变流器和电网提供，两种状态的切换会在低电压穿越过程中对电网造成无功冲击；③即使在低电压穿越过程中，网侧变流器保持联网，受其容量限制，提供的无功功率主要供给异步发电机建立磁场，而对系统的无功支持很弱。

通过全功率变流器并网的直驱永磁风力发电机组，已被证实在低电压穿越特性方面更具优势。其实现风力发电机组低电压穿越的关键问题在于维持变流器直流环节电容电压的稳定。而通过稳定直流电压实现 PMSG 风力发电机组低电压穿越的研究方案主要有：通过在直流侧安装卸荷电路消纳多余的能量；在直流侧安装储能装置，如超级电容等，快速吞吐有功功率；并联辅助变流器增加直流侧功率的输出通道。上述方法均需增加外部硬件电路，增加了变流器的体积及成本；并且在电网电压跌落时，网侧变流器处于限流状态，无法对电网提供动态的无功支持；在低电压穿越前后，网侧变流器在直流电压控制和限流控制之间的切换会造成直流电压的波动。

7.2.1 电压跌落时直流电压波动及抑制原理

图 7-2 为含低电压穿越的 PMSG 结构框图。PMSG 传统控制策略是通过机侧变流器实现最大风能跟踪；通过网侧变流器实现直流侧电压的稳定调节和单位功率因数控制；当电网电压跌落时，通过卸荷保护电路消纳多余能量，实现 PMSG 的低电压穿越。

由图 7-2 可知，风力发电机组捕获的机械功率为 P_m，PMSG 输出的电磁功率 P_s 经机侧变流器后馈入直流侧，网侧变流器通过控制直流电压，恒定送入电网的有功功率为 P_g。在稳态并忽略损耗的情况下，$P_m = P_s = P_g$，转速和直流电压均保持稳定。

系统发生扰动后，电网电压的跌落与恢复引起 U_g 变化，而系统侧的功率振荡及变流器的限流控制等因素引起 I_g 变化，从而导致 PMSG 网侧变流器输出功率 P_g 不稳定。由于全功率变流器的隔离作用，风力发电机组仍工作于最大功率跟踪状态，由图 2-7 所示的最大功率跟踪控制曲线可知，机侧变流器有功输出 P_s 仅取决于转子转速，由于风力发

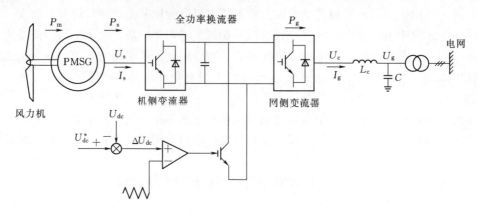

图 7 - 2　含低电压穿越的 PMSG 结构框图

电机组惯性较大，在电网扰动过程中 P_s 变化不大，因而捕获的风力发电功率并未因电压跌落而变化。此时 $P_s = P_m$，但 $P_s \neq P_g$，即直流侧功率无法平衡。由式（5 - 11）可得 PMSG 直流侧电容器的充放电功率为

$$\Delta P_{dc} = P_s - P_g = CU_{dc}\frac{\mathrm{d}U_{dc}}{\mathrm{d}t} \tag{7 - 1}$$

由式（7 - 1）可知，功率的不平衡将导致直流电压抬升及剧烈波动而影响其稳定运行。为抑制直流电压的波动，实现风力发电机组的低电压穿越，传统控制方案通常需要在直流侧安装卸荷电路（如 Crowbar 保护电路）消纳多余的能量。实际上，若能在电网出现扰动时利用机侧变流器及时控制调节 PMSG 功率输出，保持 $P_s = P_g$，则直流电压波动也能得到有效抑制。而此时，系统功率的不平衡将转变为 PMSG 的机械功率 P_m 和电磁功率 P_s 的不平衡，这引起发电机转速变化，即

$$\Delta P_e = P_m - P_s = P_m - P_g = J_P \omega_r \frac{\mathrm{d}\omega_r}{p_n^2 \mathrm{d}t} \tag{7 - 2}$$

式中　ΔP_e——PMSG 电磁功率变化量；

　　　ω_r——PMSG 转子的电角速度；

　　　J_P——PMSG 的转动惯量。

由上述分析可知，在电网扰动的动态过程中，若将变流器能量不平衡转化为 PMSG 旋转动能的变化，则可使直流电压波动转化为转速的波动。将式（7 - 1）和式（7 - 2）在相同时间段 T_k 内积分，在同样的功率不平衡情况下，引起的转速变化和直流电压变化之间的关系为

$$\omega_{r1}^2 - \omega_{r0}^2 = \frac{p_n^2 C}{J_P}(U_{dc}^2 - U_{dc\_N}^2) \tag{7 - 3}$$

式中　ω_{r0}、ω_{r1}——PMSG 在 T_k 时间段前后的电角速度；

　　　V_{dc_N}——直流电压额定值。将式（7 - 3）转换为标幺值形式，则可得

$$\omega_{r1\_pu}^2 - \omega_{r0\_pu}^2 = \frac{\frac{1}{2}CU_{dc\_N}^2}{\frac{1}{2p_n^2}J_P\omega_{r\_N}^2}(U_{dc\_pu}^2 - 1) = \frac{E_c}{E_k}(U_{dc\_pu}^2 - 1) \tag{7 - 4}$$

式中 ω_{r_N}——PMSG 的额定转速；

$\qquad E_c$——电容额定电压时储存的电能；

$\qquad E_k$——PMSG 额定转速时储存的动能。

在电网发生扰动后，由于变流器限流或输出功率振荡，PMSG 输出的电磁功率无法和捕获的风功率相平衡。式（7-4）反映了在相同的不平衡功率分别由转子和电容承担时引起电机转速变化和电容直流电压变化的关系。通常风力发电机组的机械储能 E_k 远大于电容器储能 E_c，因此，若 PMSG 的功率不平衡由机械储能系统承担，此时所引起的转速波动会远小于由直流电容承担不平衡功率时引起的电压波动。并且变桨系统调节机械功率 P_m 限制转速，从而使 PMSG 在故障扰动过程中具有更好的稳定性。为使不平衡功率只作用在机械系统而不影响直流电压，需要对变流器的传统控制策略进行优化。

7.2.2 基于转子储能的 PMSG 低电压穿越控制策略

7.2.2.1 系统的控制结构

采用图 5-11（b）所示的协同控制策略 Ⅱ，即机侧变流器控制直流电压，而网侧变流器实现最大功率跟踪控制及系统侧的无功与电压控制，可实现基于转子储能的低电压穿越。在该控制策略中：直流电压在电网故障扰动前后始终由不受电网故障干扰的机侧变流器控制，稳定性更好；由于输出有功功率与无功功率的控制同在网侧变流器中完成，易于在故障穿越过程中对其协调控制；无需增加直流卸荷电路。

机侧变流器外环采用直流电压，根据直流母线电压的偏差，利用 PI 控制器调节输出电机定子有功电流参考指令 i_{sq}^*，使 PMSG 自动调整输出的电磁功率 P_s 与网侧输出有功 P_g 相等，进而将直流侧功率的不平衡转化为 PMSG 的机械功率 P_m 和电磁功率 P_s 的不平衡，即将电容器充放电所引起的直流电压波动转化为 PMSG 动能变化引起的转速波动。该控制策略可有效抑制电网电压跌落时直流电压的波动，实现 PMSG 风力发电机组的低电压穿越，并且不必增加外部硬件电路和附加的直流电压控制环节。

网侧变流器通过判断电网电压 U_g 实现网侧有功功率和无功功率的协调控制，如图 7-3 所示。当电网电压正常时，为有功优先的最大功率跟踪控制，即在对有功和无功电流限幅时，首先满足有功电流；当电网电压发生跌落时，由于网侧变流器的限流作用，若继续执行有功优先控制，则网侧变流器仅处于功率限幅状态，无法对系统提供无功支持，因此采用无功优先控制。在网侧变流器输出的有功电流控制环节加入限流控制，防止有功电流突变所引起的直流侧电容充放电电流的突变，从而有效抑制因网侧变流器工作模式切换而引起的直流电压的波动。

风力发电机组在电压跌落过程中只是对系统提供一定的无功支持，并不能使并网点电压恢复到额定值，因此不再采用 PI 控制，而是根据电网电压跌落的幅度调节网侧变流器的无功电流，改善电压跌落情况，进而提高风力发电机组的低电压穿越能力。目前国家电网公司的并网技术规范要求总装机容量在百万千瓦级规模及以上的风力发电场群，当电力系统发生三相短路故障引起电压跌落时，每个风力发电场在低电压穿越过程中风力发电场注入电力系统的动态无功电流为

$$I_q \geqslant 1.5 \times (0.9 - U_g) I_N, \quad 0.2 \leqslant U_g \leqslant 0.9 \tag{7-5}$$

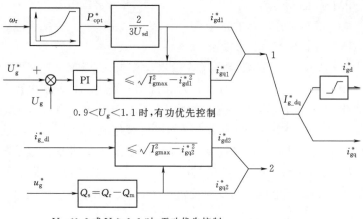

$$0.9 < U_g < 1.1 \text{ 时，有功优先控制}$$

$$U_g < 0.9 \text{ 或 } U_g > 1.1 \text{ 时，无功优先控制}$$

图 7 - 3　基于转子储能方式的网侧变流器外环控制结构

式中　U_g——风电场并网点电压标幺值；

　　　I_N——风电场额定电流。

无功优先控制时的无功电流根据式（7 - 5）计算得到。

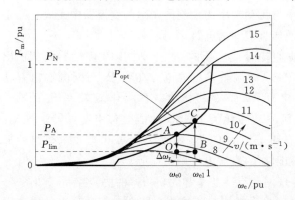

图 7 - 4　基于转子储能方式实现低电压穿越的工作原理

7.2.2.2　系统的工作原理

图 7 - 4 为基于转子储能方式实现 PMSG 低电压穿越控制策略的工作原理。如图 7 - 4 所示，以 9m/s 风速为例，PMSG 运行在最大功率跟踪状态，运行点稳定在最大功率跟踪曲线上的 A 点，输出有功功率为 P_A；当电网发生电压跌落故障时，网侧变流器输出功率受限，限幅值为 P_{lim}，风力发电机组运行点由 A 点切换到 O 点，有功输出箝位在 P_{lim}；采用机侧变流器实现变流器直流电压的稳定，将变流器两端的功率不平衡转移到 PMSG 的转子上，促使转子加速储存动能，风力发电机组运行点由 O 点切换到 B 点；当电网电压恢复后，网侧变流器输出功率限幅值恢复到其额定值 P_N，风力发电机组的运行点由 B 点切换至 C 点；此时发电机的输出功率 P_C 大于风力机的机械功率 P_m，发电机转子减速，释放动能，风力发电机组运行点由 C 点沿最大功率跟踪曲线 P_{opt} 移动到 A 点，恢复至故障前的稳定运行状态。

根据式（7 - 2）可得

$$\int_{t_0}^{t_0+T_K} (P_g - P_s)\mathrm{d}t = \frac{J_P}{2p_n}(\omega_{r1}^2 - \omega_{r0}^2) \leqslant \int_{t_0}^{t_0+T_K} (P_{opt} - P_{lim})\mathrm{d}t \tag{7 - 6}$$

式中　t_0——电网故障发生时刻；

　　　T_K——电网故障持续时间；

ω_{r0}、ω_{r1}——故障发生前后转子的转速。

当额定风速时，网侧变流器输出额定功率 P_N，此时电网发生电压跌落故障，最不利于风力发电系统实现低电压穿越。若电网电压跌落深度为额定电压的 100%，则网侧变流器输出功率的限幅值 P_{lim} 为 0。在这种极端情况下的故障持续时间 T_K 内，发电机转子转速的变化量为

$$\frac{J_P}{2p_n^2}(\omega_{r1}^2-\omega_{r0}^2)\leqslant P_N T_K \tag{7-7}$$

由式（7-7）可知，在整个故障持续时间内，发电机转子转速的变化为

$$\omega_{r1\_pu}=\sqrt{\frac{2p_n^2 P_N T_K}{J_P \omega_{r\_N}^2}+\omega_{r0\_pu}^2} \tag{7-8}$$

惯性时间常数 H 的定义为

$$H=\frac{J\omega_{r\_N}^2}{2p_n^2 P_N} \tag{7-9}$$

将式（7-9）代入式（7-8）可得

$$\omega_{r1\_pu}=\sqrt{\frac{T_K}{H}+\omega_{r0\_pu}}\leqslant\sqrt{\frac{T_K}{H}+1} \tag{7-10}$$

风力机惯性时间常数 H_{turb} 的典型取值范围是 $3.0\sim6.0s$，发电机转子惯性时间常数 H_{gen} 的典型取值范围是 $0.4\sim0.8s$。由式（7-10）可知，采用基于转子储能方式实现低电压穿越的过程中，发电机转子增速的极限范围为 $4\%\sim8\%$，并且风力机变桨调节系统可在转子超速时及时限制转速，因此该方法不会引起太大的转速波动及过速保护动作。

7.3　DFIG 在电网电压不平衡时的控制

7.3.1　电压不平衡时的 DFIG 建模

假设没有零序分量，$\boldsymbol{F}$ 代表三相矢量，如电压、电流或磁链矢量，将其分解为正负序分量为

$$\begin{aligned}\boldsymbol{F}(t)&=\boldsymbol{F}^p e^{j\omega_e t}+\boldsymbol{F}^n e^{-j\omega_e t}=\boldsymbol{F}^p e^{j(\omega_e t+\varphi^p)}+\boldsymbol{F}^n e^{j(-\omega_e t+\varphi^n)}\\&=(\boldsymbol{F}_d^p+j\boldsymbol{F}_q^p)e^{j\omega_e t}+(\boldsymbol{F}_d^n+j\boldsymbol{F}_q^n)e^{-j\omega_e t}\end{aligned} \tag{7-11}$$

式中　上标 p、n——正序和负序分量；

下标 d、q——d 轴和 q 轴分量。

正负序分量在静止的 $\alpha\beta$ 坐标系和正向旋转的 $(dq)+$ 和反向旋转的 $(dq)-$ 坐标系下的关系如图 7-5 所示。将静止坐标系下的 $\boldsymbol{F}(t)$ 分别变换到以 ω_e 旋转的 $(dq)+$ 和以 $-\omega_e$ 旋转的 $(dq)-$ 坐标系下，可得到 $(dq)+$ 坐标系下的矢量表达式 $\boldsymbol{F}_+(t)$ 和 $(dq)-$ 坐标系下的矢量表达式 $\boldsymbol{F}_-(t)$。

$$\begin{cases}\boldsymbol{F}_+(t)=\boldsymbol{F}(t)e^{-j\omega_e t}=\boldsymbol{F}^p+\boldsymbol{F}^n e^{-2j\omega_e t}\\\boldsymbol{F}_-(t)=\boldsymbol{F}(t)e^{j\omega_e t}=\boldsymbol{F}^p e^{j2\omega_e t}+\boldsymbol{F}^n\end{cases} \tag{7-12}$$

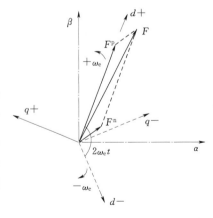

图 7-5　正负序分量在 $\alpha\beta$ 坐标系和 dq 坐标系下的关系

在静止坐标系下，正、负序分量分别以 ω_e 和 $-\omega_e$ 旋转。式（7-12）说明在 $(dq)+$ 坐标系下，正序分量为直流量，负序分量以 $-2\omega_e$ 旋转；在 $(dq)-$ 坐标系下，负序分量为直流量，正序分量以 $2\omega_e$ 旋转。

根据式（7-12），定子电压矢量 $\boldsymbol{U}_s$、定子磁链矢量 $\boldsymbol{\psi}_s$ 和转子电流矢量 $\boldsymbol{I}_r$ 可以在 $(dq)+$ 坐标系下以正负序分量形式表示。将其带入到式（5-10）、式（5-22），并经过复杂的推导，可得电压不平衡情况下的有功和无功的详细表达式为

$$\begin{cases} P_s = P_{s\_av} + P_{s\_sin2}\sin(2\omega_e t) + P_{s\_cos2}\cos(2\omega_e t) \\ Q_s = Q_{s\_av} + Q_{s\_sin2}\sin(2\omega_e t) + Q_{s\_cos2}\cos(2\omega_e t) \end{cases} \tag{7-13}$$

式中，P_s、Q_s、P_{s_sin2}、P_{s_cos2}、Q_{s_sin2} 和 Q_{s_cos2} 的计算公式为

$$\begin{bmatrix} P_{s\_av} \\ Q_{s\_av} \\ P_{s\_sin2} \\ P_{s\_cos2} \\ Q_{s\_sin2} \\ Q_{s\_cos2} \end{bmatrix} = -\frac{3}{2L_s} \begin{bmatrix} U_{sd}^p & U_{sq}^p & U_{sd}^n & U_{sq}^n \\ U_{sq}^p & -U_{sd}^p & U_{sq}^n & -U_{sd}^n \\ U_{sq}^n & -U_{sd}^n & -U_{sq}^p & U_{sd}^p \\ U_{sd}^n & U_{sq}^n & U_{sd}^p & U_{sq}^p \\ -U_{sd}^n & -U_{sq}^n & U_{sd}^p & U_{sq}^p \\ U_{sq}^n & -U_{sd}^n & U_{sq}^p & -U_{sd}^p \end{bmatrix} \left(\begin{bmatrix} \psi_{sd}^p \\ \psi_{sq}^p \\ \psi_{sd}^n \\ \psi_{sq}^n \end{bmatrix} - L_m \begin{bmatrix} I_{rd}^p \\ I_{rq}^p \\ I_{rd}^n \\ I_{rq}^n \end{bmatrix} \right) \tag{7-14}$$

电磁转矩可表示为

$$T_e = T_{e\_av} + T_{e\_sin2}\sin(2\omega_e t) + T_{e\_cos2}\cos(2\omega_e t) \tag{7-15}$$

式中，T_{e_av}、T_{e_sin2} 和 T_{e_cos2} 的计算公式为

$$\begin{bmatrix} T_{e\_av} \\ T_{e\_sin2} \\ T_{e\_cos2} \end{bmatrix} = -\frac{3p_n L_m}{2L_s} \begin{bmatrix} \psi_{sq}^p & -\psi_{sd}^p & \psi_{sq}^n & -\psi_{sd}^n \\ -\psi_{sd}^n & -\psi_{sq}^n & \psi_{sd}^p & \psi_{sq}^p \\ \psi_{sq}^n & -\psi_{sd}^n & \psi_{sq}^p & -\psi_{sd}^p \end{bmatrix} \begin{bmatrix} I_{rd}^p \\ I_{rq}^p \\ I_{rd}^n \\ I_{rq}^n \end{bmatrix} \tag{7-16}$$

式（7-13）和式（7-15）说明在电网电压不平衡时，负序分量会产生二倍频的功率和转矩波动。

根据式（5-20），并且忽略定子电阻，在 $(dq)+$ 坐标系下，定子电压可表示为

$$\begin{aligned} \boldsymbol{U}_s(t) &= \frac{d(\boldsymbol{\psi}_s^p + \boldsymbol{\psi}_s^n e^{-j2\omega_e t})}{dt} + j\omega_e(\boldsymbol{\psi}_s^p - \boldsymbol{\psi}_s^n e^{-j2\omega_e t}) \\ &= j\omega_e \boldsymbol{\psi}_s^p - j\omega_e \boldsymbol{\psi}_s^n e^{-j2\omega_e t} \\ &= \boldsymbol{U}_s^p + \boldsymbol{U}_s^n e^{-j2\omega_e t} \end{aligned} \tag{7-17}$$

由式（7-17）可得出电压和磁链的正负序分量的关系为

$$\begin{cases} \boldsymbol{U}_s^p = j\omega_e \boldsymbol{\psi}_s^p \\ \boldsymbol{U}_s^n = -j\omega_e \boldsymbol{\psi}_s^n \end{cases} \tag{7-18}$$

若将 $d+$ 轴定向于定子正序电压矢量，其 $d+$ 和 $q+$ 轴分量可以表示为

$$\begin{cases} U_{sd}^p = U_s^p \\ U_{sq}^p = 0 \end{cases} \tag{7-19}$$

将式（7-18）和式（7-19）代入式（7-14）和式（7-16），功率和转矩方程可进一步简化为

$$
\begin{bmatrix} P_{s\_av} \\ Q_{s\_av} \\ P_{s\_sin2} \\ P_{s\_cos2} \\ Q_{s\_sin2} \\ Q_{s\_cos2} \end{bmatrix} = -\frac{3}{2L_s\omega_e} \begin{bmatrix} 0 \\ (U_s^p)^2 - (U_g^n)^2 \\ 2U_{sd}^p U_{sd}^n \\ -2U_{sd}^p U_{sq}^n \\ 0 \\ 0 \end{bmatrix} + \frac{3L_m}{2L_s} \begin{bmatrix} U_{sd}^p & 0 & U_{sd}^n & U_{sq}^n \\ 0 & -U_{sd}^p & U_{sq}^n & -U_{sd}^n \\ U_{sq}^n & -U_{sd}^n & 0 & U_{sd}^p \\ U_{sd}^n & U_{sq}^n & U_{sd}^p & 0 \\ -U_{sd}^n & -U_{sq}^n & U_{sd}^p & 0 \\ U_{sq}^n & -U_{sd}^n & 0 & -U_{sd}^p \end{bmatrix} \begin{bmatrix} I_{rd}^p \\ I_{rq}^p \\ I_{rd}^n \\ I_{rq}^n \end{bmatrix}
$$

$$(7-20)$$

$$
\begin{bmatrix} T_{e\_av} \\ T_{e\_sin2} \\ T_{e\_cos2} \end{bmatrix} = -\frac{3p_n L_m}{2\omega_e L_s} \begin{bmatrix} -U_{sd}^p & 0 & U_{sd}^n & U_{sq}^n \\ U_{sq}^n & -U_{sd}^n & 0 & -U_{sd}^p \\ U_{sd}^n & U_{sq}^n & -U_{sd}^p & 0 \end{bmatrix} \begin{bmatrix} I_{rd}^p \\ I_{rq}^p \\ I_{rd}^n \\ I_{rq}^n \end{bmatrix}
$$

$$(7-21)$$

7.3.2 电压不平衡时的换流器建模

与 DFIG 的不平衡模型推导过程相似，在电压不平衡情况下，网侧换流器的有功和无功可以表示为

$$
\begin{cases} P_g = P_{g\_av} + P_{g\_sin2}\sin(2\omega_e t) + P_{g\_cos2}\cos(2\omega_e t) \\ Q_g = Q_{g\_av} + Q_{g\_sin2}\sin(2\omega_e t) + Q_{g\_cos2}\cos(2\omega_e t) \end{cases}
$$

$$(7-22)$$

式中，P_{g_av}、Q_{g_av}、P_{g_sin2}、P_{g_cos2}、Q_{g_sin2} 和 Q_{g_cos2} 的计算公式为

$$
\begin{bmatrix} P_{g\_av} \\ Q_{g\_av} \\ P_{g\_sin2} \\ P_{g\_cos2} \\ Q_{g\_sin2} \\ Q_{g\_cos2} \end{bmatrix} = \frac{3}{2} \begin{bmatrix} U_{sd}^p & U_{sq}^p & U_{sd}^n & U_{sd}^n \\ U_{sq}^p & -U_{sd}^p & U_{sq}^n & -U_{sd}^n \\ U_{sq}^n & -U_{sd}^n & -U_{sq}^p & U_{sd}^p \\ U_{sd}^n & U_{sq}^n & U_{sd}^p & U_{sq}^p \\ -U_{sd}^n & -U_{sq}^n & U_{sd}^p & U_{sq}^p \\ U_{sq}^n & -U_{sd}^n & U_{sq}^p & -U_{sd}^p \end{bmatrix} \begin{bmatrix} I_{gd}^p \\ I_{gq}^p \\ I_{gd}^n \\ I_{gq}^n \end{bmatrix}
$$

$$(7-23)$$

换流器直流侧电压与网侧换流器和转子侧换流器的功率之间的关系为

$$
\frac{1}{2}C\frac{dU_{dc}^2}{dt} = P_g - P_r
$$

$$(7-24)$$

对式（7-24）积分，可得

$$
U_{dc}^2(t) = U_{dc\_ref}^2 + \frac{2}{\omega_e C}\int_0^{\omega_e t}(P_g - P_r)d\omega_e t
$$

$$(7-25)$$

将直流电压表示为平均值 U_{dc_av} 和脉动分量 $\widetilde{U}_{dc}(t)$ 之和，其平方可简化为

$$
U_{dc}^2(t) = (U_{dc\_av} + \widetilde{U}_{dc}(t))^2 = U_{dc\_av}^2 + 2U_{dc\_av}\widetilde{U}_{dc}(t) + \widetilde{U}_{dc}^2(t) \approx U_{dc\_av}^2 + 2U_{dc\_av}\widetilde{U}_{dc}(t)
$$

$$(7-26)$$

将式（7-26）代入式（7-25），则直流侧电压的脉动分量可表示为

$$
\widetilde{U}_{dc}(t) = U_{dc\_sin2}\sin(2\omega_e t) + U_{dc\_cos2}\cos(2\omega_e t)
$$

$$(7-27)$$

式中，U_{dc_sin2}、U_{dc_cos2} 的计算公式为

$$\begin{cases} U_{\mathrm{dc\_sin2}} = \dfrac{1}{2\omega_{\mathrm{e}}CU_{\mathrm{dc\_ref}}}\ (P_{\mathrm{g\_cos2}} - P_{\mathrm{r\_cos2}}) \\[4mm] U_{\mathrm{dc\_cos2}} = -\dfrac{1}{2\omega_{\mathrm{e}}CU_{\mathrm{dc\_ref}}}\ (P_{\mathrm{g\_sin2}} - P_{\mathrm{r\_sin2}}) \end{cases} \tag{7-28}$$

因此，直流电压脉动分量的幅值为

$$\widetilde{U}_{\mathrm{dc}} = \frac{1}{2\omega_{\mathrm{e}}CU_{\mathrm{dc\_ref}}}(\widetilde{P}_{\mathrm{g}} - \widetilde{P}_{\mathrm{r}}) \tag{7-29}$$

7.3.3　电压不平衡时的 DFIG 控制策略

根据式（7-28）和式（7-29），可得出以下结论：

（1）为了抑制有功波动，即 $P_{\mathrm{s\_sin2}} = 0$、$P_{\mathrm{s\_cos2}} = 0$，按照式（7-20），转子电流的负序分量应控制为

$$\begin{cases} I_{\mathrm{rd}}^{\mathrm{n}} = -\dfrac{1}{U_{\mathrm{s}}^{\mathrm{p}}}(U_{\mathrm{sd}}^{\mathrm{n}}I_{\mathrm{rd}}^{\mathrm{p}} + U_{\mathrm{sq}}^{\mathrm{n}}I_{\mathrm{rq}}^{\mathrm{p}}) - \dfrac{2U_{\mathrm{sq}}^{\mathrm{n}}}{\omega_{\mathrm{e}}L_{\mathrm{m}}} \\[4mm] I_{\mathrm{rq}}^{\mathrm{n}} = \dfrac{1}{U_{\mathrm{s}}^{\mathrm{p}}}(U_{\mathrm{sd}}^{\mathrm{n}}I_{\mathrm{rq}}^{\mathrm{p}} - U_{\mathrm{sq}}^{\mathrm{n}}I_{\mathrm{rd}}^{\mathrm{p}}) + \dfrac{2U_{\mathrm{sd}}^{\mathrm{n}}}{\omega_{\mathrm{e}}L_{\mathrm{m}}} \end{cases} \tag{7-30}$$

在此条件下，有功、无功和转矩的平均值应为

$$\begin{cases} P_{\mathrm{s\_av}} = \dfrac{3L_{\mathrm{m}}}{2L_{\mathrm{s}}}\dfrac{(U_{\mathrm{s}}^{\mathrm{p}})^2 - (U_{\mathrm{s}}^{\mathrm{n}})^2}{U_{\mathrm{s}}^{\mathrm{p}}}I_{\mathrm{rd}}^{\mathrm{p}} \\[4mm] Q_{\mathrm{s\_av}} = -\dfrac{3}{2L_{\mathrm{s}}}\dfrac{(U_{\mathrm{s}}^{\mathrm{p}})^2 + (U_{\mathrm{s}}^{\mathrm{n}})^2}{U_{\mathrm{s}}^{\mathrm{p}}}\left(\dfrac{U_{\mathrm{s}}^{\mathrm{p}}}{\omega_{\mathrm{e}}} + L_{\mathrm{m}}I_{\mathrm{rq}}^{\mathrm{p}}\right) \\[4mm] T_{\mathrm{e\_av}} = \dfrac{3p_{\mathrm{n}}L_{\mathrm{m}}}{2\omega_{\mathrm{e}}L_{\mathrm{s}}}\dfrac{(U_{\mathrm{s}}^{\mathrm{p}})^2 + (U_{\mathrm{s}}^{\mathrm{n}})^2}{U_{\mathrm{s}}^{\mathrm{p}}}I_{\mathrm{rd}}^{\mathrm{p}} \end{cases} \tag{7-31}$$

（2）为了抑制电磁转矩波动，即 $T_{\mathrm{e\_sin2}} = 0$、$T_{\mathrm{e\_cos2}} = 0$，按照式（7-21），转子电流的负序分量应控制为

$$\begin{cases} I_{\mathrm{rd}}^{\mathrm{n}} = \dfrac{1}{U_{\mathrm{s}}^{\mathrm{p}}}\ (U_{\mathrm{sd}}^{\mathrm{n}}I_{\mathrm{rd}}^{\mathrm{p}} + U_{\mathrm{sq}}^{\mathrm{n}}I_{\mathrm{rq}}^{\mathrm{p}}) \\[4mm] I_{\mathrm{rq}}^{\mathrm{n}} = \dfrac{1}{U_{\mathrm{s}}^{\mathrm{p}}}\ (U_{\mathrm{sq}}^{\mathrm{n}}I_{\mathrm{rd}}^{\mathrm{p}} - U_{\mathrm{sd}}^{\mathrm{n}}I_{\mathrm{rq}}^{\mathrm{p}}) \end{cases} \tag{7-32}$$

在此条件下，有功、无功和转矩的平均值应为

$$\begin{cases} P_{\mathrm{s\_av}} = \dfrac{3L_{\mathrm{m}}}{2L_{\mathrm{s}}}\dfrac{(U_{\mathrm{s}}^{\mathrm{p}})^2 + (U_{\mathrm{s}}^{\mathrm{n}})^2}{U_{\mathrm{s}}^{\mathrm{p}}}I_{\mathrm{rd}}^{\mathrm{p}} \\[4mm] Q_{\mathrm{s\_av}} = -\dfrac{3}{2L_{\mathrm{s}}}\dfrac{(U_{\mathrm{s}}^{\mathrm{p}})^2 - (U_{\mathrm{s}}^{\mathrm{n}})^2}{U_{\mathrm{s}}^{\mathrm{p}}}\left(\dfrac{U_{\mathrm{s}}^{\mathrm{p}}}{\omega_{\mathrm{e}}} + L_{\mathrm{m}}I_{\mathrm{rq}}^{\mathrm{p}}\right) \\[4mm] T_{\mathrm{e\_av}} = \dfrac{3p_{\mathrm{n}}L_{\mathrm{m}}}{2\omega_{\mathrm{e}}L_{\mathrm{s}}}\dfrac{(U_{\mathrm{s}}^{\mathrm{p}})^2 - (U_{\mathrm{s}}^{\mathrm{n}})^2}{U_{\mathrm{s}}^{\mathrm{p}}}I_{\mathrm{rd}}^{\mathrm{p}} \end{cases} \tag{7-33}$$

式（7-31）和式（7-33）表明有功（转矩）和无功的平均值可由转子电流的正序分量 $I_{\mathrm{rd}}^{\mathrm{p}}$、$I_{\mathrm{rq}}^{\mathrm{p}}$ 分别调节。同时，调节转子电流的负序分量 $I_{\mathrm{rd}}^{\mathrm{n}}$、$I_{\mathrm{rq}}^{\mathrm{n}}$ 可消除定子侧的有功波动或转矩波动。因此，转矩和无功的平均值可由正序电流控制器独立控制，而其波动量可由负序控制器独立控制。

图 7 - 6 为 DFIG 在电压不平衡时的控制框图，该控制采用定子电压定向。由于定子电压中含有负序分量，锁相环 PLL 中应加入 2 倍频的带阻滤波器，以滤除负序分量。

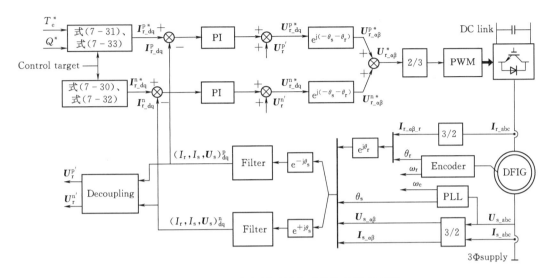

图 7 - 6 DFIG 在电压不平衡时的控制策略框图

通过锁相环 PLL 得到 $(dq)+$ 和 $(dq)-$ 参考坐标系后，即可将采样得到的电压电流量变换到同步旋转坐标系，变换公式为式 （7 - 12）。

在 $(dq)+$ 坐标系下，正序分量为直流而负序分量为 $2\omega_e$ 的波动分量；在 $(dq)-$ 坐标系下则刚好相反。为提取出正负序分量，首先分别变换到 $(dq)+$ 和 $(dq)-$ 坐标系中，然后通过调制频率为 $2\omega_e$ 的带阻滤波器滤除脉动分量。

在电网电压不平衡情况下，可以通过调节正负序电流而满足以下控制目标之一：①定子侧有功恒定无 2 倍频波动；②电磁转矩恒定无 2 倍频波动。

对目标 1，正负序电流的参考值可由式 （7 - 30） 和式 （7 - 31） 分别计算；对于目标 2，正负序电流的参考值可由式 （7 - 32） 和式 （7 - 33） 分别计算。此外，负序电流的参考值应设定合适的限幅值以避免电机绕组过热。

在不平衡控制策略中，需要两个并行的控制环，分别为在 $(dq)+$ 坐标系中的正序控制器和在 $(dq)-$ 坐标系中的负序控制器。采用 PI 调节器控制电流时，正负序电压的参考值为

$$\begin{cases} \boldsymbol{U}_r^{p*} = k_{p1}(\boldsymbol{I}_r^{p*} - \boldsymbol{I}_r^p) + k_{i1}\int (\boldsymbol{I}_r^{p*} - \boldsymbol{I}_r^p)\mathrm{d}t + \boldsymbol{U}_r^{p'} \\ \boldsymbol{U}_r^{n*} = k_{p2}(\boldsymbol{I}_r^{n*} - \boldsymbol{I}_r^n) + k_{i2}\int (\boldsymbol{I}_r^{n*} - \boldsymbol{I}_r^n)\mathrm{d}t + \boldsymbol{U}_r^{n'} \end{cases} \tag{7-34}$$

式中 k_{p1}、k_{i1} 和 k_{p2}、k_{i2}——正负序 PI 控制器的比例和积分系数；

$\boldsymbol{U}_r^{p'}$ 和 $\boldsymbol{U}_r^{n'}$——解耦项，可由下式计算

$$
\begin{cases}
U_{\text{rd}}^{\text{p}'} = -\omega_{\text{slip}}\sigma L_{\text{r}} I_{\text{rq}}^{\text{p}} + \dfrac{\omega_{\text{slip}} L_{\text{m}}}{\omega_{\text{e}} L_{\text{s}}} U_{\text{sd}}^{\text{p}} \\[2mm]
U_{\text{rq}}^{\text{p}'} = \omega_{\text{slip}}\sigma L_{\text{r}} I_{\text{rd}}^{\text{p}} + \dfrac{\omega_{\text{slip}} L_{\text{m}}}{\omega_{\text{e}} L_{\text{s}}} U_{\text{sq}}^{\text{p}} \\[2mm]
U_{\text{rd}}^{\text{n}'} = -\omega_{\text{slip}}\sigma L_{\text{r}} I_{\text{rq}}^{\text{n}} - \dfrac{\omega_{\text{slip}} L_{\text{m}}}{\omega_{\text{e}} L_{\text{s}}} U_{\text{sd}}^{\text{n}} \\[2mm]
U_{\text{rq}}^{\text{n}'} = \omega_{\text{slip}}\sigma L_{\text{r}} I_{\text{rq}}^{\text{n}} - \dfrac{\omega_{\text{slip}} L_{\text{m}}}{\omega_{\text{e}} L_{\text{s}}} U_{\text{sq}}^{\text{n}}
\end{cases}
\tag{7-35}
$$

转子侧换流器的电压为所需正负序电压的合成，即

$$
U_{\text{r\_}\alpha\beta}^{*} = U_{\text{r\_dq}}^{\text{p}*}\, \text{e}^{\text{j}(\theta_{\text{s}} - \theta_{\text{r}})} + U_{\text{r\_dq}}^{\text{n}*}\, \text{e}^{\text{j}(-\theta_{\text{s}} - \theta_{\text{r}})}
\tag{7-36}
$$

7.4　仿　真　算　例

7.4.1　PMSG 在低电压穿越时的有功和无功协调控制仿真

仿真系统与第 5 章的仿真算例相同。通过该仿真系统，对基于 Crowbar 保护电路的传统低电压穿越控制方式与基于转子储能的新型低电压穿越控制方式下的低电压穿越和高电压穿越分别作了仿真研究。电网在 2s 时发生电压跌落故障，电压跌落深度为额定电压的 80%，持续时间为 0.625s；在 4～5s 期间电网电压抬升 15%。仿真结果如图 7-7 所示。

图 7-7（a）和（b）分别为在电网电压扰动后，在传统变流器控制策略下基于 Crowbar 的低电压穿越方式和本书所提出有功和无功协调控制策略下基于转子储能的低电压穿越控制方式的动态响应对比，包括电网电压 U_{abc}、电网电流 I_{abc}、风力机捕获的机械功率 P_{m}、机侧和网侧变流器有功功率 P_{s} 和 P_{g}、发电机转速 ω_{e}、网侧变流器的有功和无功电流 I_{d}、I_{q} 和变流器直流侧电压 U_{dc}。

由图 7-7（a）可知，当电网电压发生跌落故障时，在基于 Crowbar 的传统控制策略下，网侧变流器进入限流模式，输出有功 P_{g} 下降至 20%，并且由于 I_{d} 限幅已不能再控制直流电压；故障期间机侧变流器仍处于最大功率跟踪控制状态，PMSG 捕获的机械功率 P_{m} 和机侧变流器有功 P_{s} 均未发生变化，从而引起直流侧电容两端功率不平衡，造成直流电压 U_{dc} 升高，触发 Crowbar 电路中功率开关动作来维持直流侧电压的稳定。电网电压恢复后，网侧变流器输出有功输出 P_{g} 恢复至故障前的水平，并退出限流状态恢复对直流电压的控制作用，但在与 Crowbar 切换控制直流电压过程中，会引起直流电压 U_{dc} 的短暂跌落，之后迅速稳定在额定值。在低电压穿越过程中，由于网侧变流器已处于限流状态，并全部为有功分量 I_{d}，并未对电网起到无功支持的作用，并网点电压的跌落情况没有得到改善，跌落幅度仍为额定值的 80%。

由图 7-7（b）可知，在本书所提出的有功和无功协调控制策略下，电网电压跌落发生后，网侧变流器进入限流模式而不再进行最大功率跟踪控制，输出有功 P_{g} 受限；机侧变流器通过限制 PMSG 的有功输出 P_{s}，抑制直流电压波动，实现直流侧电压 V_{dc} 的稳定；而此时功率的不平衡体现为 PMSG 机械功率 P_{m} 与电磁功率 P_{s} 的不平衡，引起转子转速

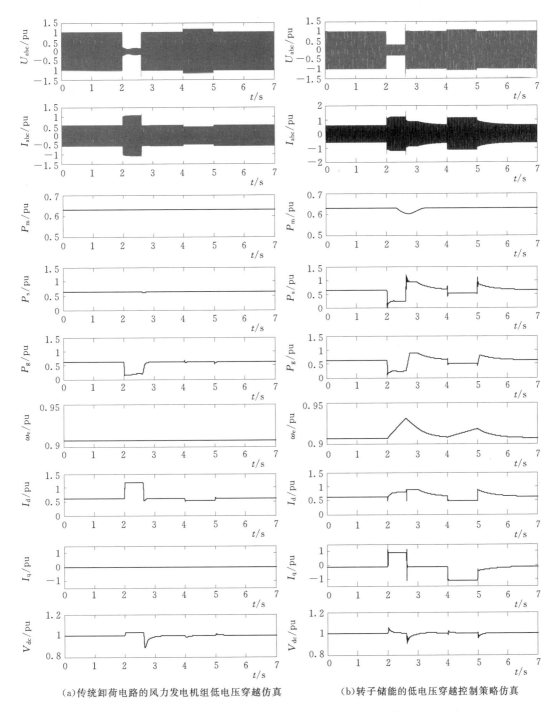

(a)传统卸荷电路的风力发电机组低电压穿越仿真　　　(b)转子储能的低电压穿越控制策略仿真

图 7-7　两种控制策略下 PMSG 低电压穿越的动态响应对比

ω_e 加速,转子储存了低电压穿越过程中的不平衡能量。由于风电机组的机械储能能力远大于电容器储能能力,该仿真算例在电压跌落期间,转子转速增加幅度约为额定转速的3%。在电压恢复后,网侧变流器重新运行于最大功率跟踪状态,转子转速逐渐降至故障前水平，从而释放了所存储的电压跌落过程中未输出的能量 ΔE，而对于 Crowbar 方式这部分能量则完全被消耗掉；由于机侧变流器一直处于直流电压控制状态，因而直流电压 U_{dc} 波动较小。在电网电压跌落过程中，虽然网侧变流器也处于限流状态，但通过无功功率优先控制，此时以输出无功电流为主，根据式（7-5），$I_q = 0.9$pu，对电网电压提供动态支持，电网电压跌落幅度由原来的 80% 减小到了 70%，电网电压跌落情况得到改善。在 4s 之后，电网电压抬升 15%，此时网侧变流器切换为无功优先控制模式，通过吸收无功电流（$I_q = 1.1$pu）将电压调整到安全运行范围内（$U_g = 1.03$pu），虽然有功输出 P_g 略有减小，但可有效避免风力发电机组因过压而脱网。

7.4.2　DFIG 在电网电压不平衡时的控制仿真

DFIG 仿真系统与第 4 章的仿真算例相同。图 7-8 对比了采用不平衡控制策略和常规控制策略在电压不平衡时的动态特性。在仿真算例中，0.1s 时电网施加了 5% 的不平衡电压。为了结果更清晰，开关频率引起的高次谐波被滤除了。在传统控制策略中，从图 7-8（a）中可以看出，定子电流明显不平衡，有功、无功和转矩中都含有明显的 100Hz 波动。在不平衡控制策略下，控制器在 0.1～0.2s 设为控制目标 1，在 0.2～0.3s 设为控制目标 2。从图 7-8（b）中可以看出，有功脉动和转矩脉动分别在 0.1～0.2s 和 0.2～0.3s 时被消除了。

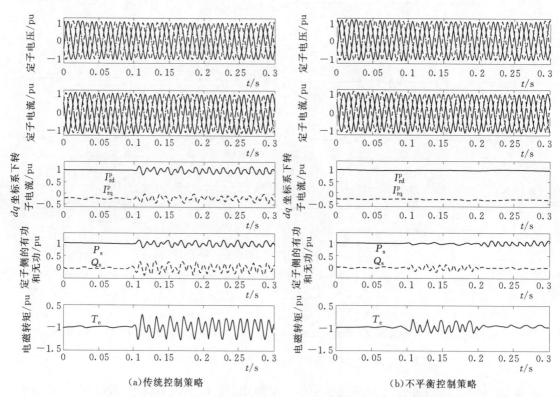

（a）传统控制策略　　　　　　　（b）不平衡控制策略

图 7-8　5% 不平衡电压时的仿真结果（0.1～0.2s 为控制目标 1，0.2～0.3s 为控制目标 2）

图 7-9 为 5% 不平衡电压、控制目标 2、机械转矩在 0.4～1pu 之间阶跃变化时 DFIG 的动态性能。可以看出，电磁转矩在跟踪机械转矩变化过程中，都未出现脉动分量。

图 7-10 为电网远端发生了单相接地故障时的动态特性。不对称故障发生在 0.2s，并产生了 10% 的负序电压，并且 DFIG 机端的正序电压跌落了 7%。图 7-10 第 3 幅为基于控制目标 2 的转矩特性，第 4 幅为常规控制策略下的转矩波形。通过对比可以看出，不平衡控制策略使转矩脉动明显减小。

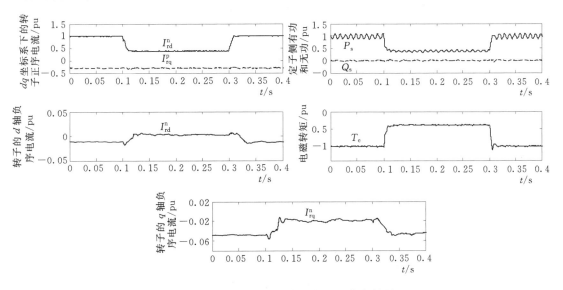

图 7-9　转矩突变时控制目标 2 的仿真结果

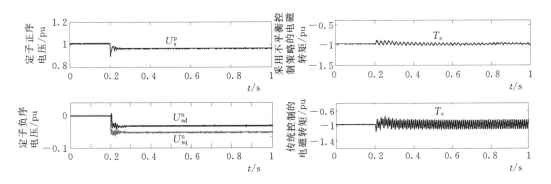

图 7-10　不对称故障时控制目标 2 的仿真结果

第8章 电网友好型风力发电机组控制技术

8.1 概　　述

随着风电的单机装机容量以及在电网中的渗透率不断增加，大规模风力发电场集中接入将给电网安全运行带来严峻挑战。风功率固有的间歇性和波动性，以及风力发电场缺乏对系统有效的支持能力，对其所在区域电网的稳定性将会产生潜在的威胁。为降低风电接入电网后的运行风险，并促进其与电网的协调发展，建立"电网友好型"风电场逐渐成为风力发电发展的趋势。友好型风电场要求风力发电机组不仅拥有风功率预测系统、故障穿越能力，而且需参与系统功率调节，为电网安全稳定运行提供支持。而高风电渗透率区域电网内，风力发电机组并网的安全性，以及系统的调峰调频、低频振荡、电压稳定等问题均是影响电网对风电接纳能力的重要因素。因此，在准确的风功率预测和故障穿越能力评估基础上，进一步开发风电场对电网支持能力，如惯性支持、调频能力、抑制系统功率振荡以及无功补偿能力，将成为未来风电场真正具备"友好性"的关键。

世界各国已制定的风电并网准则要求风力发电机组像传统常规机组（火、水、气、核）一样具备低电压穿越能力，即在电网出现故障扰动，引发局部电网电压瞬间跌落期间，风力发电机组应维持并网运行。在确保自身稳定运行的前提下，风电场还应具备常规机组对电网提供动态支持的友好特性，包含对电网的无功支撑和有功调节两方面。因此在最大功率跟踪控制基础上，还需进一步发掘风力发电机组的有功与无功的控制能力，提供对电网稳定性的支持作用。

本章将首先分析风力发电机组的自身无功补偿能力及控制策略，通过仿真研究其对接入弱电网的风电场进行动态无功补偿的效果。在风电场有功调节方面，本章重点研究变速风力发电机组的虚拟惯性控制对电网的动态稳定性、频率响应等的支持作用。最后，本章研究了附加有功或无功控制环节的变速风力发电机组的阻尼控制器的设计方法，使其具有改善系统阻尼、抑制功率振荡的能力。上述使变速风力发电机组对电网具有灵活、稳定的调节能力的控制技术，对实现大规模风电场的友好并网具有积极的促进作用。

8.2　风力发电机组的动态无功补偿

影响风力发电电能质量的因素很多，如风况（平均风速和湍流强度等）、塔影效应、偏航误差和风剪切、风力发电机组类型、控制系统（桨距和速度控制等）和电网状况（风力发电机组并网点或 PCC 的短路容量、电网线路 X/R 比和 PCC 所连接的负荷特性）等。这些因素会造成风电场电压偏差、波动和闪变，而对于弱电网，无功控制的缺失可能会导致电压崩溃和电网失稳。通常电网中接入的风力发电容量超过网关处短路容量的 15%，可称其为薄弱电网。薄弱电网的主要特征是无功功率对电压的影响非常大，而电网中又缺乏无功调节的手段。变速风力发电机组自身可以为外部电网提供无功支撑和电压控制，从而可以和同步发电机一样，对电网表现很"友善"。但利用风力发电机组自身无功补偿也有一些问题，如风力发电机组比较分散，运行状态也各不相同，无功补偿能力不易评估；每台风力发电机组都有各自的变压器，经过线路汇集系统和变电站升压变压器接入电网，因此其发出的无功传输到电网时受到风电场配电网的影响较大。而风电场集中的动态无功补偿装置 SVC 或 STATCOM 易于控制，不受内部配电网的限制，不仅能够根据风电场出力的不同，按照控制目标自动调节其无功出力，对风电场进行动态电压支撑，并且在电网发生故障时，动态无功补偿装置也能够快速向系统提供无功支持，提高风电场的低电压穿越能力，对风力发电仍有着重要意义。因此，风力发电机组的动态无功补偿和风电场集中动态无功补偿分别对低压配电网和高压输电网的电压支撑有重要作用，本节主要介绍风力发电机组的无功补偿控制。

目前变速恒频风力发电机组大多仅采用最大功率跟踪控制，而对风电场的功率控制而言，要实现风力发电机组的优化运行和对电力系统支持等目标，还需充分利用其无功控制能力。根据 DFIG 无功控制的目标将无功功率控制分为优化运行模式和无功补偿模式，优化运行模式是指从提高发电系统的运行效率出发，考虑风力发电机组自身运行状态，以某一性能指标最优为评估函数，如损耗最小等，实现发电系统的优化运行；无功补偿模式则是指从提高电力系统的调节能力和稳定性出发，根据电力系统的需求整定风力发电机组的参考功率，满足电力系统的优化运行的需求。

8.2.1 DFIG 的无功功率极限

如第 5 章所述，双馈风力发电机组可通过双 PWM 换流器实现其有功功率和无功功率的解耦控制，整个发电系统的功率关系如图 8-1 所示。

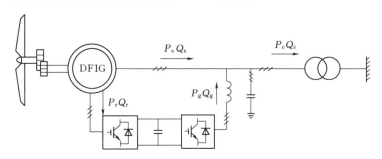

图 8-1 双馈风力发电机组的功率关系

稳态时，忽略电机、变流器及变压器的功率损耗，发电系统在图示定义的功率方向下，有如下关系

$$P_e = P_s + P_g = P_s + P_r = P_m \qquad (8-1)$$
$$Q_e = Q_s + Q_g \qquad (8-2)$$

式中　P_e、Q_e——风力发电机输出的总的有功和无功；

　　　P_s、Q_s——定子向电网输出的有功和无功；

P_r——转子的有功；

P_g、Q_g——定子侧变流器输出的有功和无功。

可见，机组注入电网的无功功率由发电机定子和网侧换流器两部分无功功率构成，而DFIG 励磁所需无功由转子侧变流器提供。通常情况下，双馈风力发电机组的无功控制策略为：转子侧换流器控制定子侧处于定功率因数运行；网侧换流器处于单位功率因数运行。此时，机组的无功能力并没有被充分的利用，不能参与到电网的无功调节。相反地，由于风速的随机波动，双馈电机输出的有功功率随之波动，若机组处于定功率因数运行状态，无功功率也随有功功率波动，将进一步影响系统的电压质量。研究风电机组的无功功率极限，以充分利用其动态无功调节能力，对改善系统的电压质量具有重要意义。

在双馈风力发电系统中，换流器容量决定了 DFIG 的变速恒频运行范围，同时也决定了 DFIG 的无功运行能力。由式（8-2）可知，DFIG 对外提供无功功率的能力取决于定子无功功率和网侧换流器无功功率输出，其中定子无功输出与电机设计、运行状态和转子励磁控制有关，而网侧换流器的无功输出能力与换流器容量、电机运行状态和网侧换流器控制有关。

由第 5 章 DFIG 功率分析可知，转子侧换流器主要是提供转差功率，因而其容量由电机设计运行范围和机组额定功率决定，忽略机械损耗和转子绕组铜损，转子换流器提供的有功功率为

$$P_r = -sP_s \tag{8-3}$$

DFIG 最大定子有功功率应小于额定功率 P_N，转子换流器设计时需满足传递的最大转差功率为

$$P_{r\_max} = |s_{max}| P_N \tag{8-4}$$

式中　s_{max}——最大转差率。

另外转子侧换流器还提供励磁功率和定子无功功率。忽略定子、转子漏抗消耗的无功功率，有

$$Q_s = Q_r - Q_m \tag{8-5}$$

式中　Q_r——转子的无功；

Q_m——DFIG 的励磁所需无功，可近似计算为

$$Q_m \approx \frac{3U_s^2}{X_s} \tag{8-6}$$

当 $Q_s = 0$ 时，转子换流器提供励磁功率，$Q_r = Q_m$，换流器满足 DFIG 运行范围的最小设计容量为

$$S_{rN} = \sqrt{P_{r\_max}^2 + \left(\frac{3U_s^2}{X_s}\right)^2} \tag{8-7}$$

式（8-7）说明，在设计转子换流器时，需要考虑转子绕组的励磁功率和发电机的滑差功率。当转子侧换流器的有功功率小于 P_{r_max} 时，可通过 DFIG 定子侧为电网提供无功补偿，但受到转子侧换流器容量的限制，转子侧换流器通过定子绕组为系统提供的无功功率最大值为

$$Q_{s\_max} = \sqrt{S_{rN}^2 - (sP_s)^2} - \frac{3U_s^2}{X_s} \tag{8-8}$$

式（8-8）说明定子侧补偿的无功功率的限值与转子侧换流器流通的滑差功率有关，滑差功率小时，可以提供更多的无功补偿。

当风力机随风速的变化作变速运行时，使风力机并不总是运行在最大转差功率的工作点上。当风力机运行在低风速时，网侧变换器工作在欠功率状态，当系统对无功功率有要求时，也可考虑让网侧变换器在功率允许范围内工作在非单位功率因数模式。

如前所述，假设网侧换流器容量与转子侧换流器相同，忽略各种损耗（线路损耗、开关损耗等），设网侧变换器设计的最大功率为 $S_{gN}=S_{rN}$，输出无功功率能力的计算公式为

$$Q_{g\_max}=\sqrt{S_{rN}^2-(sP_s)^2} \tag{8-9}$$

与转子侧换流器相比，网侧换流器由于没有为电机励磁的无功，即使滑差功率最大时，网侧换流器仍有一定的无功补偿能力。

因此，考虑机侧和网侧换流器无功功率输出能力时，双馈风力发电机组的无功功率极限为

$$Q_{e\_max}=Q_{s\_max}+Q_{g\_max}=2\sqrt{S_{rN}^2-(sP_s)^2}-\frac{3U_s^2}{X_s} \tag{8-10}$$

根据式（8-10）可对双馈风力发电机组的无功能力做出评估，进而对整个风电场的无功输出能力做出评估，为大规模风电场参与电网电压调整、无功优化提供参考。

8.2.2 DIFG 的无功功率控制策略

出于能源利用效率和商业利益等诸多因素考虑，当前变速恒频风力发电机组大多处于最大风功率捕获运行，风力发电机组的有功功率不可任意调节，为充分挖掘其无功补偿能力，需对转子侧换流器和网侧换流器的不同无功补偿的协调控制进行对比分析。

8.2.2.1 风力发电机组的无功控制方式

1. 定功率因数控制

在 DFIG 的无功功率极限范围内，DFIG 可运行于给定的功率因数下 $\cos\varphi^*$，其无功功率参考值为

$$Q_e^*=P_e^*\tan\varphi^* \tag{8-11}$$

在单位功率运行模式下，RSC 控制转子提供全部励磁电流，使得定子侧无功输出为零，同时，若 GSC 也处于单位功率因数运行状态，则 GSC 仅提供并网电抗消耗的无功。

通常，风电并网导则都要求风电场具备一定的无功调节能力，并对其功率因数运行范围作出规定。当风电场没有对机组无功协调控制的 AVC 模块时，为利用风力发电机组补偿风电场配电网中的部分无功消耗，可采用定功率因数控制模式。

2. 电压下垂控制

当并网电网为弱电网时，风电场并网点尤其是低压侧的电压随风电场输出功率的变化较大。此时可以通过控制风电场的无功功率来实现对并网点电压的调整，确保风力发电机组定子电压在允许范围内，维持风电场的稳定运行，即定电压控制方式。

3. 无功功率的调度控制

当风力发电机组用于风电场配电网的无功和电压的优化控制时，主要采用定功率因数和电压下垂控制；当风电场需对所接入的输电网进行无功支撑时，则风力发电机组的无功

指令直接由电网调度和风电场调度来给定，采用主从控制来进行机组间的无功协调控制。

考虑到双馈感应电机定子绕组和网侧换流器均具备一定的无功调节能力，可通过转子换流器控制、网侧换流器控制以及二者的协调控制实现系统的无功需求。

8.2.2.2　RSC 与 GSC 的无功协调控制策略

无论是定功率因数控制还是定电压控制，为充分利用 DFIG 的无功能力，需要对转子侧换流器和网侧换流器进行无功功率协调控制，其关键在于无功功率控制指令在 RSC 和 GSC 之间的分配。在电网有无功需求时，可按照以下三种情况进行协调。

1. 优先利用 RSC 的无功控制能力

在这种控制策略下，优先考虑 RSC 的无功控制能力：当 $Q_e^* \leqslant Q_{s\_max}$ 时，GSC 不参与无功控制，其无功设定值为 0；当 $Q_e^* > Q_{s\_max}$ 时，GSC 参与无功控制，其无功设定值为 $Q_g^* = Q_e^* - Q_{s\_max}^*$。

2. 优先利用 GSC 的无功控制能力

在这种控制策略下，优先考虑 GSC 的无功控制能力：当 $Q_e^* \leqslant Q_{g\_max}$ 时，RSC 不参与无功控制，其无功设定值为 0；当 $Q_e^* > Q_{g\_max}$ 时，RSC 参与无功控制，其无功设定值为 $Q_s^* = Q_e^* - Q_{g\_max}^*$。

3. 按比例协调

在这种控制策略下，同时考虑 RSC 和 GSC 的无功控制能力，按一定的比例分配无功功率指令，实现对系统无功的补偿。RSC 和 GSC 按照各自的最大无功容量来分配，可充分利用换流器的容量，由此可得 RSC 和 GSC 的无功功率参考指令值为

$$\begin{cases} Q_s^* = \dfrac{Q_{s\_max}}{Q_{e\_max}} Q_e^* \\[2mm] Q_g^* = \dfrac{Q_{g\_max}}{Q_{e\_max}} Q_e^* \end{cases} \tag{8-12}$$

8.3　虚 拟 惯 性 控 制

8.3.1　虚拟惯量的概念

电力系统的惯量反映了系统阻止频率突变的能力，从而使发电机有足够的时间调节发电功率重建功率平衡。但变速风力发电机组在最大功率跟踪控制过程中，变流器仅根据风力机转速变化调节机组有功输出。当电网出现有功扰动时，风力发电机组仍然遵循最大功率跟踪控制指令向电网输送功率，不能分担系统有功的变化，无法对系统扰动提供惯性支持。因此，若使和电网频率没有直接耦合的风力发电机组具有惯性，需将电网频率变化引入风力发电机组控制系统。在频率突变时，通过快速的功率控制向系统瞬时注入或吸收突变的有功，然后通过控制转速变化释放或吸收风力机及发电机转子动能。

由电力电子变流器控制的变速风力发电机组不能自动提供惯性支持，但却具有灵活、可控的有功功率调节能力。另外，与传统同步发电机相比，变速风力发电机组的风力机转速与电网频率不再直接耦合，机组可以变速运行，且其转速调节范围更宽。因此，变速风

力发电机组不仅可以通过快速的有功调节特性，控制风力机转速，释放或储存风电机组的旋转动能，虚拟出惯性响应，并且可在更宽的转速调节范围内，虚拟出比自身惯量更大的虚拟惯量。

根据式（6-15）和式（6-17），含风力发电场并网的电力系统惯性时间常数 H_{tot} 可进一步扩展为

$$H_{tot} = \frac{\sum_{i=1}^{N}\left(\frac{1}{2p_{s,i}^2}J_{s,i}\omega_e^2\right)+\sum_{j=1}^{M}E_{kw,j}}{S_{N\_tot}} \tag{8-13}$$

式中　N、M——系统中同步发电机组和变速发电机组的台数；

　　　$J_{s,i}$、$p_{s,i}$——系统中同步发电机组 i 的转动惯量、极对数；

　　　S_{N_tot}——系统总的额定容量；

　　　$E_{kw,j}$——系统中变速风力发电机组 j 的旋转动能。

由上述分析可知，变速风力发电机组不能像同步发电机在电网频率变化时释放或吸收转子动能，即

$$\sum_{j=1}^{m}E_{kw,j}\approx 0 \tag{8-14}$$

由式（8-13）和式（8-14）可以得出，若风力发电场接入，替代了电网中原有的传统同步发电机组，在电网总装机容量不变的情况下，由于电网可利用动能下降，将导致系统的有效惯量降低。另外，即使系统中传统电厂容量保持不变，随着新的风电场接入，系统规模进一步扩大，电网总装机容量得到提高，由于风电场对电网几乎不提供动能支持，在电网装机容量增加的情况下，系统的有效惯量仍会下降。因此，大型风力发电场接入电网势必会降低系统的有效惯量，进而威胁系统的频率稳定性。

下面分析在电网频率变化时，变速风力发电机组通过转速调节而虚拟出的转动惯量。将系统的频率变化信号引入变速风力发电机组的控制系统，通过其快速有功控制可以调节电机转速释放动能，从而使风力发电机虚拟出转动惯量。变速风力发电机组的转子运动方程可表示为

$$P_{wm}-P_{we}=J_w\omega_r\frac{d\omega_r}{p_w^2 dt} \tag{8-15}$$

式中　P_{wm}、P_{we}、J_w——变速风电机组的机械功率、电磁功率和固有惯量。

变速风力发电机组在最大功率跟踪控制下，其功率输出取决于风力机转速变化，风力发电机组的固有惯量仅能通过降低转速变化率，对风速引起的机组自身的功率波动起到抑制作用。然而，若风力发电机组通过有功功率调节能够使其功率输出 P_{we} 对系统频率变化具有动态响应，进而使得变速风力发电机组与传统同步发电机组具有类似的惯性响应，由式（8-15）可以推出，在系统频率变化过程中，风力发电机组可利用的旋转动能 E_{kw} 可表示为

$$E_{kw} = \int(P_{mw}-P_{ew})dt = \int \frac{J_w\omega_r d\omega_r}{\omega_e d\omega_e}\times\frac{\omega_e d\omega_e}{p_w^2 dt}dt = \int \frac{J_{vir}\omega_e}{p_w^2}d\omega_e \tag{8-16}$$

其中　　　　　　　　　　　　$J_{vir}=\frac{J_w\omega_r d\omega_r}{\omega_e d\omega_e}$

式中　J_{vir}——变速风电机组的虚拟惯量；

　　　　ω_e——系统中同步发电机的电角速度。

由式（8-16）可得，若风力发电机组通过控制风力机转速变化，在系统频率变化过程中保持恒定的虚拟惯量，则风力发电机组对于系统的动能支持可表示为

$$E_{kw}^{'} = \frac{1}{2} J_{vir} \left(\frac{\omega_e}{p_w} \right)^2 \qquad (8-17)$$

根据式（8-17），变速风力发电机组的等效虚拟惯性时间常数可定义为

$$H_{vir} = \frac{J_{vir} \omega_e^2}{2 p_w^2 S_{wN}} \qquad (8-18)$$

式中　S_{wN}——变速风力发电机组的额定容量。

由式（8-13）可知，在虚拟惯性控制下，含风力发电场的电力系统的惯性时间常数可表示为

$$H_{tot} = \frac{\sum_{i=1}^{N} \left(\frac{1}{2 p_{s,i}^2} J_{s,i} \omega_e^2 \right) + \sum_{j=1}^{M} \left(\frac{1}{2 p_{w,j}^2} J_{vir,j} \omega_e^2 \right)}{S_{N\_tot}} \qquad (8-19)$$

式中　$p_{w,j}$——系统中变速风力发电机组 j 的极对数。

由式（8-19）可以看出，具备虚拟惯量的变速风力发电机组具有与常规同步发电机组类似的惯性响应，从而将"隐藏"在风力发电机组的旋转动能开发利用，并能够对系统惯性起到支持作用，避免了大规模风力发电场并网后降低系统惯性的不利影响。

变速风力发电机组在电网频率变化过程中，通过转速调节可以虚拟出等效的转动惯量，进而对电网惯性起到支持作用。为进一步实现对所定义的虚拟惯量的合理控制，将式（8-16）中变速风力发电机组的虚拟惯量表示为

$$J_{vir} = \frac{J_w \omega_r d\omega_r}{\omega_e d\omega_e} = \frac{\Delta\omega_r}{\Delta\omega_e} \cdot \frac{\omega_{r0}}{\omega_e} J_w = \lambda \frac{\omega_{r0}}{\omega_e} J_w \qquad (8-20)$$

其中

$$\lambda = \frac{\Delta\omega_r}{\Delta\omega_e}$$

式中　λ——转速调节系数。

由式（8-20）可知，变速风力发电机组的虚拟惯量除了与自身的固有惯量有关外，还取决于频率变化前的风力机角速度 ω_{r0} 以及转速调节系数 λ。与转速和电网频率直接耦合的同步发电机不同，通常变速风力发电机组的转速调节量可以比系统频率的变化量大很多，即 $\Delta\omega_r \gg \Delta\omega_e$。因此，在虚拟惯性控制过程中，风力发电机组可以根据系统需求设置转速调节系数，在高风电渗透率的区域电网内，由于系统有效惯量较低，可设定 $\lambda > 10$，从而使变速风力发电机组在较宽的转速调节范围内虚拟出比自身固有惯量大很多倍的等效惯量，给系统频率稳定提供更有效的支持。

8.3.2　虚拟惯性控制策略

8.3.2.1　附加惯性控制

由同步发电机转子运动方程可知，系统频率变化过程中，若认为发电机的机械功率恒定，则发电机的电磁功率的变化量与转速变化率成正比，即

$$\Delta P_e = -J_s \omega_e \frac{\mathrm{d}\omega_e}{p_s^2 \mathrm{d}t} \qquad (8-21)$$

对于具有独立有功调节能力的变速风力发电机组，可通过有功附加控制，以系统频率或系统中同步发电机的角速度为输入信号，经微分控制环节，将附加控制信号叠加在风力发电机组的最大功率跟踪控制之上，利用机组快速的有功调节，模拟变速风力发电机组的惯性响应。该附加惯性控制的输出信号 P_f 为

$$P_f = -f \frac{K \mathrm{d}f}{\mathrm{d}t} \qquad (8-22)$$

式中 K——微分控制的比例系数，用于模拟风电机组的虚拟惯量；

　　　 f——电网频率。

利用微分控制环节实现风力发电机组惯性响应的控制方法是一种较为直接的变速风电机组的惯性控制方案。如图 8-2 所示，附加惯性控制以系统频率为输入信号，经频率测量环节、微分控制环节后，将输出信号 P_f^* 附加在最大功率跟踪的有功参考指令之上。

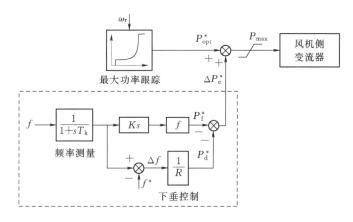

图 8-2 附加惯性控制结构框图

上述附加惯性控制器可根据系统频率变化率模拟风力发电机组的惯性响应，在系统频率变化时，快速调节风力发电机组的电磁功率，补偿系统的功率缺额，进而通过改变风力机转速，释放或吸收机组的旋转动能，使风力发电机组能够对系统进行惯性支持。但风力发电机组采用该控制方案进行动态调节的过程中，附加惯性控制与最大功率跟踪控制间始终存在相互影响。以系统频率跌落为例，风力发电机组为响应系统频率而增加机组有功功率输出，若不考虑风速变化，风力机捕获的机械功率保持不变，由于风力发电机组的电磁功率增加，导致风力机转速降低，而最大功率跟踪控制的有功参考却因转速降低而减小，不利于机组对系统提供功率支持。因此，附加惯性控制不仅不易实现预期的控制目标，而且较大的微分比例系数可能使系统频率恢复过程中风力发电机组出现功率波动，对系统频率造成二次扰动。由于风电机组的虚拟惯量无法得到较为准确的控制，也使得附加惯性控制的调节范围难以确定，从而无法确保风力发电机组在动态调节过程中的稳定性。另外，对于附加惯性控制与最大功率跟踪控制间的矛盾，可通过频率下垂控制环节得到进一步改善。

与同步发电机组通过频率下垂控制进行系统一次调频的控制原理相似，风力发电机组

的附加频率下垂控制，可在系统频率变化过程中，始终调节机组电磁功率补偿系统的功率缺额，虽然仍与最大功率跟踪控制间存在相互影响，但能够改善机组的惯性响应，其控制结构框图如图 8-2 所示。综上，变速风力发电机组在附加频率控制下，能够通过调节其电磁功率，释放或吸收机组动能，使风力发电机组具有惯性响应，但由于该控制方案与最大功率跟踪控制间存在相互矛盾，使得该控制器参数不易设计，难以确保风力发电机组在动态调节过程中的稳定运行。

8.3.2.2　基于功率跟踪优化的虚拟惯性控制

为避免附加惯性控制环节与最大功率跟踪曲线的相互干扰，可在最大功率跟踪控制策略的基础上对其进行优化，根据电网频率误差信号，快速调节风力发电机组有功输出，从而分担电网有功功率的突变，通过自身转速及动能的变化缓解电网频率的突变量，使变速风力发电机组对系统惯性具有支持能力。由于变速风力发电机组的最大功率跟踪曲线取决于功率跟踪曲线比例系数 k_{opt}，在系统频率变化过程中，通过改变比例系数 k_{opt}，平稳切换功率跟踪曲线，控制机组运行点变化，进而获得风力发电机组的虚拟惯性响应。在基于功率跟踪优化的虚拟惯性控制策略下，风力发电机组的有功参考的计算公式为：

$$P_{VIC}^* = \begin{cases} k_{VIC}\omega_r^3 & ,\omega_0 < \omega_r < \omega_l \\ \dfrac{(P_{max} - k_{VIC}\omega_l^3)}{\omega_{max} - \omega_l}(\omega_r - \omega_{max}) + P_{max} & ,\omega_l < \omega_r < \omega_{max} \\ P_{max} & ,\omega_r > \omega_{max} \end{cases} \tag{8-23}$$

式中　k_{VIC}——虚拟惯性控制下功率跟踪曲线的比例系数，其取值大小与系统频率偏差有关，与常数 k_{opt} 不同，k_{VIC} 为 Δf 的函数 k_{VIC}（Δf）。

上述控制方案集成了传统最大功率跟踪控制与虚拟惯性控制，由于该控制方案无需附加控制器，使得控制结构简化，并且避免了惯性控制过程中，两种控制方案间的相互影响。此外，风力发电机组的有功及转速调节通过改变最大功率跟踪曲线的比例系数 k_{opt} 实现，通过限制功率跟踪曲线的切换范围，可确保在调速过程中机组运行的稳定性，即使风速变化，新的功率跟踪曲线也会和风力机的特性曲线有稳定的工作点。下面讨论如何改变跟踪曲线比例系数 k_{VIC} 来改变变速风力发电机组的虚拟惯性。

由式（8-20）变速风力发电机组虚拟惯量的定义可知，在风速不变及机组固有惯量确定的情况下，风力发电机组的虚拟惯量大小取决于转速调节系数 λ，即在系统频率变化过程中风力发电机组虚拟出的惯量 J_{VIR} 主要由风力发电机组的转速调节量 $\Delta\omega_r$ 决定。如图 8-3 所示，假定风速为 8m/s，变速风力发电机组在最大功率跟踪控制下的初始运行点为 A 点。为获得期望的转速变化，机组运行点需从运行点 A 点移动至 C 点，即风力发电机组需随着系统频率变化，将最大功率跟踪曲线 P_{opt}（对应的功率跟踪曲线比例系数为 k_{opt}）快速切换至曲线 P_{VIC_max}（对应的功率跟踪曲线比例系数为 k_{VIC}），从而利用新的功率跟踪曲线重新获得新的稳定运行点（C 点）。

在风速不变和调速范围不大的情况下，可认为 A、C 两点的功率近似相等，相应的电角速度分别为 ω_{r0} 和 ω_{r1}，则有

$$k_{VIC}\omega_{r1}^3 \approx k_{opt}\omega_{r0}^3 \tag{8-24}$$

ω_{r1} 可由频率变化量 Δf 表示为

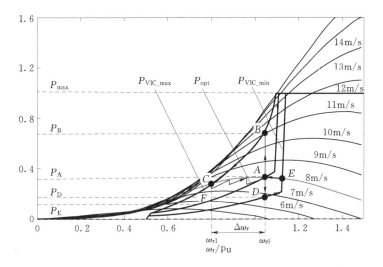

图 8-3 虚拟惯性的功率跟踪曲线切换原理图

$$\omega_{r1} = \omega_{r0} + \Delta\omega_r = \omega_{r0} + \lambda\Delta\omega_e = \omega_{r0} + 2\pi\lambda\Delta f \tag{8-25}$$

因此，新的功率跟踪曲线的比例系数的计算公式为

$$k_{VIC} = \frac{\omega_{r0}^3}{(\omega_{r0} + 2\pi\lambda\Delta f)^3} k_{opt} \tag{8-26}$$

引入频率偏差信号后，可由式（8-26）计算功率跟踪曲线的比例系数 k_{VIC}，取代最大功率跟踪控制策略中固定的比例系数 k_{opt}，从而根据频率误差大小调节风力机转速变化，利用风力发电机组的存储动能改善系统频率的动态响应。

如图 8-3 所示，该虚拟惯性控制的动态调节过程可分为如下两个阶段：快速频率支持阶段和转速恢复阶段，对应的风力发电机组运行点变化轨迹分别为 $A{\rightarrow}B{\rightarrow}C$ 和 $C{\rightarrow}A$。

假定风速为 8m/s，当电网出现大的功率缺额后，系统频率迅速降低，由于有功突变初期频率变化较快，k_{VIC} 将迅速增加到饱和值 k_{VIC_max}，即功率跟踪曲线由 P_{opt} 快速切换到 P_{VIC_max}，风力发电机组采用新的功率跟踪曲线后，机组输出的电磁功率将由 P_A 突变至 P_B，此时风力发电机输出的电磁功率大于风力机捕获的机械功率，导致发电机开始减速，进而释放出机组储存的动能，实现对系统的快速功率支持。随着风力发电机组转速降低，机组输出的电磁功率将会由 P_B 沿着功率跟踪曲线 P_{VIC_max} 降低至 P_C，从而重新达到输入与输出功率的平衡，转子停止减速，在此过程中，风力发电机组释放了储存的旋转动能，完成了风力发电机组的惯性响应，而机组运行点将进一步从 B 点移动至 C 点。

在频率支持阶段后，随着系统频率恢复，风力发电机组也需重新恢复至初始的最大功率跟踪运行状态。但如果功率跟踪曲线直接切换至最大功率跟踪曲线，会导致风力发电机组功率输出由 P_C 突减至 P_F，并可能引起系统频率再次扰动，不利于频率恢复。但风力发电机组最大功率跟踪状态的恢复可通过多次的功率曲线切换以降低机组在频率恢复过程中的功率波动，如图 8-3 所示，通过三次功率曲线的切换，风力发电机组电磁功率波动能够得到明显削弱。然而，通常系统一次调频持续时间较长，系统频率偏差将会逐渐减小，由式（8-26）可知，在此过程中，功率跟踪曲线比例系数将由 k_{VIC_max} 逐渐减小至 k_{opt}，即对应的功率跟踪曲线将由 $P_{\text{VIC\_max}}$ 逐渐且缓慢切换到 P_{opt}，风力发电机组的有功输出也会沿着曲线 CA 平稳返回至 A 点，避免风力发电场在恢复至最大功率跟踪状态过程中对电网产生较大的扰动。

以上讨论了系统频率跌落后，风力发电机组在虚拟惯性控制下的动态调节过程。对于系统频率升高，风力发电机组虚拟惯性控制可相似的分为快速频率支持和转速恢复两个阶段，对应的风力发电机组运行点变化轨迹分别为 $A{\rightarrow}D{\rightarrow}E$ 和 $E{\rightarrow}A$，如图 8-3 所示。

若系统频率升高，风力发电机组在虚拟惯性控制下，其功率跟踪曲线比例系数将由 k_{opt} 迅速减小至最低值 $k_{\text{VIC\_min}}$，即功率跟踪曲线由 P_{opt} 快速切换到 $P_{\text{VIC\_min}}$，对应的机组有功输出由 P_A 突变到 P_D；由于发电机输出的电磁功率小于风力机捕获的机械功率，转速升高，输出功率由 D 点沿功率跟踪曲线 $P_{\text{VIC\_min}}$ 升高至 E 点；随着系统一次调频使得频率误差 Δf 逐渐减小，k_{VIC} 由 $k_{\text{VIC\_min}}$ 逐渐恢复至 k_{opt}，对应的功率跟踪曲线由 $P_{\text{VIC\_min}}$ 逐渐且缓慢切换回 P_{opt}，风力发电机组运行点沿着曲线 EA 平稳返回至 A 点，恢复至最大功率跟踪状态。风力发电机组在此惯性支持过程中，会出现转速升高，当转速达到风力机最大转速 ω_{max} 后，机组需启动桨距控制，减小捕获风能，限制转速继续增加，避免机组出现机械极限。

与传统的同步发电机组不同，变速风力发电机组在最大功率跟踪控制下，发电机转速跟随风速变化，因此风力发电机组提供惯性响应的能力取决于机组的初始运行条件。在风速较低时，由于风力机转速过低，而无法释放动能，但却能够吸收大量动能，为抑制系统频率升高提供较大的惯性支持。对于风力发电机组的惯性响应，可利用的动能范围可限定如下

$$\left[\frac{1}{2}J_{\text{w}}(\omega_{\text{r0}}^2-\omega_{\text{max}}^2),\frac{1}{2}J_{\text{w}}(\omega_{\text{r0}}^2-\omega_{\text{min}}^2)\right]$$

为确保风力发电机组在惯性控制过程中，机组动能的释放或吸收不超出上述限制，并保证功率跟踪曲线在任意风速下都有稳定工作点，需对 k_{VIC} 的幅值进行限制，对应的功率跟踪曲线分别为 $P_{\text{VIC\_min}}$ 和 $P_{\text{VIC\_max}}$，如图 8-3 所示。在功率跟踪曲线限定范围内，风力发电机组可根据系统需求，虚拟出不同的惯性响应，对系统提供惯性支持，即使风速变化，风力发电机组仍可安全运行。

基于功率跟踪优化的虚拟惯性控制策略的结构框图如图 8-4 所示。其中，频率的隔直环节可避免风力发电机组在电网稳态频率误差时参与调节。

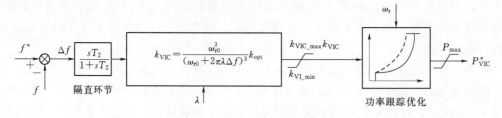

图 8-4　变速风力发电机组虚拟惯性控制结构框图

综上所述，该虚拟惯性控制策略适用于两种典型的变速风力发电机组，使得机组可以根据电网频率变化和当前运行状态，实时调节功率跟踪曲线，向电网提供动态功率支撑，并通过释放或储存转子动能来缓解电网的频率突变。该控制策略充分利用了变速风力发电

机组的快速有功调节能力,使风力发电机组在电力系统有功扰动过程中能够产生有效的动态频率支持,从而改善了风力发电场接入电网后降低系统惯量的不利影响。此外,通过对最大功率跟踪控制的优化,将风力发电机组的惯性控制与传统的最大功率跟踪控制集成为一体,无需附加控制器且简化了控制结构,不仅避免了两种控制在动态调节过程中的相互影响,而且使得控制器参数更易设计。

8.4 对系统功率振荡的阻尼控制

电力系统低频振荡对系统的安全稳定运行有重要影响。目前电力系统稳定器(Power System Stabilizer,PSS)已经广泛应用于常规同步发电机组,进而增强电网的阻尼特性。但对于采用最大功率跟踪控制的变速风力发电机组,其有功功率输出仅与风速有关,对电网功率振荡仍没有任何响应措施,因而缺乏对系统功率振荡的抑制能力。对于风电装机比例较高的区域电网,这一问题将变得更加突出。因此,变速风力发电机组具备抑制系统功率振荡的能力,同样是"电网友好型"风电场必须具有的特性。

虽然变速风力发电机组通过电力电子变流器能够隔离系统功率振荡对风力发电机的影响,但在风电渗透率较高的区域电网内,由于风力发电机组缺乏有效的抑制手段,在常规同步发电机组阻尼能力不足的情况下,一旦电网受到故障或扰动,风力发电功率的波动性、不具备低电压穿越能力的风力发电机组的解列等都会加剧其所在区域电网内同步发电机所承受的振荡功率,因而更容易引发系统的持续振荡。因此,为降低风电接入电网后的运行风险,有必要进一步挖掘基于电力电子变流器的变速恒频风力发电机组的控制潜力。通过改进现有变速恒频风力发电机组的控制策略,增加其对系统功率振荡的抑制能力,改善系统的阻尼特性,将对风电渗透率较高的区域电网的安全运行具有重要意义。

变速风力发电机组的阻尼控制需要风电场不仅应抑制小扰动下(如风速突变)引发的系统功率振荡,而且应能在大扰动下对暂态稳定有支持作用。目前关于变速风力发电机组在系统故障后的安全运行问题主要围绕如何提高风力发电机组自身的低电压穿越特性进行研究。然而,电网故障除了可能造成风力发电机组端电压跌落,也可能引起系统功率振荡。关于大规模风力发电场接入系统后,对系统阻尼特性影响的研究,多采用特征值分析的方法分析 DFIG 风力发电机组对系统区域间振荡模态阻尼的影响,但对于故障引起的功率振荡对风力发电机组变流器安全运行的影响,以及风力发电机组对功率振荡的抑制作用的原理尚缺乏理论分析。

为确保风力发电机组在系统故障后以及在功率振荡过程中能够安全运行,进而对电网提供功率支持,本节分析了电网故障对变速风力发电机组运行的影响,并提出变速风力发电机组故障穿越的解决方案。其次,分别分析了变速风力发电机组通过有功、无功调节增加系统阻尼的原理,并进一步提出了风力发电机组基于有功、无功附加控制的阻尼控制策略。

8.4.1 阻尼控制原理分析

8.4.1.1 有功阻尼控制原理分析

变速风力发电机组在传统最大功率跟踪控制下,向电网注入有功。而现有的控制系统针对阻尼系统低频振荡并没有任何响应措施。因此，在风电装机比例较高的区域电网中势必存在缺乏阻尼的问题。然而，PMSG 风力发电机组具备有功、无功独立调节能力，可通过增加辅助的功率控制，向系统注入阻尼功率，从而弥补其对功率振荡缺乏抑制能力的缺点。下面分析变速风力发电机组通过有功控制增加系统阻尼的原理。

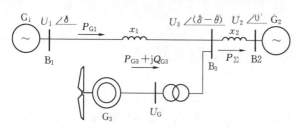

图 8-5　变速风力发电机并网等值电路图

图 8-5 为变速风力发电机的并网等值电路图，其中，U_G 为 PMSG 接入点电压，U_1、U_2 和 U_3 分别为母线 B_1、B_2 和 B_3 的电压，θ 为 U_1 与 U_3 间的相角差；δ 为 U_1 与 U_2 的相角差。θ_0、δ_0、U_{G0} 分别为 θ、δ、U_G 的初始值；x_1、x_2 分别为线路电抗参数。

同步发电机 G_1 的有功、无功输出可分别表示为

$$P_{G1} = \frac{U_1 U_3}{x_1} \sin\theta \tag{8-27}$$

$$Q_{G1} = \frac{U_1 U_3}{x_1} \cos\theta - \frac{U_3^2}{x_1} \tag{8-28}$$

设母线 B_2 为该区域电网的平衡节点，G_1 采用二阶经典模型且机械功率 P_m 恒定，则在标幺值系统下，G_1 的运动方程可写为

$$\begin{cases} 2H_{G1} \dfrac{d\omega_s}{dt} = P_m - P_{G1} - D(\omega_s - 1) \\[2mm] \dfrac{d\delta}{dt} = \omega_s - 1 \end{cases} \tag{8-29}$$

式中　H_{G1}——G_1 的惯性时间常数；

　　　D——阻尼系数；

　　　ω_s——G_1 的电角速度。

对式（8-29）求小扰动量，则 G_1 的小扰动运动方程为

$$2H_{G1} p^2 \Delta\delta + Dp\Delta\delta + \Delta P_{G1} = 0 \tag{8-30}$$

式中　ΔP_{G1}——G_1 有功变化量；

　　　p——微分因子。

线性化系统的电压动态稳定性会影响系统的衰减特性，但并不影响分析利用风力发电机组的有功调节改善系统阻尼特性的作用，为简化分析，变速风力发电机组的变流器无功电流控制环为定交流电压控制时，可认为风力发电场并网点电压 U_G 恒定，对式（8-27）求小扰动量可得

$$\Delta P_{G1} = \frac{U_1 U_3}{x_1} \cos\theta_0 \Delta\theta \tag{8-31}$$

由系统功率平衡关系可得

$$P_\Sigma = \frac{U_2 U_3}{x_2} \sin(\delta - \theta) = P_{G1} + P_{G3} \tag{8-32}$$

对式（8-32）求小扰动量得

$$\frac{U_3 U_2 \cos(\delta_0 - \theta_0)}{x_2}(\Delta\delta - \Delta\theta) = \Delta P_{G1} + \Delta P_{G3} \tag{8-33}$$

若变速风力发电机组的有功输出变化包含与角速度增量 $\Delta\omega_r$ 成正比的分量，设为

$$\Delta P_{G3} = -k_P p\Delta\delta = -k_P \Delta\omega_r \tag{8-34}$$

把式（8-31）、式（8-34）代入式（8-33）求得

$$\Delta\theta = a_0\Delta\delta + \frac{a_0 x_2 k_P}{U_3 U_2 \cos(\delta_0 - \theta_0)} p\Delta\delta \tag{8-35}$$

其中

$$a_0 = \frac{x_1 U_3 \cos(\delta_0 - \theta_0)}{x_2 U_1 \cos\theta_0 + x_1 U_2 \cos(\delta_0 - \theta_0)}$$

把式（8-35）代入式（8-31），则发电机 G_1 的有功增量为

$$\Delta P_{G1} = \frac{a_0 x_2 k_P U_1 \cos\theta_0}{x_1 U_2 \cos(\delta_0 - \theta_0)} p\Delta\delta + \frac{a_0 U_1 U_3}{x_1}\cos\theta_0 \Delta\delta \tag{8-36}$$

把式（8-36）代入式（8-30），则 G_1 的小扰动方程为

$$2H_{G1} p^2\Delta\delta + \left[D + \frac{a_0 x_2 k_P U_1 \cos\theta_0}{x_1 U_2 \cos(\delta_0 - \theta_0)} \right] p\Delta\delta + \frac{a_0 U_1 U_3}{x_1}\cos\theta_0 \Delta\delta = 0 \tag{8-37}$$

由式（8-37）可见，当 $k_P > 0$ 时，系统阻尼系数增加，进而使得系统阻尼特性得到改善。由（8-35）可知，变速风力发电机组通过对系统注入有功功率，改变了系统中同步发电机的功角变化。由式（8-36）可以看出，通过风力发电机组的有功功率调节，同步发电机电磁功率中产生了一个与角速度增量 $\Delta\omega_r$ 相关的功率分量。风力发电机组通过电磁功率调节抑制系统功率振荡的原因可以理解为，在功率振荡期间，通过风力发电机组有功功率调节，能够使系统中同步发电机对其功角摆动产生一个附加的阻尼力矩，起到抑制振荡的效果，进而增强了系统阻尼。

8.4.1.2 无功阻尼控制原理分析

对电力系统无功控制装置的研究表明，动态调节注入交流系统的无功可进一步增加系统阻尼，但必须以牺牲电网电压品质为代价。变速风力发电机组具备独立调节无功功率的能力，另外，由于无功控制对风力发电机组故障穿越影响不大，在系统电压允许波动和变流器容量范围内，可利用风力发电机组变流器无功控制迅速向电网提供无功支持，更快的抑制系统振荡。下面分析变速风力发电机组通过无功功率调节改善系统阻尼的原理。

为简化分析，认为变速风力发电机组动态注入电网的无功功率仅引起电网电压 U_{G1} 幅值变化，增量为 ΔU_{G1}。分别对式（8-27）、式（8-28）求小扰动量

$$\Delta P'_G = \frac{U_1 U_{30}}{x_1}\cos\theta_0 \Delta\theta + \frac{U_1}{x_1}\sin\theta_0 \Delta U_3 \tag{8-38}$$

$$\Delta Q'_G = -\frac{U_1 U_{30}}{x_1}\sin\theta_0 \Delta\theta - \frac{2U_{30} - U_1\cos\theta_0}{x_1}\Delta U_3 = \Delta Q_\theta + \Delta Q_v \tag{8-39}$$

式中，Q_θ 取决于 θ 角摆动，Q_v 取决于电压 U_3 的波动。故 PMSG 注入系统的无功功率即为 Q_v，设无功增量为

$$\Delta Q_{G3} = \Delta Q_v = -k_Q p\Delta\delta = -k_Q 2\pi\Delta f \tag{8-40}$$

式中　k_Q——无功阻尼控制系数。

则 ΔU_3 可表示为

$$\Delta U_3 = \frac{x_1 k_Q}{2U_{30} - U_1 \cos\theta_0} p\Delta\delta \tag{8-41}$$

由系统功率平衡关系可得

$$\frac{U_{30} U_2 \cos(\delta_0 - \theta_0)}{x_2}(\Delta\delta - \Delta\theta) + \frac{U_0 \sin(\delta_0 - \theta_0)}{x_2}\Delta U_3 = \Delta P'_{G1} \tag{8-42}$$

结合式（8-38）、式（8-41）可求得

$$\Delta\theta = a_0 \Delta\delta + a_1 \Delta U_G \tag{8-43}$$

其中

$$a_1 = \frac{x_1 U \sin(\delta_0 - \theta_0) - x_2 E' \sin\theta_0}{x_2 E' U_{G0} \cos\theta_0 + x_1 U U_{G0} \cos(\delta_0 - \theta_0)}$$

把式（8-41）、式（8-43）代入式（8-38）可得

$$\Delta P'_{G1} = \frac{a_3 x_1 k_Q}{2U_{30} - U_1 \cos\delta_0} p\Delta\delta + \frac{a_0 U_1 U_3}{x_1}\cos\theta_0 \Delta\delta \tag{8-44}$$

其中

$$a_3 = \frac{U_1 U_2 \sin\delta_0}{x_2 U_1 \cos\theta_0 + x_1 U_2 \cos(\delta_0 - \theta_0)} > 0$$

把式（8-44）代入式（8-30），则 G_1 的小扰动方程为

$$2H_{G1} p^2 \Delta\delta + \left(D + \frac{a_3 x_1 k_Q}{2U_{30} - U_1 \cos\delta_0}\right) p\Delta\delta + \frac{a_0 U_1 U_{30}}{x_1}\cos\theta_0 \Delta\delta = 0 \tag{8-45}$$

由式（8-45）可见，当 $k_Q > 0$ 时，系统阻尼系数增加，进而使得系统阻尼特性得到改善。由式（8-41）、式（8-43）可以看出，变速风力发电机组通过对系统注入无功功率，改变了风电场并网点电压，进而使得系统中同步发电机的功角发生变化。由式（8-44）可以看出，由风力发电机组对系统的无功注入引起的并网点电压变化，使得系统内同步发电机电磁功率中产生了一个与 $p\Delta\delta$ 相关的功率分量。因此，与风力发电机组利用有功调节增加系统阻尼的原理相似，在功率振荡期间，风力发电机组通过无功功率调节，同样能够使系统中同步发电机产生附加阻尼力矩，抑制其功角摆动，从而阻尼系统振荡。但无功阻尼控制也造成系统功率振荡期间，电网电压波动，因此，变速风力发电机组采用无功阻尼控制时，需考虑电网电压的动态稳定性。

8.4.2　阻尼控制策略

8.4.2.1　有功阻尼控制策略

系统功率振荡时变速风力发电机组可根据频率变化量调节转速为

$$\Delta\omega_r = -2\pi k_P \Delta f \tag{8-46}$$

式中　$\Delta\omega_r$——风力机角速度增量；

　　　k_P——风力发电机组有功阻尼控制系数。

风力发电机组在最大功率跟踪控制下，电磁功率的小扰动量可表示为

$$\Delta P_e = \begin{cases} -3k_{opt} k_P \omega_{r0}^2 \Delta\omega_r & ,\omega_0 < \omega_r < \omega_l \\ -\dfrac{(P_{max} - k_{opt}\omega_l^3)}{\omega_{max} - \omega_l} k_P \Delta\omega_r & ,\omega_l < \omega_r < \omega_{max} \\ 0 & ,\omega_r > \omega_{max} \end{cases} \tag{8-47}$$

因此，当按照式（8－46）调节风力发电机组的转速变化量时，产生的功率变化量 ΔP_e 满足式（8－34）要求，从而可改善系统阻尼。

以 PMSG 风力发电机组为例，图 8－6 为 PMSG 的有功阻尼控制结构框图，其中隔直环节可避免风力发电机组在电网稳态时参与调节。由于风力发电机组的有功阻尼控制会导致直流侧电压波动，因此电网发生扰动后，PMSG 应采取控制措施首先稳定直流电压。可通过改变最大功率跟踪曲线进而改变电磁功率的方法来稳定直流电压。

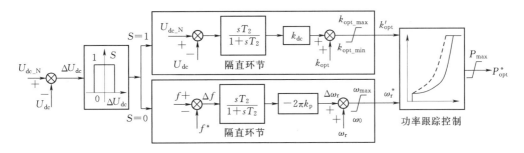

图 8－6　PMSG 的有功阻尼控制器结构框图

风力发电机组稳定运行时，开关函数 $S=0$，由于电网正常运行时频率偏差 $\Delta f \approx 0$，可通过隔直环节避免机组在电网稳态时参与调节，PMSG 的功率跟踪控制仍采用风力发电机角速度反馈信号 ω_r，捕获最大风能。电网发生扰动后，若直流电压波动超过允许范围，开关函数 $S=1$，此时 PMSG 根据直流电压偏差启动抑制直流电压波动控制，确保故障期间和有功阻尼控制启动后直流电压的稳定。待故障后直流电压稳定在允许范围内，开关函数信号重新恢复，即 $S=0$，此时若系统出现振荡，则 PMSG 根据电网频率偏差，在有功阻尼控制器作用下，快速调节有功输出，对电网注入阻尼功率。随着系统振荡衰减，PMSG 将重新回到最大功率跟踪运行状态。

由于变速风力发电机组稳态运行时，机组输出的有功功率均遵循最大功率跟踪控制，因此，该有功阻尼控制策略同样适用于 DFIG 风力发电机组。系统发生大扰动后，DFIG 风力发电机组借助 Crowbar 及直流侧卸荷电路实现故障穿越，待故障或电压跌落恢复并确定机组安全运行，风力发电机组可利用上述阻尼控制，通过调节 DFIG 的电磁功率，加速系统振荡衰减。

8.4.2.2　无功阻尼控制策略

以 PMSG 风力发电机组为例，无功阻尼控制器结构框图如图 8－7 所示。其中，隔直环节可消除稳态运行中电网频率误差对控制器的影响。为满足电网电压要求，同时避免控制器频繁投入，设置开关函数 S_1 和 S_2。若系统频率偏差超过设定值，且在电压波动允许范围内，启动无功附加阻尼控制器，PMSG 网侧变流器根据电网频率误差信号 Δf，快速向电网动态注入无功功率并满足式（8－40）要求，进而增加系统阻尼。电网发生扰动后，由于 PMSG 风力发电机组在协同控制方案 Ⅱ 下，直流侧电容电压波动较小，网侧变流器可利用其无功裕量，立即启动无功阻尼控制器，参与系统功率调节，加速振荡衰减。

DFIG 风力发电机组的无功阻尼控制器结构与图 8－7 所示相似。但 DFIG 风力发电机组故障期间转子侧变流器容易处于过压过流状态，风力发电机组需利用 Crowbar 电路将

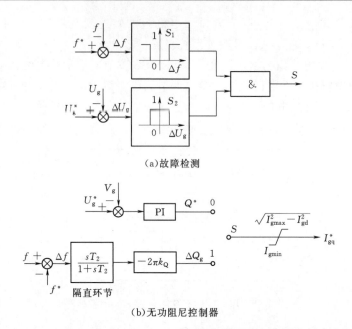

(a)故障检测

(b)无功阻尼控制器

图 8-7　PMSG 的无功阻尼控制器结构框图

DFIG 转子端部短接，进而阻断转子侧变流器，而网侧变流器虽然可等效为静止无功补偿器，但其容量有限，对电网提供无功支持的能力较弱。因此，DFIG 风力发电机组需待完成低电压穿越后，外部辅助电路切除并恢复正常运行，在不超过其无功功率极限的情况下，启动无功阻尼控制。

8.5　仿　真　算　例

8.5.1　DFIG 的无功补偿仿真

8.5.1.1　定功率因数控制仿真

图 8-8 给出了机端电压变化下 DFIG 定功率因数控制的仿真波形，仿真中功率因数分别设定为 $\cos\varphi^* = 1$、$\cos\varphi^* = 0.95$ 和 $\cos\varphi^* = -0.95$，电网电压从 0.9pu 变化至 1.1pu，风速不变。从仿真结果可以看出，随着机端电压升高，转子无功电流的限值范围变宽，即 DFIG 无功输出能力增强；此外，从图 8-8 中还可看出，定子侧无功输出能力不对称，定子侧吸收无功能力大于发出无功能力，转子无功电流接近零时，定子绕组提供励磁功率，功率因数为负。在风速不变的条件下，DFIG 定子侧输出有功功率和电机转差率都保持不变，仅取决于风力机转速控制规律，即功率风速特性曲线。仿真结果与前文理论分析一致。

图 8-9 给出了风速变化下 DFIG 定功率因数控制的仿真波形，仿真中功率因数分别设定为 $\cos\varphi^* = 1$、$\cos\varphi^* = 0.95$ 和 $\cos\varphi^* = -0.95$。从仿真结果可以看出，在风速变化条件下，功率因数很好地控制在参考值，DFIG 定子无功输出按给定功率因数随有功功率输

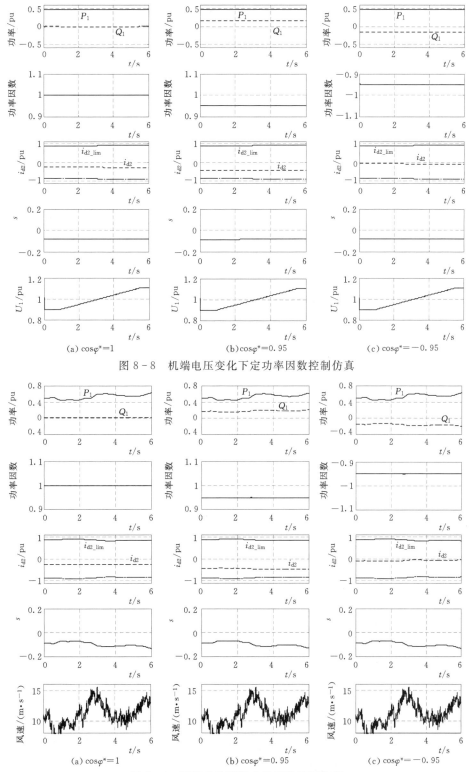

图 8-8　机端电压变化下定功率因数控制仿真

图 8-9　风速变化下定功率因数控制仿真

出变化，转子无功电流的限值范围也随之变化，输出有功功率越大，转子无功电流的限值
范围越窄，也与理论分析结果一致。

8.5.1.2　RSC 与 GSC 的无功协调控制仿真

图 8-10 给出了上述三种协调控制策略的仿真结果。仿真条件为，$t=1s$ 时刻，系统
电压从 1.0pu 跌落至 0.95pu；$t=3s$ 时刻，系统电压恢复，$t=5s$ 时刻，系统电压从
1.0pu 骤升至 1.05pu。从仿真结果可以看出，在换流器的容量允许范围内，三种协调控
制策略均很好地实现了机端电压的补偿控制，使机端电压稳定在 1.0pu。仿真中风速为
10m/s，机组有功功率输出较小，因而在转子换流器和网侧换流器的容量极限内，无功调
节能力较强。

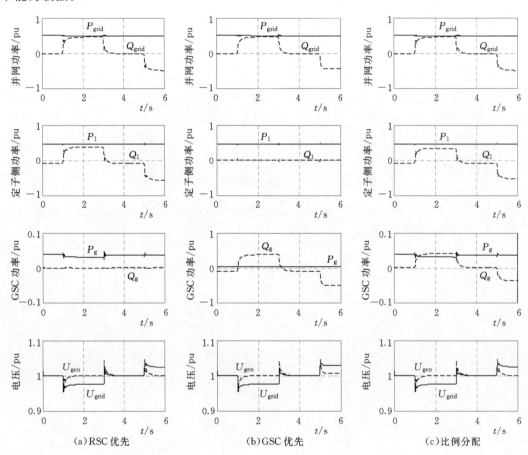

图 8-10　RSC 与 GSC 无功协调控制仿真

8.5.2　虚拟惯性控制仿真

8.5.2.1　仿真系统简介

仿真系统如图 8-11 所示，该系统包含一个风电场（200 台×2MW PMSG 风力发电
机组和 200 台×2MW DFIG 风力发电机组）和两个容量分别为 1500MVA 和 300MVA 的
火电厂（G_1、G_2），系统中风电渗透率约为 30%。负荷 L_1、L_2 和 L_3 容量分别为

1000MW、400MW 和 300MW。母线 B_2 为仿真系统的平衡节点,风电场和火电厂均视为等值机组,系统仿真参数详见表 8-1~表 8-4。仿真结果中功率、转速和电压均采用标幺值,选取各个发电厂的额定容量为其功率基值。下面分别给出系统有功突增、突减、风速变化时变速风力发电机组采用虚拟惯性控制的动态频率响应的仿真结果,以及与容量和转动惯量相同的常规同步发电机组的动态频率响应进行对比的仿真结果,最后通过与附加惯性控制的对比,分析两种惯性控制方案各自的特点。

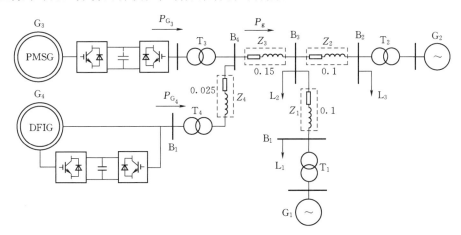

图 8-11 虚拟惯性控制仿真系统结构图

表 8-1   **2MW DFIG 参数**

R_s/pu	L_s/pu	R_r/pu	L_r/pu	L_m/pu	H/s
0.0108	0.102	0.01	0.11	3.362	3

表 8-2   **2MW PMSG 参数**

R_s/pu	L_s/pu	R_r/pu	L_r/pu	L_m/pu	H/s
0.0108	0.102	0.01	0.11	3.362	3

表 8-3   **同步发电机 G_1 参数**

X_d/pu	X_d'/pu	X_d''/pu	X_q/pu	X_q''/pu	R_s/pu
2	0.35	0.252	2.19	0.243	0.0045
X_l/pu	T_{d0}'/pu	T_{d0}''/pu	T_{q0}''/pu	H/s	
0.117	8	0.0681	0.9	5.2	

表 8-4   **同步发电机 G_2 参数**

X_d/pu	X_d'/pu	X_d''/pu	X_q/pu	X_q'/pu	X_q''/pu	R_s/pu
2.13	0.308	0.234	2.07	0.906	0.234	0.005
X_l/pu	T_{d0}'/pu	T_{d0}''/pu	T_{q0}'/pu	T_{q0}''/pu	H/s	
0.117	6.09	0.033	1.653	0.029	3.84	

8.5.2.2　负荷突增时的仿真分析

为简化分析，假定风速为 8m/s。两个风电场 G_3、G_4 采用相同的控制策略，初始运行在最大功率跟踪状态。负荷 L_1 在 3.0s 时刻由 500MW 突增至 700MW，使系统频率降低。当系统频率偏差大于 0.05Hz 时，变速风力发电机组启动虚拟惯性控制，控制过程中取 $\lambda = 7$，即风电场在系统频率变化过程中虚拟出约为自身固有惯量 7 倍的等效惯量。

图 8-12 为变速风力发电机组采用虚拟惯性控制与传统最大功率跟踪控制的系统频率响应对比。由系统频率响应可得，变速风力发电机组采用虚拟惯性控制后，系统频率的下降率明显减小，频率最低值由 49.55Hz 提高至 49.84Hz，频率的幅值变化减少了 64.4%，即两个风力发电场在系统频率动态过程中对电网起到了明显的惯性支持作用。

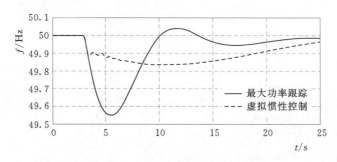

图 8-12　负荷 L_1 突增 200MW 后系统的频率响应对比

图 8-13 为变速风力发电机组采用虚拟惯性控制前后，风电场汇流母线 B_4 有功 P_g、PMSG 转速 ω_r、功率跟踪比例系数 k_{VIC} 的动态响应对比。由于 DFIG 风力发电机组与

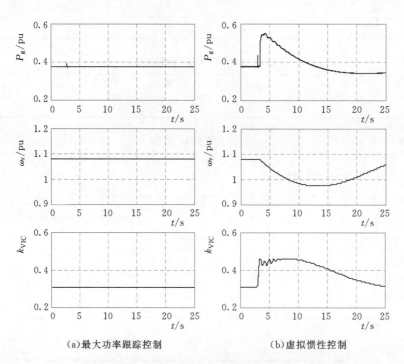

（a）最大功率跟踪控制　　　　　　（b）虚拟惯性控制

图 8-13　负荷 L_1 突增 200MW 后风力发电场动态响应对比

PMSG 风力发电机组运行状态基本一样，因此图 8-13 仅给出了两个风力发电场汇流母线传输的功率，以及 PMSG 风力发电机组的动态响应，进而对比变速风力发电机组采用虚拟惯性控制前后的动态响应。由图 8-13 可以看出，变速风力发电机组在传统最大功率跟踪控制下，风电场对系统频率变化几乎没有响应；采用所提虚拟惯性控制后，由风电场的功率响应和 PMSG 的风力机转速可以看出，两个风电场汇流母线的功率瞬时增加约为 0.16pu，快速补偿了系统的功率缺额，使得 PMSG 转子转速降低，下降幅度约为 0.09pu，从而释放出机组储存的动能，实现了对系统的惯性支持。在频率变化初期时，功率曲线系数 k_{VIC} 迅速增加至最大值，并始终处于虚拟惯性控制限定范围内，保证风力发电机组在调节过程中的安全运行，随着系统频率回升，k_{VIC} 缓慢且平稳地降低至 k_{opt}，在整个频率恢复过程中，风力发电机组功率输出未出现波动，随着风力机转速的逐渐恢复，风力发电机组在频率回升的过程中最终平滑恢复至故障前的最大功率跟踪运行状态。

图 8-14 对比了变速风力发电机组采用虚拟惯性控制前后系统中同步发电机组 G_1、G_2 的功率响应。在 DFIG 机组无虚拟惯性控制情况下，G_1 作为系统平衡节点，负荷 L_1 突增导致 G_1 的有功输出迅速增加，由于原动机功率调节较慢，同步发电机的功率不平衡导致转速下降，即系统频率降低；当风力发电机组采用虚拟惯性控制后，由于风电场对系统快速的有功支持，分担了系统突变的功率，频率下降初期，G_1 的功率不平衡情况得到明显缓解，从而降低了频率的变化率及跌落幅值。仿真过程中，G_2 的有功输出恒定，不承担系统调频任务，从 G_2 的有功输出响应对比可以看出，当变速风力发电机组参与系统频率调整后，其功率输出能够更快的恢复稳定。

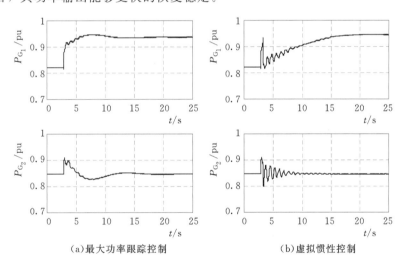

(a)最大功率跟踪控制　　　　　　　　(b)虚拟惯性控制

图 8-14　负荷突增 200MW 后发电机 G_1、G_2 功率响应对比

8.5.2.3　负荷突减时的仿真分析

假定风速为 8m/s。两个风电场 G_3、G_4 采用相同的控制策略，初始运行在最大功率跟踪状态。负荷 L_1 在 3.0s 时刻由 500MW 突减至 300MW，使系统频率上升。当系统频率偏差大于 0.05Hz 时，变速风力发电机组启动所提虚拟惯性控制，控制过程中取 $\lambda = 7$，

25.0s 之后风力发电机组恢复最大功率跟踪运行状态，仿真结果如图 8-15～图 8-17所示。

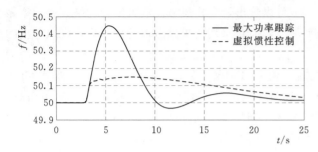

图 8-15　负荷 L_1 突减 200MW 后系统的频率响应对比

图 8-15 为风电场采用虚拟惯性控制与传统最大功率跟踪控制的系统频率响应的对比。采用虚拟惯性控制后，系统频率上升速率得到明显减缓，频率上升的最高值由 50.44Hz 下降至 50.15Hz，频率的幅值变化减少了 65.9%，风力发电机组在系统频率上升时同样能够起到明显的惯性支持作用。

图 8-16 对风电场汇流母线 B_4 有功 P_g、DFIG 转速及功率跟踪曲线的比例系数作了对比。如图 8-16 所示，变速风力发电机组采用虚拟惯性控制后，风电场汇流母线功率瞬时减小约为 0.13pu，而基于 DFIG 机组的风电场风力机转速上升约为 0.09pu，通过风力发电机组存储动能有效削减了系统的频率增量。

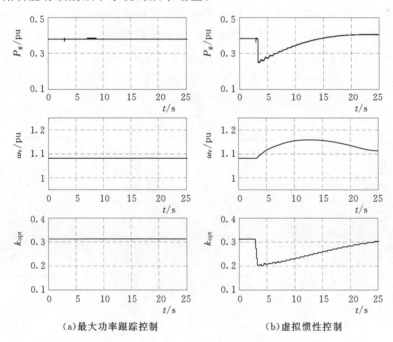

（a）最大功率跟踪控制　　　　　（b）虚拟惯性控制

图 8-16　负荷 L_1 突减 200MW 后风力发电场动态响应对比

图 8-17 为同步发电机组 G_1、G_2 的有功功率输出响应对比，当变速风力发电机组采用所提虚拟惯性控制后，在频率上升初期，风力发电机组有功功率的突减，快速分担了系统中同步发电机的不平衡功率，即明显减小了 G_1 有功输出的变化率，从而缓解了系统频率变化，进而使 G_2 的有功输出能够迅速达到稳定，从而提高了系统稳定性。

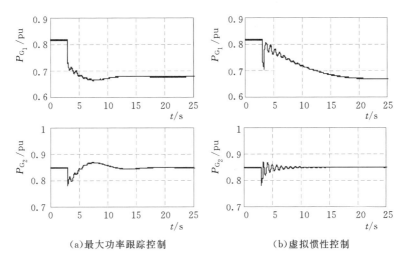

(a)最大功率跟踪控制 (b)虚拟惯性控制

图 8-17 负荷突减 200MW 后发电机 G_1、G_2 功率响应对比

8.5.2.4 风速变化时的仿真分析

假定初始风速为 11m/s。变速风力发电机组在高风速情况下，运行在转速恒定区。3.0s 时刻，基于 PMSG 风力发电机组的风力发电场风速由 11m/s 下降为 9m/s，基于 DFIG 风力发电机组的风电场风速保持不变。由于风速突减，使得风力发电机组输出功率降低，引起了系统功率不平衡，导致系统频率降低。当系统频率偏差大于 0.05Hz 时，变速风力发电机组启动所提虚拟惯性控制，控制过程中取 $\lambda = 7$。变速风力发电机组分别采用传统最大功率跟踪控制和所提虚拟惯性控制时，系统频率响应以及两个风电场的功率输出、风力机转速及功率跟踪曲线比例系数的动态响应对比，如图 8-18~图 8-20 所示。

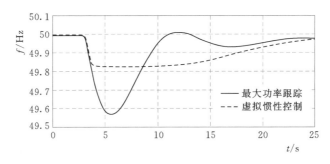

图 8-18 风速降低后系统的频率响应对比

由于风电场的初始风速为 11m/s，风力发电机组运行在转速恒定区，由变速风力发电机最大功率跟踪控制，风力机转速接近最大值。由于在转速恒定区内，风力机转速几乎保持不变，因此风力发电机组无法利用其转子储能系统抑制因风速波动引起的机组输出功率不稳定。如图 8-18 所示，PMSG 风力发电机组运行在转速恒定区，风力机转速接近最大值，当 3.0s 时刻，风速出现较大变化时，PMSG 风力发电机组由于转速不变，无法利用机组自身惯量抑制功率波动，导致机组的输出功率随风速快速下降，使系统出现了约 120MW 的功率缺额，进而造成系统因损失较大的风电功率而出现频率下降。又由于两个

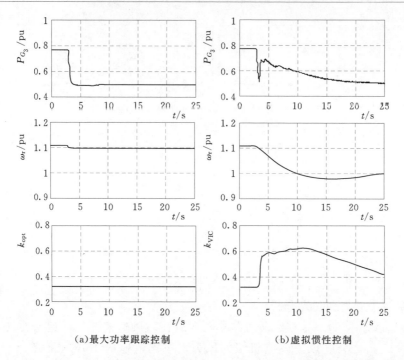

（a）最大功率跟踪控制　　　　　　　（b）虚拟惯性控制

图 8-19　风速降低后 PMSG 风力发电机组的动态响应对比

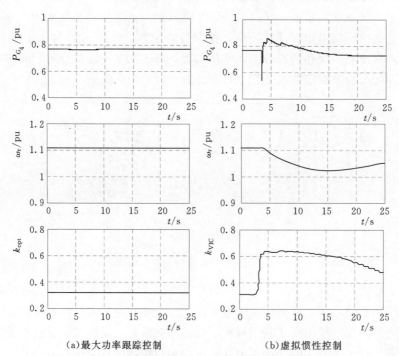

（a）最大功率跟踪控制　　　　　　　（b）虚拟惯性控制

图 8-20　风速降低后 DFIG 风力发电机组的动态响应对比

风电场在最大功率跟踪控制下，均不具备对系统的惯性响应能力，由图 8-18 可以看出，系统因缺乏有效惯性造成频率出现较大的跌落，下降幅度约为 0.48Hz。

图 8-19、图 8-20 分别对比了 PMSG 和 DFIG 风力发电机组采用虚拟惯性控制前后

的动态响应。当 PMSG 风力发电机组风速下降引起系统频率跌落后，两种变速风力发电机组在传统最大功率跟踪控制下，风力机转速均保持不变，因此，两个风电场对系统几乎没有惯性支持；当 PMSG 风力发电机组采用虚拟惯性控制后，通过功率跟踪曲线的切换，机组输出的电磁功率的下降速度得到了明显减缓，风力机转速也出现明显降低，进而通过释放机组储存的动能，抑制了自身的功率波动，同时对系统起到了惯性支持的作用；DFIG 风力发电机组在虚拟惯性控制下，机组输出电磁功率突增，从而分担了系统出现的功率缺额，并通过降低风力机转速，释放机组存储的动能，对系统进行惯性支持。如图 8 -18 所示，在两个风电场共同提供惯性支持的情况下，系统频率跌落幅度由 0.48 Hz 减小至 0.18 Hz，同时变化率明显降低。

此外，由图 8-19 可以看出，风电机组在高风速时，受机械部分极限限制，风力机维持最大转速，机组不再变速运行，捕获最大风能，从而也无法利用自身惯性缓解风速变化引起的功率波动，因此，高风速时风力发电机组因无法利用自身惯量而不易实现稳定的功率输出，进而其所在区域电网内更容易出现频率波动。然而，变速风力发电机组采用所提虚拟惯性控制策略后，其功率输出的变化率能够得到了明显降低，使得风力发电机组在高风速且风速出现变化时仍具有可控的惯性，从而抑制自身的功率波动，不仅改善了高风速时，风力发电机组自身缺乏惯性的不利影响，并且对系统的惯性可以起到有效的支持作用。

8.5.2.5 变速风力发电机组与同步发电机组的频率响应对比分析

为进一步验证虚拟惯性控制策略对变速风力发电机组惯性控制的效果，采用四种案例进行对比，情况如下：

（1）Case A：G_3、G_4 均为常规同步发电机组，其容量和固有惯量分别与两种变速风力发电机组相同。

（2）Case B：G_3、G_4 分别为 PMSG 和 DFIG 风力发电机组，且始终处于传统最大功率跟踪控制状态。

（3）Case C：G_3、G_4 分别为 PMSG 和 DFIG 风力发电机组，采用所提虚拟惯性控制，且 $\lambda = 5$。

（4）Case D：G_3、G_4 分别为 PMSG 和 DFIG 风力发电机组，采用所提虚拟惯性控制，且 $\lambda = 7$。

风电场初始风速为 8 m/s。仿真通过负载 L_1 在 3.0s 时刻由 500MW 突增至 700MW，引起系统频率跌落。在 Case A～Case D 四种情况下的系统频率响应如图 8-21 所示，分别为 f_a、f_b、f_c、f_d。

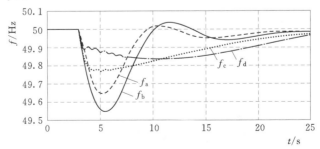

图 8-21　风速降低后 DFIG 风力发电机组的动态响应对比

由图 8 - 21 可见，基于变速风力发电机组的风电场接入电网后，导致系统惯量降低，相比于 G_3、G_4 均为常规同步发电机组时的系统频率响应 f_a，频率响应 f_b 下降更快且降幅较大，最大频差约为 0.45Hz；当风电场采用虚拟惯性控制技术后（Case C、Case D），在相同条件下系统频率的下降幅度和变化率均得到了明显改善，风电场对系统惯性的支持作用明显，系统的频率稳定性得到了显著提高。由于变速风力发电机组在虚拟惯性控制下能够虚拟出比自身惯量更大的惯性响应，在 Case C 中，控制过程中设定 $\lambda = 5$，即风电场在系统频率变化过程中虚拟出约为自身固有惯量 5 倍的等效惯量，因此，与 Case A 相比，系统频率响应 f_c 甚至优于 G_3、G_4 均为常规同步发电机组时的系统频率响应 f_a，如图 8 - 21 所示，系统频差由 0.35Hz 减小至 0.22Hz。

另外，变速风力发电机组可以通过转速调节系数 λ 调节频率动态过程中机组虚拟惯量的大小，由频率响应 f_c、f_d 可以看出，风力发电机组虚拟出的惯性越大抑制系统频率下降的作用越显著，风力发电机组完成惯性响应后的恢复速度也会相应降低，进而会影响系统频率的恢复速度，如图 8 - 21 所示，与 f_c 相比，f_d 降低幅度更小，最大频差约为 0.15Hz，但其恢复速度也相对较慢。因此，变速风力发电机组应根据电网实际运行情况，控制自身的惯性响应，进而满足系统频率稳定性的要求。

8.5.2.6　基于功率跟踪优化的虚拟惯性控制与附加惯性控制的对比分析

以上仿真结果验证了虚拟惯性控制策略对变速风力发电机组的虚拟惯性的有效控制。为进一步证明虚拟惯性控制方案具有的优势，下面通过与附加惯性控制进行对比，分析两种控制方案下系统频率和变速风力发电机组的动态响应。

风电场初始风速为 8m/s。仿真通过负载 L_1 在 3.0s 时刻由 500MW 突增至 700MW，引起系统频率跌落。通过 Case A～Case D 三个案例，对比变速风力发电机组在所提虚拟惯性控制和附加惯性控制下，系统频率和风力发电机组的动态响应，具体如下：

(1) Case A：G_3、G_4 始终处于传统最大功率跟踪控制状态。

(2) Case B：G_3、G_4 采用附加惯性。

(3) Case C：G_3、G_4 采用所提虚拟惯性控制。

图 8 - 22 (a) 中，由于变速风力发电机组在传统最大功率跟踪控制下，无法对系统提供惯性支持，负载突增后，在 Case A 中，系统频率出现大幅跌落。与 Case A 相比，在 Case B 和 Case C 中，变速风力发电机组在两种惯性控制下，系统频率跌落幅度和变化率均有所降低，但由于风力发电机组在所提虚拟惯性控制下，系统频差最小，且具有更为平稳的频率恢复特性，因此，通过三种仿真案例中系统频率响应的对比可以得出，所提虚拟惯性控制策略对于变速风力发电机组的惯性控制更为有效。

图 8 - 22 (b)～(d) 中，变速风力发电机组的功率输出、转速变化及最大功率跟踪与附加惯性控制的有功参考指令的动态响应，可以进一步得出所提虚拟惯性控制对风力发电机组惯性控制更为有效的原因。图 8 - 22 (b) 所示，风力发电机组在附加惯性控制下，机组对系统的有功支持仅持续了 4s，而所提虚拟惯性控制可以使风力发电机组持续提供约 9s 的功率支持，此外，在完成功率支持后，与附加惯性控制相比，风力发电机组的功率恢复更为平稳。导致风力发电机组在附加惯性控制下无法提供更为有效的功率支持的原因主要是在风力发电机组动态调节过程中，最大功率跟踪控制与附加控制间始终存在相互

影响。图 8-22（d）所示，当系统出现频率跌落，附加控制根据系统频率变化率，快速提供有功参考指令，使风力发电机组对系统提供功率支持，但由于此时机组电磁功率突然增加，导致风力机减速，由于最大功率跟踪控制有功参考指令 P^*_{opt} 随着转子转速而降低，从而削弱了附加惯性控制的作用，使得该控制方案未达到预期效果。另外，图 8-22（c）所示，由于附加惯性控制与最大功率跟踪控制间的相互作用，风力发电机组功率输出在系统频率恢复过程中出现了波动，不仅使得风力机转速出现了如图 8-22（c）所示的转速波动，同时也造成了系统频率恢复过程出现明显波动，如图 8-22（a）所示。

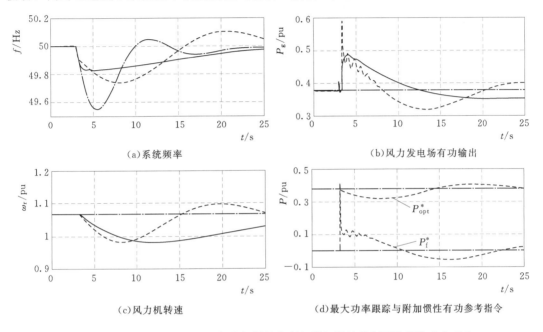

（a）系统频率

（b）风力发电场有功输出

（c）风力机转速

（d）最大功率跟踪与附加惯性有功参考指令

图 8-22　风力发电机组在所提虚拟惯性控制与附加惯性控制下的惯性响应对比
—·— Case A；---- Case B；—— Case C

8.5.3　阻尼控制仿真

为验证变速风力发电机组在本章所介绍的有功、无功阻尼控制方案下，对系统功率振荡的抑制能力，利用 Matlab/ Simulink 仿真软件建立了如图 8-23 所示的仿真系统，该系统包含一个风电场 G_3（300 台×2MW PMSG 风力发电机组或 300 台×2MW DFIG 风力发电机组）和两个容量分别为 300MVA 和 1200MVA 的火电厂（G_1、G_2），系统中风力发电渗透率约为 30%。母线 B_2 为仿真系统的平衡节点，风电场和火电厂均视为等值机组，仿真参数详见表 8-1～表 8-4。负荷 L_1、L_2 和 L_3 容量分别为 800MW、300MW 和300MW。仿真结果中功率、转速和电压均采用标幺值，选取各个发电厂的额定容量为其功率基值。下面分别给出风电场 G_3 为 PMSG 和 DFIG 风力发电机组时，风力发电机组在所提出的有功、无功阻尼控制和故障穿越控制的协调配合下，对系统功率振荡动态响应的仿真结果。为简化分析，假定风速为 8m/s，变速风力发电机组初始运行在最大功率跟踪运行状态。母线 B_4 在 3.0s 时刻，发生持续时间为 0.1s 的三相短路故障，进而引起系统持续性功率振荡。

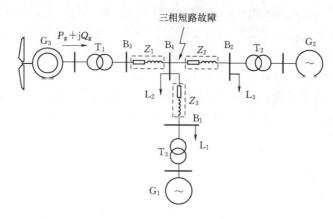

图 8 - 23　仿真系统结构图

8.5.3.1　PMSG 的阻尼控制

风电场 G_3 由 300 台×2MW PMSG 风力发电机组组成。图 8 - 24 为 PMSG 在传统最大功率控制、有功阻尼控制、无功阻尼控制三种方案下，母线 B_4 的电压幅值、全功率变流器的直流侧电压、PMSG 的有功输出、PMSG 的转速、网侧变流器的有功、无功输出及发电厂 G_1 的有功输出的动态响应曲线。

如图 8 - 24（a）所示，电网短路故障不仅造成了系统功率出现持续时间超过 10s 的振荡，而且造成 PMSG 网侧变流器输出功率 P_g 受限并出现振荡，由于 PMSG 电磁功率 P_s 无法与网侧变流器功率输出 P_g 保持平衡，导致直流侧电压波动幅度超过 50%，进而可能引起机组过压保护动作而停机。另外，由 PMSG 网侧变流器有功输出 P_g 和无功输出 Q_g 的动态响应可以看出，电网故障后，PMSG 风力发电机组在传统最大功率跟踪控制下，其有功功率对系统功率振荡几乎没有响应，而网侧变流器在直流电压恒定控制下，根据风力发电场并网点电压波动，能够向系统提供部分无功功率支持，但无法在系统功率振荡期间，参与功率调节，加速系统功率振荡衰减。

待短路故障结束后，直流电压恢复至允许波动范围内，有功阻尼控制器通过转速调节控制 PMSG 的有功输出，并经网侧变流器向系统注入阻尼功率，由 G_1 的功率响应可看出，在 PMSG 的有功阻尼控制下，G_1 的功率振荡衰减时间小于 5s，表明系统阻尼特性得到有效改善。但 PMSG 有功阻尼控制需调节其电磁功率，从而引起了转速波动，同时直流侧电压也会出现波动，因此需考虑有功阻尼控制与控制方法 I 间的协调配合，以确保风电机组在阻尼控制期间运行的稳定性。

由图 8 - 24（b）可知，PMSG 通过机侧变流器控制直流电压，根据直流侧功率的不平衡情况自动调整 PMSG 的电磁功率 P_s，可实现由机械储能系统承担变流器的功率不平衡，并提高风力发电机组的故障穿越能力。该方案控制器结构简单且直流电压波动的抑制效果更好。此时 PMSG 有功阻尼控制器作用于网侧变流器，使阻尼控制也更直接有效，在 PMSG 的有功阻尼控制下，G_1 的功率振荡衰减时间约为 5s，阻尼控制过程中同样存在转速波动的问题，但控制方法 I 相比，风力发电机组直流电压波动更小。

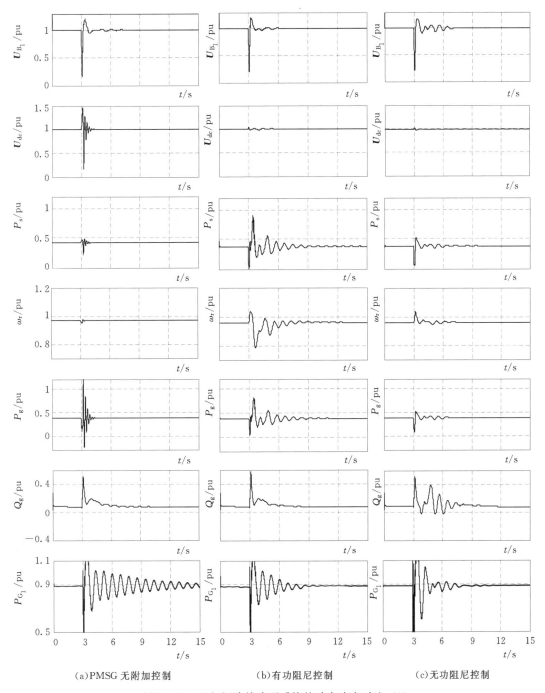

图 8-24 三相短路故障下系统的动态响应对比（1）

图 8-24（a）中，风力发电机组网侧变流器初始运行在电网电压恒定的控制模式，当电网电压跌落后，网侧变流器迅速向电网提供无功支持，进而抬升电网电压，但仍缺乏对系统功率振荡的抑制能力。由图 8-24（c）可以看出，当网侧变流器增加无功附加阻尼控制后，通过动态调节其无功输出，使 G_1 的功率振荡持续时间减小到约为 3s，对系统

功率振荡具有明显的抑制作用。但通过母线 B_4 电压的动态响应对比可以看出，风力发电机组采用无功阻尼控制后，引起了系统母线电压在功率振荡过程中出现一定程度的波动，但通过故障检测环节，在控制过程中实现与定交流电压控制模式间的切换，可有效避免无功动态调节引起电网电压的剧烈波动。

8.5.3.2　DFIG 的阻尼控制

风力发电场 G_3 由 300 台×2MW DFIG 风力发电机组组成。为验证在所提有功、无功阻尼控制策略下，DFIG 风力发电机组对系统功率振荡的抑制能力，仿真针对具有故障穿越能力的 DFIG 风力发电机组，在系统短路故障后的动态响应过程进行了对比分析。图 8-25（a）、（b）、（c）分别为 DFIG 风力发电机组在传统最大功率控制、有功阻尼控制、无功阻尼控制三种方案下，母线 B_4 的电压幅值、变流器直流侧电压、DFIG 的有功输出、DFIG 的无功输出及发电厂 G_1 的有功输出的动态响应曲线。

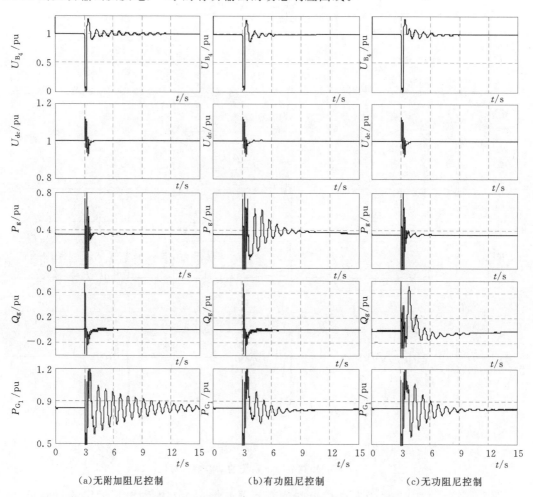

（a）无附加阻尼控制　　　　　（b）有功阻尼控制　　　　　（c）无功阻尼控制

图 8-25　三相短路故障下系统的动态响应对比（2）

电网发生短路故障后，DFIG 风力发电机组首先根据转子电流信号，投入 Crowbar 保护电路，避免转子侧变流器过流，同时利用直流侧卸荷电路，避免直流侧电压越限，保护

直流侧电容器。当故障结束后，切除 Crowbar 电路，转子变流器重新恢复至最大功率跟踪控制，此时直流侧卸荷电路可有效避免模式切换时引起的直流侧电压升高。由图 8 - 25 (a) 中变流器直流电压 U_{dc} 动态响应可以看出，采用上述故障穿越控制方案，可以保证 DFIG 风力发电机组在电网故障以及故障后功率振荡动态过程中安全运行。

DFIG 风力发电机组在恢复稳定运行后，通过转子侧变流器的有功阻尼控制，动态调节机组注入系统的有功功率。由图 8 - 25 (a) 和 (b) 的对比可以看出，在风力发电机组有功功率调节的影响下，系统持续时间超过 10s 的功率振荡减小至约为 4s，从而证明了系统阻尼特性在风力发电机组的有功参与下，得到了有效改善。

在恢复稳定运行后，DFIG 风力发电机组也可通过无功阻尼控制，加速系统振荡衰减。通过图 8 - 25 (a) 和 (c) 的对比可知，当转子侧变流器增加无功附加阻尼控制后，通过动态调节其无功输出，使 G_1 的功率振荡持续时间减小到约为 5s，对系统功率振荡具有明显的抑制作用，从而验证了 DFIG 风力发电机组在所提无功阻尼控制下，显著提高了机组对系统功率振荡的抑制能力。

第 9 章　基于 VSC‐HVDC 的风电场联网

9.1　概　　述

就目前的输电技术而言，风电场功率输送的方式主要有交流架空线路、基于晶闸管的相控换流器的高压直流输电（Line Commutated Converter based HVDC，LCC‐HVDC）和基于电压源换流器的高压直流输电技术（Voltage Source Converter based HVDC，VSC‐HVDC）。风力发电采用的交流接入系统技术较成熟、造价低，但存在一些固有的缺点。对于风电渗透率较高的电网，风电的接入改变了电网原有的潮流分布、线路传输功率，因此，对于交流电网的电压稳定性、暂态稳定性及频率稳定性都会产生直接影响。此外，由于风力资源分布不均，风电场一般呈基地式发展，大多数风力发电场位于边远地区、岛屿甚至无人区，需要经过长距离的输电才能将风功率送到负荷中心，而且这种地区大多处于电网末端，电网较为薄弱，大规模风电与弱电网之间的直接耦合对各自的稳定性都有较大影响，进一步限制了风电渗透率的增加；而对于远离陆地的海上风力发电场，长距离的海底电缆的大量容性电流将严重影响风电功率的送出能力，如果线路太长，甚至不能传输功率。

由于直流输电在可控性和稳定性方面具有明显优势，并且显著降低了交流电网故障对风电场的影响，在大规模风电联网和远距离输送方面有广阔应用前景。而基于电网换相的传统高压直流输电技术，需要电网提供换相电压才能正常工作。一般来说，交流电网在换流站安装点的短路比 SCR 至少大于 3 才能保证换流系统安全运行，对于风力发电场这种没有同步发电机的分布式电源，需要加装同步调相机对换流站母线进行部分无功控制。随着电力电子技术，特别是大容量、高开关频率的全控型电力电子器件的出现以及脉宽调制技术（PWM）的引入，基于电压源换流器的高压直流输电技术也随之产生。VSC‐HVDC 技术用于大规模风电场并网具有不受传输距离的限制、隔离线路两端网络减少故障之间的相互影响、可以自换相、运行不需要借助外部电源等诸多优点，成为大规模风电场并网，特别是海上风电场并网的理想方式。本章将介绍 VSC‐HVDC 的基本原理和数学模型，分析其换流站的不同控制方法，研究适用于风电场联网的多端 VSC‐HVDC 的协调控制策略，并进行仿真算例分析。

9.1.1　国内外发展现状

我国风力发电已进入大规模稳步发展阶段，大规模风电的并网与市场消纳将成为我国智能电网建设需重点解决的问题。我国规划的七大千万千瓦级风电基地，除江苏和河北能够自行消纳之外，其他地区则主要以外送为主。从大部分风电基地的送出规模、送出距离来看，高压直流甚至是特高压直流已经成为跨大区输电的必然选择。因此，为保障大规模风电的接入和消纳，在交流电网中将会嵌入多条直流线路，并可能形成多个送端、多个受端的多馈线直流输电系统。

　　随着海上风电的迅速发展，欧洲的风力发电也从"分散上网、就地消纳"转变为"集中建设、远距离输送"的大规模发展阶段。其中英国以优越的海上风能资源和强制性的新能源政策，被认为是全球最佳海上风能市场，目前英国海上风电市场占有份额已接近全球份额的一半，处于世界领先地位。英国已开展了 3 轮海上风电项目招标，其中第 1、2 轮海上风电项目在 20～30m 浅海区，通过交流输电与陆上联网；而第 3 轮 25GW 的海上风电计划则主要集中在 60m 的深海区域，由于离岸距离较远，规划的风电场大部分需通过直流输电联网，柔性直流输电将成为未来英国海上风电的主要联网方式。德国最近投运和规划的风电并网工程均采用柔性直流输电技术，由 ABB 承建的 BorWin 400MW 直流输电工程是目前世界上总装机容量最大、距离最远的海上风电并网工程，也是德国第一条柔性直流输电线路。目前正在规划中的连接英国和欧洲大陆的超级电网，将以高压直流输电为电网的主干，整合北海区域的新能源。柔性直流输电已成为远海风电场并网的最佳选择，并且经过多端直流系统对海上风电场进行汇集再和陆上电网相联将成为新的发展方向。

　　目前已投运的直流输电工程主要是连接两个稳定的强交流电网，对功率进行点对点输送。而用于风电场联网时，风电区域电网较弱、电场分散性强、风电功率波动大、多馈线系统的相互影响等问题对直流输电的控制和保护提出新的挑战。风电的直流联网有两种可选的技术方案：LCC - HVDC 和 VSC - HVDC。目前这两种技术方案各自有其优越性和局限性，适用于不同的应用范围。LCC - HVDC 技术在世界范围内已得到广泛应用，技术成熟，主要用于长距离大容量输电，或电网互联，但是目前还没有使用 LCC - HVDC 的风电联网工程。这项技术要求风电场侧换流站接入非常可靠的交流系统，以保障电网换相变流器在没有或是很小风速时能继续运行。当用于海上风电场联网不具备这一条件时，可以由柴油发电机或静止同步补偿器为变流器提供必要的换相电压。LCC - HVDC 由于需要大量的无功补偿和滤波装置，换流站较大，并且需要强交流电网支持换相，降低了其在容量 300MW 以下的中小型风电场联网中应用的可行性。而 VSC - HVDC 并不需要很强壮的交流电网，因为电压源变流器可以实现自主换相，甚至可以在空载电网中实现黑启动。此外，VSC - HVDC 可以实现有功和无功的解耦控制，对风电场提供无功支持。但电压源变流器开关频率为 1～2kHz，会导致较大的变流损耗，每个换流站可高达 2%；若风电场容量超过为 500MW，则需增加换流站数量。因此，根据目前技术水平，VSC - HVDC 是单个风电场联网或多个风电场互联的理想方案，而 LCC - HVDC 则是解决风电基地到负荷中心的大功率、远距离输送的有效途径。

　　VSC - HVDC 是近年发展起来的新型输电技术，在风电联网领域已引起广泛的学术关注，并且在国内外均已有实际风电联网工程投运。基于电压源换流器的高压直流输电技术于 1990 年由加拿大 McGill 大学 Boon - Teck Ooi 等人首次提出，其主要特点就是采用全控电力电子器件构成的电压源换流器（VSC）取代常规直流输电中基于半控晶闸管器件的电流源换流器。1997 年，ABB 公司首次实现了 VSC - HVDC 的实验性工程（Hallsjon 工程）的成功运行；1999 年，世界上第一个商业运行的 VSC - HVDC 工程在瑞典哥特兰岛投运。此后，VSC - HVDC 技术的工程化应用在世界范围内呈现出快速发展的趋势。表 9 - 1 列出了世界范围内具有代表性 VSC - HVDC 工程的主要技术指标。

表 9 - 1　　　　　世界范围内具有代表性 VSC - HVDC 工程的主要技术指标

工程名称	国家	投运（在建）时间	额定功率	两侧交流电源 /kV	直流电压 /kV	直流电流 /A	长度 /km	选择的主要原因
Hellsjon	瑞典	1997	3MW/3Mvar	10/10	±10	150	10	工业试验
Gotland	瑞典	1999	50MW/±30Mvar	80/80	±80	350	2×70	风力发电（电压支撑）、地下电缆
Directlink	澳大利亚	1999	3×60MW/±75Mvar	132/110	±80	342	6×59	风力发电并网示范工程
Tjaereborg	丹麦	2000	7.2MW/−3～+4Mvar	10.5/10.5	±9	358	2×4.3	风力发电并网示范工程
Eagle Pass	美国、墨西哥	2000	36MW/±36Mvar	132/132	±15.9	1100	背靠背	电力交易、系统互联、电压控制
Cross Sound Cat	美国	2002	330MW/±75Mvar	345/138	±150	1175	2×40	电力交易、系统互联、海底电缆
Murray link	澳大利亚	2002	200MW/+140～−150Mvar	132/220	±150	1400	2×180	电力交易、系统互联、地下电缆
Troll A	挪威	2004	40MW	132kv/50Hz, 56kv/0～63Hz	±60	—	4×70	向钻井平台供电和电机驱动、海底电缆
Estlink	爱沙尼亚、芬兰	2006	350MW	400/330	±150	1230	105	弱电网互联
Nord E. ON 1	德国	2009	400MW	170/380	±150	—	203	风电并网
Trans Bay Cable	美国	2010	400MW	400	±200	—	88	大城市供电
南汇工程	中国	2010	18MW	35	±30	300	10	风电并网

对于 VSC - HVDC 技术的命名，目前还没有统一的标准，在学术界，国际电力权威学术组织 CIGRE 和 IEEE 将其称之为 "VSC - HVDC"，即 "基于电压源换流器的高压直流输电技术"；在商业界，ABB 公司将其称为 "轻型直流（HVDC Light）"，并作为商标注册，西门子公司则将其称为 "HVDC - Plus"。2006 年 5 月，由中国电力科学研究院组织国内权威专家在北京召开 "柔性（轻型）直流输电系统关键技术研究框架研讨会"，会上，与会专家一致建议国内将该技术统一命名为 "柔性直流输电"，对应英文为 HVDC Flexible。由于 VSC - HVDC 具有快速的有功和无功独立控制，能大幅度提升风电场在交流系统发生故障情况下的低电压穿越能力，并为交流电网提供动态支撑作用。基于以上显著优势，VSC - HVDC 目前已成为国际上公认的海上风电场并网的最佳技术方案。

目前，国内对于 VSC - HVDC 的研究大都集中于数学建模、控制策略等方面，缺乏系统化研究，且对于实际工程中所需要的基础理论和关键技术研究相对较少。针对上述情况，在国家电网公司的支持下，我国唯一的 VSC - HVDC 示范工程于 2010 年投入运行。该工程将南汇海上风电场的风电功率通过 10km 的海底电缆输送到陆上书柔换流站，其额定功率为 18MW，直流电压为 ±30kV，两侧交流电压为 35kV。工程的投运为我国采用 VSC - HVDC 进行风电场并网积累了重要的经验数据，为今后大规模海上风电场的开发提供了有益的参考，有助于推动 VSC - HVDC 技术的进步。虽然远海风电场并不是我国目前风电发展的重点，但在 VSC - HVDC 系统基础上扩展而来的多端直流系统（Multi - Terminal HVDC，MTDC）为风电基地内的大型风电场之间的互联提供了新的思路。我国的大型风电基地一般位于远离负荷中心的区域电网，并且本地电网的消纳能力有限。风电场需要根据地理位置和容量进行互联与整合，形成相对独立的多个送电通道。但若每个风电场均通过一套完整的 VSC - HVDC 系统接入电网，造价较高。并且风电作为间歇性、随机性的电源，在大容量分散接入电网时，受端电网对多馈入系统的支撑能力不足，不利于系统安全稳定运行。因此，通过 VSC - MTDC 系统汇集风电功率，按一定"风火打捆"比例联合本地火电功率重新分配潮流，跨区域电网外送远方负荷中心消纳成为理想方案。当多个交流系统间采用直流互联时，需要多条直流输电线路，采用多端直流输电能够实现多电源供电、多落点受电，提供一种更灵活经济的送电方式。VSC - MTDC 系统虽然在运行灵活性、可靠性等方面比双端系统更具有技术优势，但是其控制策略也相对复杂。VSC - MTDC 系统中直流电压的稳定性直接决定着系统的运行特性和可靠性。因此，需深入研究 VSC - MTDC 在电网扰动时的协调控制策略，以及故障后的保护方案，从而利用多端直流系统有效协调风电基地内的风电功率，增加风电基地功率输送的可靠性和灵活性。

9.1.2　系统结构

　　VSC - HVDC 系统的一般结构如图 9 - 1 所示。VSC - HVDC 由两个或多个电压源换流站组成。换流站是进行交流和直流变换的枢纽，功率可以双向流动。VSC - HVDC 的主要设备包括电压源换流器、换相电感、交流开关设备、直流电容、直流开关设备、测量系统、控制和保护装备等。根据不同的需要，可能还会有输电线路、交/直流滤波器、平波电抗器、共模抑制电抗器等设备。

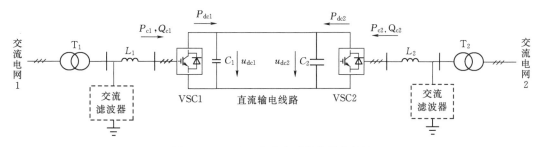

图 9 - 1　VSC - HVDC 系统的基本结构

　　VSC 是 VSC - HVDC 的最主要设备，使电能在交流功率和直流功率之间进行变换，根据其运行状态的不同可以分为整流站和逆变站，两者的结构一般是相同的，但功率流向不同。整流站和逆变站根据系统的运行要求，可以相互转变，即实现潮流反转。

　　换流变压器和换流电抗器是换流站和交流系统之间进行能量交换的纽带。换流变压器对电力电子换流器起到电压匹配和隔离的作用。换流变压器两端中必有一侧为接地系统，如 Y_n/Y 或者 $Y_n/\triangle$ 等，并带有分接头控制，可以隔离两端零序分量的相互影响。换流电抗器可以抑制换流站输出电压和电流的开关频率谐波量，在系统发生扰动或短路时，还可以抑制电流上升率和限制短路电流的峰值，但换流电抗器也影响换流站的功率输送能力。

交流滤波器的作用是滤除换流过程中在交流系统中产生的高次谐波。与传统直流输电不同，VSC - HVDC 采用 PWM 技术，换流器工作在高开关频率下，输出的电压和电流中只含有开关频率及其整数倍附近次谐波，而低次谐波很少，其谐波含量与调制方式、调制比、开关频率以及所采用的拓扑结构有关。交流滤波器与换流电抗、换流变压器以及系统阻抗相互作用，对高次谐波形成一个低阻通道，从而达到滤除谐波的目的。

直流电容器是 VSC - HVDC 的直流侧储能元件。它主要是为换流器提供直流电压、缓冲桥臂关断时的冲击电流、减小直流侧谐波，以及缓冲系统扰动时引起的直流电压波动。直流电容器的容量直接决定了 VSC - HVDC 直流侧的暂态运行特性。

直流输电线路是连接两个换流站进行能量传输的通道。VSC - HVDC 的输电线路与普通的直流输电线路基本相同，可以使用架空线路、电缆线路或者两者的组合。目前，ABB 公司投运的工程，大多采用电缆作为直流输电线路以减少故障。

9.1.3　基本原理

VSC 是 VSC - HVDC 系统的核心部件，其结构是基于全控型功率半导体器件的 PWM 变流器。目前投运的 VSC - HVDC 实际工程中，电压源换流器拓扑结构主要为两电平、二极管中点箝位型三电平结构以及模块化多电平（Modular Multilevel Converter，MMC）三种。可关断器件的开通、关断是通过各种调制策略来实现的，在 VSC - HVDC 中，通常采用正弦脉宽调制（Sine Pulse Width Modulation，SPWM）控制技术，可将其等效为受控的交流电压源，如图 9 - 2 所示。电压源变流器交流输出电压基频分量的幅值与相位可以通过调节 PWM 的脉宽调制比 M 和移相角度 δ 实现。

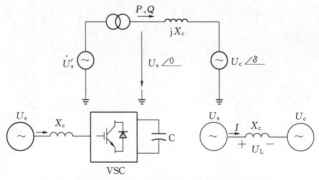

图 9 - 2　VSC 系统的等效电路及四象限运行

如图 9 - 2 所示，当忽略换流变压器和换流电抗器的电阻时，交流母线电压的基频分量 U_s 与 VSC 交流输出电压的基频分量 U_c 一起作用于换流变压器和换流电抗器的等效电抗 X_c，并决定了 VSC 与交流系统间交换的有功 P 和无功 Q 分别为

$$P = -\frac{U_s U_c}{X_c}\sin\delta \tag{9-1}$$

$$Q = \frac{U_{s}(U_{s} - U_{c}\cos\delta)}{X_{c}} \tag{9-2}$$

由式 (9-1) 可知: 当 $\delta < 0$ 时, VSC 运行于整流状态, 从交流电网吸收有功功率; 当 $\delta > 0$ 时, VSC 运行于逆变状态, 向交流电网发出有功功率。通过调节 δ 角可以控制 VSC - HVDC 传输有功功率的大小和方向。

由式 (9-2) 可知: 当 $U_{s} - U_{c}\cos\delta > 0$ 时, VSC 表现为感性, 向交流系统注入容性无功功率, 相量关系如图 9-3 (a) 和 (c) 所示; 当 $U_{s} - U_{c}\cos\delta < 0$ 时, VSC 表现为容性, 向交流系统注入感性无功, 向量关系如图 9-3 (b) 和 (d) 所示。通过调节 U_{c} 幅值可以控制 VSC 吸收或发出的无功功率。

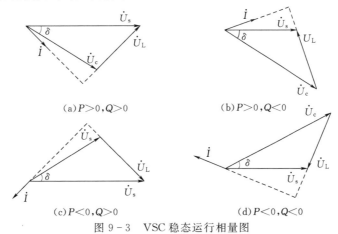

图 9-3 VSC 稳态运行相量图

综上所述, VSC 能够通过 PWM 控制有功和无功功率的输出, 有功功率传输主要取决于交流母线电压与换流器输出电压的夹角, 而无功功率的传输主要取决于换流器输出电压的幅值。从系统的角度看, VSC 可以看做是一个无转动惯量的发电机, 它几乎可以瞬时地独立调节有功功率和无功功率, 实现有功功率和无功功率的四象限运行。

9.2 VSC - HVDC 的建模

VSC - HVDC 的两个电压源型换流器结构完全相同且相互独立, 因此, 可以只分析一端系统。图 9-4 给出了 VSC - HVDC 一侧换流站的单线图。

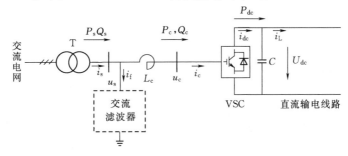

图 9-4 VSC - HVDC 一侧换流站单线图

图 9 - 4 中，下标 s 表示交流电网侧物理量，下标 c 表示换流站交流侧物理量，下标 dc 表示换流站直流侧物理量，下标 f 表示滤波器侧物理量。根据式（4 - 39），可得 abc 坐标系下的 VSC 模型为

$$L_c \frac{d\boldsymbol{I}_{c\_abc}}{dt} = \boldsymbol{U}_{s\_abc} - \boldsymbol{U}_{c\_abc} - R_c \boldsymbol{I}_{abc}$$

$$C \frac{dU_{dc}}{dt} = \lambda M_a i_a + \lambda M_b i_b + \lambda M_c i_c - I_L$$

(9 - 3)

其中

$$\boldsymbol{I}_{c\_abc} = \begin{bmatrix} i_{ca} \\ i_{cb} \\ i_{cc} \end{bmatrix}$$

$$\boldsymbol{U}_{s\_abc} = \begin{bmatrix} u_{sa} \\ u_{sb} \\ u_{sc} \end{bmatrix}$$

$$\boldsymbol{U}_{c\_abc} = \begin{bmatrix} u_{ca} \\ u_{cb} \\ u_{cc} \end{bmatrix} = \begin{bmatrix} \lambda M \dfrac{U_{dc}}{2} \cdot \cos(\omega t + \delta) \\ \lambda M \dfrac{U_{dc}}{2} \cdot \cos(\omega t - 120° + \delta) \\ \lambda M \dfrac{U_{dc}}{2} \cdot \cos(\omega t + 120° + \delta) \end{bmatrix}$$

分别控制 VSC 输出电压的调制比 M 和相角 δ 即可以实现对交流系统电流和直流电压的有效控制。根据瞬时无功功率理论，abc 三相静止坐标系下换流站与交流系统交换的有功和无功功率分别为

$$P_s = \begin{bmatrix} u_{sa} & u_{sb} & u_{sc} \end{bmatrix} \begin{bmatrix} i_{sa} \\ i_{sb} \\ i_{sc} \end{bmatrix}$$

(9 - 4)

$$Q_s = \frac{1}{\sqrt{3}} \begin{bmatrix} u_{sb} - u_{sc} & u_{sc} - u_{sa} & u_{sa} - u_{sb} \end{bmatrix} \begin{bmatrix} i_{sa} \\ i_{sb} \\ i_{sc} \end{bmatrix}$$

(9 - 5)

其中

$$\boldsymbol{I}_{s\_abc} = \boldsymbol{I}_{c\_abc} + \boldsymbol{I}_{f\_abc}$$

换流站交流侧功率为

$$P_c = \begin{bmatrix} u_{ca} & u_{cb} & u_{cc} \end{bmatrix} \begin{bmatrix} i_{ca} \\ i_{cb} \\ i_{cc} \end{bmatrix}$$

(9 - 6)

VSC - HVDC 直流侧功率表示为

$$P_{dc} = U_{dc} \left(C \frac{dU_{dc}}{dt} + i_L \right)$$

(9 - 7)

如果忽略换流站损耗，则交流系统注入到换流站的有功功率和换流站输出到直流网络中的有功功率应该相等，即

$$P_c = P_{dc}$$

(9 - 8)

根据式（5-46），可得 VSC 在 dq 坐标系的数学模型以矢量的方式表达如下，并可得到其 dq 坐标系下的等效电路如图 9-5 所示，其中滤波器以电容器为例。

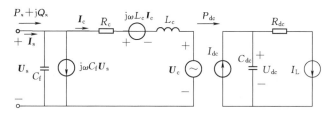

图 9-5 VSC 在同步旋转坐标系下的矢量等效电路

$$
\begin{cases}
\boldsymbol{U}_s = \boldsymbol{U}_c + R_c \boldsymbol{I}_c + j\omega L_c \boldsymbol{I}_c + L_c \dfrac{d\boldsymbol{I}_c}{dt} \\[2mm]
\boldsymbol{I}_s = \boldsymbol{I}_c + \boldsymbol{I}_f = \boldsymbol{I}_c + j\omega C_f \boldsymbol{U}_s + C_f \dfrac{d\boldsymbol{U}_s}{dt} \\[2mm]
P_s + jQ_s = \dfrac{3}{2} \boldsymbol{U}_s \hat{\boldsymbol{I}}_s \\[2mm]
C_{dc} \dfrac{dU_{dc}}{dt} = I_{dc} - I_L \\[2mm]
I_{dc} = P_{dc}/U_{dc} = (P_s - I_c^2 R_c)/U_{dc}
\end{cases}
\tag{9-9}
$$

其中

$$
\boldsymbol{U}_c = \begin{bmatrix} u_{cd} \\ u_{cq} \end{bmatrix} = \begin{bmatrix} \lambda M_d \dfrac{U_{dc}}{2} \\[2mm] \lambda M_q \dfrac{U_{dc}}{2} \end{bmatrix}
$$

可以看出，将 VSC 的数学模型从三相静止坐标系下变换到两相同步旋转坐标系下后，时变系数的微分方程变为常系数微分方程，且实现了有功功率和无功功率的解耦，有利于对系统进行理论分析和控制策略的研究。

9.3 VSC - HVDC 的控制策略

VSC - HVDC 系统在控制器结构、系统响应特性等方面都有别于常规直流输电。为了使 VSC - HVDC 具有良好的运行特性，就必须设计性能可靠的控制器。目前，VSC - HVDC 的控制方式分为基于电压幅值相位控制的直接控制和具有功率外环和电流内环的矢量控制。直接控制通过控制换流器交流侧输出电压基波的幅值和相位来达到控制目标，此控制方式结构简单，但是有功和无功不能实现解耦控制，交流侧电流动态响应慢、难以实现过电流限制。目前占据主导地位的 VSC - HVDC 控制方式是矢量控制，这种控制方式具有快速的电流响应特性、良好的内在限流能力，很适合应用于高压大功率 VSC - HVDC 系统中。本书分析的控制策略以矢量控制策略为重点。

在 VSC - HVDC 系统中，不同换流站的控制目标有所差异，但控制系统结构基本相同，图 9-6 为一端 VSC 换流站的矢量控制结构图。该矢量控制系统主要由外环控制器、内环电流控制器以及 PWM 控制等环节组成。VSC 换流站通过外环控制器内不同控制目标的切换来选择不同的运行模式，而其内环的电流控制和 PWM 控制是相同的。外环功率控制器跟踪系统给定的参考信号，其输出作为电流内环的参考信号。当 VSC 换流站用于连接交流电网传输恒定功率时，需运行于定有功功率模式，若连接电网较弱，还可对弱电网的交流电压进行控制；当 VSC 换流站用于连接风电场时，由于接收功率不定，需运行于电压源控制模式，在控制风电场并网点电压稳定的情况下接收风电的波动功率，即内坏电流的参考值是通过外环的电压控制来给定的；此外，VSC - HVDC 系统中至少有一端应工作于定直流电压模式，相当于平衡节点，以维持 HVDC 的直流系统中的功率平衡。外环控制器根据不同的运行模式来确定内环电流控制的参考值，内环控制器实现交流侧电流波形和相位的直接控制，快速跟踪参考电流，起到有功功率和无功功率的解耦控制和限电流作用。通过内环电流控制得到 VSC 交流侧电压的参考值，根据 PWM 原理，利用电流环输出的参考电压和同步相位信号产生换流器各桥臂的触发脉冲。下面对 VSC - HVDC 控制系统的内环电流控制和外环控制分别详细介绍。

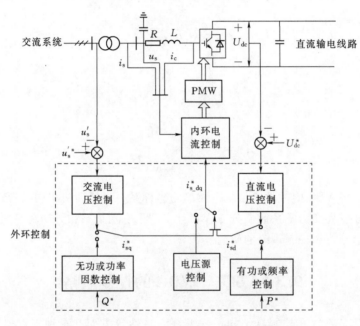

图 9 - 6　VSC - HVDC 矢量控制结构图

9.3.1　内环电流控制

与传统的 HVDC 不同，VSC - HVDC 可以实现有功功率和无功功率的解耦控制，相当于一个无转动惯量的发电机。由式（9 - 9）可见，通过旋转坐标变换及电压矢量定向，有功和无功可实现解耦控制，并且分别和电网交流电流的 d 轴与 q 轴分量相关。在 VSC 的矢量控制系统中，首先根据功率或电压的控制目标确定交流电流在同步旋转坐标系下的参考值，然后通过内环控制器实现对参考电流的快速准确跟踪，从而达到对 VSC - HVDC 系统的功率、电压灵活控制的目的。因此，内环电流控制器需根据外环控制给定的交流电流参考值计算出 VSC 应输出交流电压的参考值，作为 PWM 控制的参考电压信号。

为了便于分析，将式（9-9）改写为

$$\begin{cases} L\dfrac{\mathrm{d}i_{cd}}{\mathrm{d}t}=u_{sd}\quad u_{cd}-Ri_{cd}-\omega L_{c}i_{cq} \\ L\dfrac{\mathrm{d}i_{cq}}{\mathrm{d}t}=u_{sq}-u_{cq}-Ri_{cq}+\omega L_{c}i_{cd} \end{cases} \quad (9-10)$$

从式（9-10）可以看出，与有功、无功和 d 轴、q 轴电流的完全解耦不同，d 轴、q 轴的电流分量之间仍然存在着交叉耦合项 $\omega L_{c}i_{cd}$、$\omega L_{c}i_{cq}$。例如，仅需调节有功变化时，需调节 d 轴电流 i_{cd}，而 i_{cd} 的改变会引起 i_{cq} 的变化，从而无功也随之改变。因此，设计内环电流的 PI 控制器时，需考虑电流的交叉耦合项，避免 d 轴、q 轴电流在控制时的相互影响。电流内环中采用比例积分环节实现时，PI 调节器的输出为

$$\begin{cases} u_{PI\_d}^{*}=L_{c}\dfrac{\mathrm{d}i_{cd}}{\mathrm{d}t}+Ri_{cd}=k_{p}(i_{cd}^{*}-i_{cd})+k_{i}\displaystyle\int(i_{cd}^{*}-i_{cd})\mathrm{d}t \\ u_{PI\_q}^{*}=L_{c}\dfrac{\mathrm{d}i_{cq}}{\mathrm{d}t}+Ri_{cq}=k_{p}(i_{cq}^{*}-i_{cq})+k_{i}\displaystyle\int(i_{cq}^{*}-i_{cq})\mathrm{d}t \end{cases} \quad (9-11)$$

式中　　$u_{PI\_d}^{*}$、$u_{PI\_q}^{*}$——PI 调节器的输出；

$\quad\quad\quad i_{cd}^{*}$、$i_{cq}^{*}$——由外环控制器给定的电流内环参考值；

$\quad\quad\quad k_{p}$ 和 k_{i}——电流内环 PI 控制器的比例系数和积分系数。

通过引入 d 轴、q 轴电流的耦合补偿项 $\omega L_{c}i_{cd}$、$\omega L_{c}i_{cq}$ 以及对电网电压扰动项 u_{sd}、u_{sq} 对 PI 调节器的输出进行补偿，可以实现 d 轴、q 轴电流的解耦，提高系统的动态响应特性。解耦项为

$$\begin{cases} u_{cd}^{'}=u_{sd}-\omega L_{c}i_{cq} \\ u_{cq}^{'}=u_{sq}+\omega L_{c}i_{cd} \end{cases} \quad (9-12)$$

将式（9-11）、式（9-12）带入式（9-10）得 VSC 输出电压的 dq 轴分量参考值为

$$\begin{cases} u_{cd}^{*}=u_{cd}^{'}-u_{PI\_d}^{*} \\ u_{cq}^{*}=u_{cq}^{'}-u_{PI\_q}^{*} \end{cases} \quad (9-13)$$

式（9-13）以矢量的形式可表示为

$$\boldsymbol{U}_{c}^{*}=\boldsymbol{U}_{s}+\mathrm{j}\omega L_{c}\boldsymbol{I}_{c}-k_{p}(\boldsymbol{I}_{c}^{*}-\boldsymbol{I}_{c})-k_{i}\displaystyle\int(\boldsymbol{I}_{c}^{*}-\boldsymbol{I}_{c})\mathrm{d}t \quad (9-14)$$

对于 SPWM 调制，调制比的 d 轴、q 轴分量分别为

$$\begin{bmatrix} M_{d} \\ M_{q} \end{bmatrix}=\frac{2}{U_{dc}}\begin{bmatrix} u_{cd} \\ u_{cq} \end{bmatrix} \quad (9-15)$$

综上，可以得到基于同步旋转坐标的电流内环解耦控制框图，如图 9-7 所示。VSC 换流器采用电流解耦控制后，有功电流和无功电流相互独立控制，从而实现了有功功率和无功功率的解耦控制。

9.3.2　外环控制

内环电流控制实现了对交流电流的有功和无功分量的独立控制，而有功电流分量可以

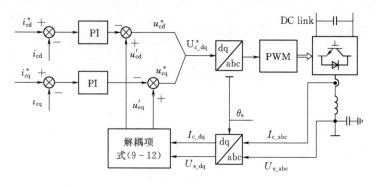

图 9-7　内环电流控制系统框图

用来调节有功或直流电压，无功电流分量可以用来调节无功或交流电网电压，因此 VSC 换流站有多种不同的运行模式，外环控制器的控制目标可以根据系统需求进行选择或自动切换。除上述有功电流外环的有功/直流电压，以及无功电流外环的无功/交流电压的不同控制目标外，当 VSC 侧连接风电场时，由于功率是变化的，无法给出外环控制器的功率参考值，因此需运行于电压源模式。此时，VSC 相当于稳定的电压源，汇集风电场的波动功率，外环控制器的控制目标为交流电压的幅值、相位或频率。当 VSC 交流侧有同步电网（有源网络）时，旋转坐标变换的角频率 ω、相位角 θ_s 由锁相环 PLL 计算得出；若 VSC 连接的风电场侧没有交流电网（无源网络）时，坐标变换的相位角 θ_s 由 VSC 的控制器自身决定，即 VSC 输出交流电压的相位和频率是有自身控制器决定的。下面将具体分析各种运行模式下的外环控制器。

1. 电压源控制

当 VSC 用于风电场联网时，风电场侧的换流站需要保持风电场交流侧电压和频率稳定，并且汇集所有的风电功率经直流网络输送到交流电网。由于 VSC 所接收的有功功率是随机波动的，没有具体的有功和无功指令，此时可将 VSC 运行于电压源模式，将风电场侧的交流电网电压作为控制目标。风电场侧 VSC 换流站运行于电压源模式时，可以自动汇集风电功率，而不需要区分有功、无功功率。

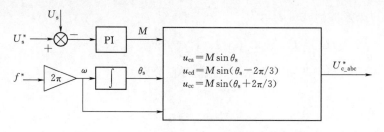

图 9-8　电压源模式的单环控制器结构框图

对于 VSC 的电压源运行模式，可以采用如图 9-8 所示的电压单环控制。但是对于大功率的 VSC 直流输电系统，电流内环对过载及故障时的电流限制有重要作用，并且具有相同的有电流内环也便于和其他运行模式实现快速切换。若仍采用电流内环控制，就需要根据交流电压控制给内环控制器提供参考电流指令。由式（9-9）可得

$$C_f \frac{\mathrm{d} \boldsymbol{U}_s}{\mathrm{d} t} = \boldsymbol{I}_s - \boldsymbol{I}_c - \mathrm{j} \omega_s C_f \boldsymbol{U}_s \tag{9-16}$$

与直流侧电压 U_{dc} 的控制类似，通过 PI 控制器调节电压 U_s 恒定的同时，可实现 VSC 的交流侧电流 I_c 对风电场侧电流 I_s 的动态跟踪，自动汇集风电场波动功率。外环交流电压矢量控制的框图如图 9 - 9 所示，根据系统交流电压的矢量控制可以计算内环电流控制的参考值。

在风电场侧的 VSC 启动时，可先采用电压单环控制建立系统电压，并入风电场后，为提高系统动态性能及有效限流，可切换为双环的电压矢量控制方式。

电压源控制的换流站用于汇集风电场功率，其功率输出限值由换流站容量决定，而内部限流和直流限压则根据换流站实际参数设定。对于风电场功不同功率输出时，该控制方式下的直流侧电压和电流的运行特性如图 9 - 10 所示。当交流电网侧的 VSC 换流站控制直流电压恒定时，可得到 HVDC 系统的稳态运行点。

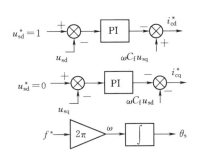

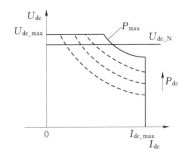

图 9 - 9　电压源模式的外环矢量控制结构框图　　图 9 - 10　定交流电压控制器运行特性

2. 定功率控制

将式（9 - 9）改写为

$$\begin{cases} P_s = \dfrac{3}{2} u_{sd} i_{sd} \\[2mm] Q_s = \dfrac{3}{2} u_{sd} i_{sq} \end{cases} \tag{9-17}$$

由式（9 - 17）可以看出，在三相电网电压平衡条件下，取电网电压矢量的方向为 d 轴方向时，分别控制 i_{sd} 和 i_{sq} 可以实现有功无功的独立调节。在外环定功率控制模式下，根据功率给定可以计算出电流 I_s 的参考值，减去滤波回路的电流 I_f 之后，即可计算出 VSC 交流侧电流给定 I_c^*，如图 9 - 11（a）所示。为了消除稳态误差，也可采用 PI 控制器进行调节，如图 9 - 11（b）所示。

根据式（9 - 9）分别设计有功、无功功率控制器的结构如图 9 - 11 所示。

采用定功率控制的 VSC 换流站的直流侧运行特性与电压源控制模式类似，如图 9 - 11 所示，只是功率大小不是随机波动的，而是由控制器给定的。根据有功给定值的大小可调节 HVDC 的功率输出，并且易于实现潮流反转。

在多端直流输电系统中，有的 VSC 换流站可能工作在定直流模式；在直流电压稳定的情况下，定功率控制也可看作定直流电流模式；此外，换流站达到限流时，也可看作定直流电流控制模式。其直流侧运行特性可用图 9 - 12 表示。

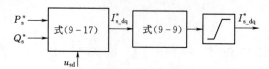

（a）直接计算内环电流指令

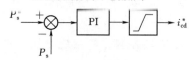

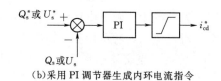

（b）采用 PI 调节器生成内环电流指令

图 9 - 11　定功率控制的外环控制框图

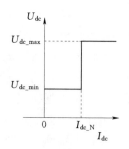

图 9 - 12　定直流电流控制运行特性

3. 定直流电压控制

在忽略换流器损耗时，换流器交流侧功率与直流侧功率平衡，即

$$P_{\mathrm{s}}=\frac{3}{2}u_{\mathrm{sd}}i_{\mathrm{sd}}=U_{\mathrm{dc}}I_{\mathrm{dc}} \qquad (9-18)$$

系统稳定时

$$I_{\mathrm{L}}=I_{\mathrm{dc}}=\frac{3}{2}\frac{u_{\mathrm{sd}}i_{\mathrm{sd}}}{U_{\mathrm{dc}}} \qquad (9-19)$$

若交直流有功功率出现不平衡，设功率差值为 ΔP，则有

$$\Delta P=\left|\frac{3}{2}u_{\mathrm{sd}}i_{\mathrm{sd}}-U_{\mathrm{dc}}I_{\mathrm{dc}}\right|=U_{\mathrm{dc}}C\frac{\mathrm{d}U_{\mathrm{dc}}}{\mathrm{d}t} \qquad (9-20)$$

从式（9 - 20）看出，交直流有功功率出现不平衡时，VSC - HVDC 直流电压变化率不为零，有功电流向直流侧电容充电（或者放电），引起直流电压的波动。因此，VSC - HVDC 直流电压的稳定是系统传输功率平衡的标志，VSC - HVDC 在运行时必须有一端作定直流电压控制。对于定直流电压控制的换流站而言，相当于一个有功功率平衡点。

定直流电压控制器的结构如图 9 - 13 所示。直流电压和直流电压参考值的偏差经过 PI 调节后作为有功电流的参考值。

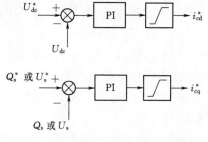
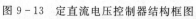

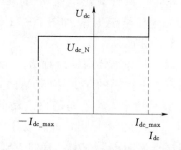

图 9 - 13　定直流电压控制器结构框图　　图 9 - 14　定直流电压控制器运行特性

如图 9 - 14 所示，采用定直流电压控制的 VSC 换流站是多端系统的功率平衡节点，

平衡功率波动、稳定直流电压，它的控制性能直接决定着多端系统的运行可靠性。

9.4 多端电压型直流输电

柔性直流输电系统的结构可以分为两端直流输电系统（VSC－HVDC）和多端直流输电系统（VSC－MTDC）两大类。VSC－HVDC 是只有一个整流站和一个逆变站的直流输电系统，即只有一个送端和受端，它与交流系统只有两个连接端口，是结构最简单的直流输电系统。而 VSC－MTDC 与交流系统有三个或三个以上的连接端口，即有三个或三个以上的换流站。大型风电基地通常分布区域广，各个风电场之间的距离较远，而本地电网一般比较薄弱，消纳能力有限。因此必须汇集大型风电基地内的风电功率，其中小部分本地消纳，而大部分可通过高压直流输电通道外送远方负荷中心消纳。但是风电场侧如果是无源网络或弱交流电网通常不能提供传统高压直流需要的换相容量，因此通过 VSC－MTDC 将风电功率汇集到直流网络后重新分配潮流成为一个最佳途径。

9.4.1 拓扑结构

VSC－MTDC 可以解决大规模风电场并网的问题。用于大规模风电并网的 VSC－MTDC 基本结构如图 9－15 所示，风电场可以分别采用多种机型，然后通过 VSC 换流站和多个交流系统连接到同一个直流网络。直流网络将风电场和交流系统隔离，消除了频率和功率的耦合关系，避免故障的传递。

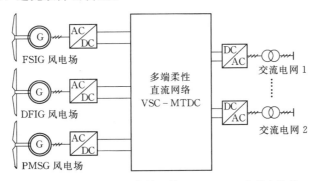

图 9－15 用于风电功率外送的 VSC－MTDC 基本结构

VSC－MTDC 的拓扑结构对系统的可靠性、控制性能有重要的影响。风电场并网工程需要综合考虑经济性和技术性因素的共同影响，用以选择合适的 VSC－MTDC 拓扑结构。对于多端直流网络，直流断路器和隔离开关的数量和容量配置，直流线路的长度和容量等主要影响工程造价；系统控制的灵活性和可靠性，故障保护时直流断路器和隔离开关的协调动作，拓扑结构的冗余和有效性设计等，均不同程度地增加了技术实现难度。

目前，VSC－MTDC 拓扑结构的设计更多地借鉴了交流系统的拓扑结构，本节将从经济性和技术性角度综合分析 VSC－MTDC 的拓扑结构，尽可能使用较少的直流断路器和隔离开关，减少输电线路长度和容量；降低控制结构复杂性以保证系统可靠性，但暂不考虑系统冗余设计。

图 9－16 为点对点式拓扑结构。当换流站或者直流输电线路发生故障时，VSC－MT-

DC 迅速保护动作，打开换流站交流侧断路器切除故障线路。切除故障线路后风电场脱机
运行会导致风力发电机组超速或直流电压过压。该拓扑结构不需要高压直流断路器，直流
输电线路容量仅需要考虑换流站的容量，进而成本较低结构简单。但是其缺点在于一旦切
除故障线路后，风电场功率将无法送出而全部损失，明显缺乏控制灵活性。

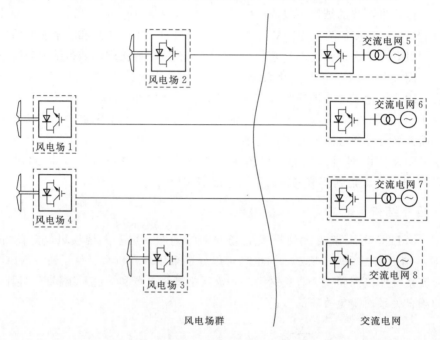

图 9‐16　多端柔性直流点对点式拓扑结构

　　星型拓扑结构如图 9‐17 所示，VSC‐MTDC 系统的每个换流站通过直流线路汇集到
一个中心节点形成放射线型直流网络。星型拓扑结构的优点是：①每条直流线路仅考虑所
连接的 VSC 换流站容量，不必承担其他线路功率冗余；②每条直流线路配置一个直流断
路器，不使用隔离开关，当某条直流线路或其连接的换流站发生故障时，直流断路器动作
切除故障线路，不影响其他换流站的正常运行；③通常情况下星型拓扑的中心节点一般选
在所有换流站的地理中心位置，使得直流输电线路的总长度最短；④仅直流网络的汇流母
线容量较大，需要承担风电场侧换流站的功率之和。

　　但是，星型拓扑结构的缺点十分明显：①如果中心节点的汇流母线发生故障会引起所
有直流断路器动作，导致整个 VSC‐MTDC 系统瘫痪，运行可靠性较低；②直流断路器
直接切除故障线路，使得该输电线路上的风电功率因缺少输电通道而损失，降低了 VSC‐
MTDC 系统潮流分配的灵活性。

　　环型拓扑结构如图 9‐18 所示，VSC‐MTDC 系统的所有换流站通过直流输电线路连
接成一个环型拓扑。该拓扑结构需要为每个换流站配置一个直流断路器和隔离开关。采用
环型拓扑结构的 VSC‐MTDC 系统在正常运行时全部直流断路器和隔离开关闭锁，形成
闭环结构。当直流线路故障时，故障线路两端的直流断路器和隔离开关打开，系统运行在
开环模式，此时部分直流线路将承担全部输电容量。

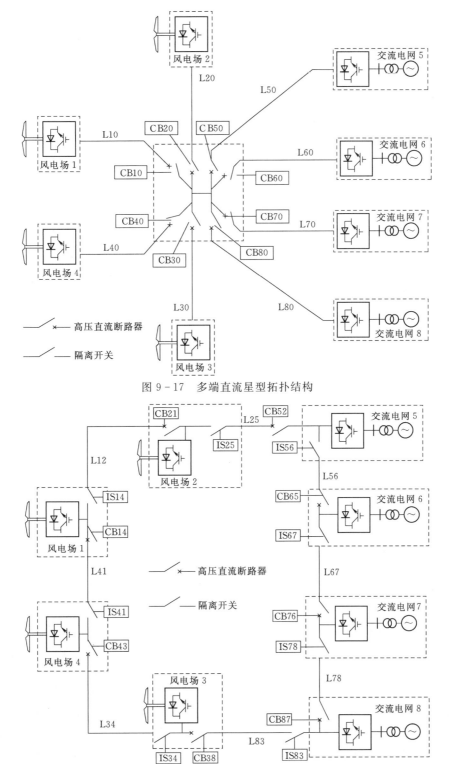

图 9-17 多端直流星型拓扑结构

图 9-18 多端柔性直流一般环型拓扑结构

星型—中心环型拓扑结构如图 9 - 19 所示，该拓扑结构是在星型拓扑结构的基础上，用一个由直流断路器组合而成的环状网络替代原有的中心节点汇流母线。星型—中心环型拓扑结构综合了星型和环型拓扑的优点，解决了星型拓扑结构的中心节点汇流母线故障会直接导致系统瘫痪的问题，同时降低了环型拓扑结构因为直流线路过长和容量冗余过大带来的成本压力。但是，星型—中心环型拓扑结构仍存在一定缺点：①需要单独为直流断路器组成的中心环网配置一个安放平台，额外增加了成本；②当切除故障线路后，原有线路上的风电功率或电网功率不能继续馈入中心环，降低了 VSC - MTDC 系统潮流分配的灵活性；③中心环直流线路的容量需要考虑 VSC - MTDC 系统总功率。

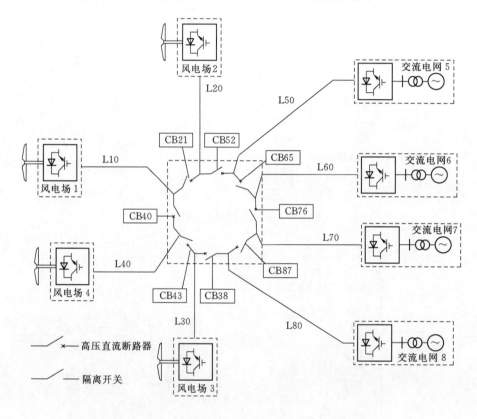

图 9 - 19　多端柔性直流星型—中心环型拓扑结构

星型拓扑结构简单易于实现，直流线路短并且单一线路容量小，具有经济优势。但其最大的缺点是中心节点处汇流母线故障会直接导致系统瘫痪，运行可靠性低。若采用此拓扑结构必须对直流汇流母线采取必要的保护措施减少故障发生率。环型拓扑结构可以运行在开环或者闭环状态。在直流线路发生故障后能够切除故障线路，系统继续稳定运行在开环状态，没有风电功率损失，比星型拓扑结构更具有灵活性。但是，环型拓扑结构大幅增加了直流输电线路的距离和容量，隔离开关使用数量，增加了建设成本。另外，换流站之间需要通过快速通信完成直流断路器和隔离开关的协调保护动作，增加了技术难度和复杂性。星型—中心环型拓扑结构兼具上述两者的优点，运行更加灵活可靠。表 9 - 2 给出了VSC - MTDC 的主要性能对比。

表 9 - 2　　　　　　　　　　　　　　**多端柔性直流拓扑结构对比**

拓扑结构	直流断路器/个	隔离开关/个	直流线路容量	直流线路长度	故障对功率传输的影响	是否需要通信
星型	8	0	风电场总容量	最短	直流母线故障导致系统瘫痪	否
一般环型	8	8	风电场总容量	最长	不影响	是
星型—中心环型	8	0	中心环型部分容量	较短	单一线路故障会影响	否

　　针对大型风电基地功率外送的发展模式，在选择 VSC - MTDC 系统拓扑结构时需要考虑：①环型或者半环型拓扑结构的直流线路过长提高了工程成本；②大容量直流断路器和隔离开关价格昂贵，应减少使用数量；③直流断路器和隔离开关的保护动作需要换流站间采用快速通信完成协调控制，但是远距离的站间通信不仅提高技术难度而且降低了系统运行可靠性。综合技术性和经济性两方面分析，大型风电基地选择星型—中心环型拓扑结构的 VSC - MTDC 系统进行功率外送最具有可行性。

9.4.2　协调控制策略

　　在 VSC - MTDC 系统中每一个风电场均连接一个风电场侧换流站（Wind Farm VSC，WFVSC）汇集风电功率，经直流输电线路与本地电网侧换流站（Local Grid VSC，LGVSC）和远方电网换流站（Remote Grid VSC，RGVSC）共同连接到中心直流网络，如图 9 - 20 所示。通过对 VSC - MTDC 各换流站的协调控制，平抑风电功率波动，并合理分配风电功率。

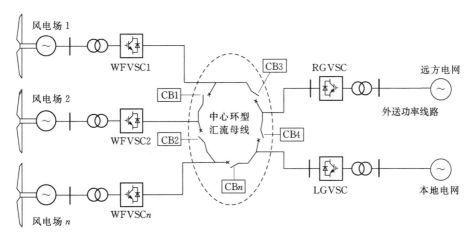

图 9 - 20　连接风电场的 VSC - MTDC 系统拓扑结构图

　　风电功率的波动会引起 VSC - MTDC 馈入功率与外送功率之间产生差额。本地电网根据"风火打捆"比例预留有快速后备容量，能够对系统提供一定程度的功率支撑，但是其调节能力仅考虑上述功率差额的容量。因此系统需要根据 LGVSC 的调节容量与功率差额的关系，自动协调控制各个换流站的运行模式，保持外送功率的稳定，提高运行可靠性。三种运行工况下的协调控制策略具体分析如下：

运行状态 I ： $-P_{\text{LG\_max}} < P_{\text{WF\_total}} - P_{\text{RG}} < P_{\text{LG\_max}}$

运行状态 II ： $P_{\text{WF\_total}} - P_{\text{RG}} < -P_{\text{LG\_max}}$

运行状态 III ： $P_{\text{WF\_total}} - P_{\text{RG}} \geqslant P_{\text{LG\_max}}$

其中 $P_{\text{WT\_total}}$ 是汇集到直流环网上的总风电功率；P_{RG} 是 VSC - MTDC 分配的外送功率值；$P_{\text{LG\_max}}$ 是 LGVSC 的最大调节容量。VSC - MTDC 协调控制策略需要能够在上述三种情况下根据直流电压变化自动控制各个换流站的运行模式，重新分配潮流，保持外送功率的稳定。

图 9 - 21 给出了 VSC - MTDC 不同运行状态下的协调控制策略，各个换流站将会根据协调控制策略运行在不同的控制模式，以使系统在各种情况下均有稳定的工作点。表 9 - 3 具体说明了风电场和换流站在不同运行状态下的控制模式，各换流站具体控制方式切换说明如下。

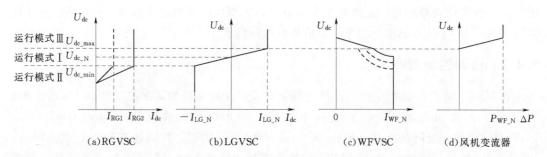

图 9 - 21 VSC - MTDC 协调控制策略下的静态工作特性

表 9 - 3 **VSC - MTDC 系统在不同运行状态下的协调控制模式**

终　　端	协调运行模式		
	运行模式 I $U_{\text{dc\_min}} < U_{\text{dc}} < U_{\text{dc\_max}}$	运行模式 II $U_{\text{dc}} < U_{\text{dc\_min}}$	运行模式 III $U_{\text{dc}} > U_{\text{dc\_max}}$
风机变流器	最大功率跟踪	最大功率跟踪	减功率运行
风电场侧换流站	电压源控制	电压源控制	直流电压控制
本地电网侧换流站	直流电压控制	电流限流模式	电流限流模式
远方电网侧换流站	定电流控制	直流电压控制	定电流控制

1. 运行模式 I 下的协调控制

WFVSC 运行在无限大电压源控制模式，将全部风电场功率汇集到直流环网上。RGVSC 采用定功率或定电流控制方式，稳定地将协议功率输送至远方负荷中心消纳。LGVSC 作为直流电网的平衡节点，控制直流电压，为便于并联变流器之间的协调及模式切换，可采用电压功率斜率控制，保持直流电压稳定在设定范围内（$U_{\text{dc\_min}} \sim U_{\text{dc\_max}}$）。本地电网的快速后备容量能够提供或者吸收汇集的风电功率和外送功率之间的功率差额，从而平衡直流网络的功率波动。因此在一般风速变化导致风电输出功率波动，本地电网负荷突变等情况下，VSC - MTDC 能够保持运行稳定。此时的 VSC - MTDC 各换流站的控制特性如图 9 - 21 中运行模式 I 所示。

2．运行模式 II 下的协调控制

当部分风电场突发故障脱网或者汇流线路发生直流故障的时候，风电场馈入直流网络的风电功率迅速减小，而 RGVSC 仍然继续以协议功率值向远方负荷中心外送功率。本地电网的快速后备容量不足以提供直流网络中的功率缺额，因此直流电压迅速下降。LGVSC 因为容量限制不能控制直流电压，当直流电压达到下限值 U_{dc_min} 时，换流站自动切换到内部限流模式。同时，RGVSC 根据系统协调控制策略退出定功率控制模式，切换到直流电压控制模式，迅速减小外送功率值以平衡功率波动，使 VSC - MTDC 重新稳定在新的运行状态。

3．运行状态 III 下的协调控制

当 RGVSC 的功率外送线路发生三相短路故障时会造成 VSC - MTDC 外送功率阻塞，而本地电网的快速后备容量不能全部吸收汇集的风电功率，造成馈入直流网络的功率过剩，此时直流电压不受控制迅速抬升至上限值。当 LGVSC 进入内部限流模式后，VSC - MTDC 缺少直流电压控制端，因此 WFVSC 必须控制直流电压稳定，减小风电场馈入直流网络的功率，防止系统崩溃。同时，风电场需要配合 WFVSC 的控制迅速减小出力，风机变流器应在最大功率跟踪控制的基础上减去 ΔP，以平衡直流电压。

9.5 多风电场通过 VSC - MTDC 联网及功率外送仿真

图 9 - 22 为四端 VSC - MTDC 的结构示意图，该系统中包含有两个 DFIG 风电场模型（250 台额定容量 2MW 的 DFIG 风力发电机组），一个具有 125MW 快速后备容量的本地电网和一个远方电网。在系统正常运行，即直流电压在控制范围之内时，WFVSC 采用电压源控制策略，汇集风电功率输送到直流网络中。LGVSC 控制直流电压，平衡风电功率波动。RGVSC 根据协议功率值，采用定电流控制模式将系统汇集的风电功率稳定地外送至远方负荷中心。仿真结果中功率、电压均采用标幺值。其中，风电场为等值机组，风电场和 WFVSC 的额定容量为 500MW；外送协议功率 400MW；LGVSC 根据本地电网的快速后备容量能够平衡 ±125MW 的功率波动。为了说明简便，仿真中的换流站容量基准

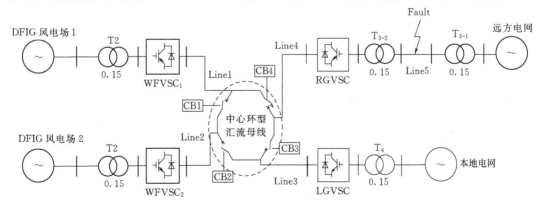

图 9 - 22 VSC - MTDC 系统模型

值均为 500MW。VSC - MTDC 基本参数见表 9 - 4。

表 9 - 4　　　　　　　　**VSC - MTDC 仿真系统的基本参数**

参　　数	数　　值
风电场交流电压额定值 U_{WF}/V	690
变流器功率基准值 P/MW	500
风电场侧变流器交流电压额定值 U_s/kV	150
VSC - MTDC 直流电压额定值 U_{dc}/kV	300
换流电抗器电感值 L/pu	0.2
VSC 直流电容 $C/\mu F$	300
直流线路电容 $/(\mu F \cdot km^{-1})$	0.23
直流线路电阻 $R_t/(\Omega \cdot km^{-1})$	0.0139
直流线路电感 $L_t/(mH \cdot km^{-1})$	0.159
PWM 开关频率 f_c/Hz	2000

9.5.1　风速突变风电场功率波动情况下的仿真分析

本小节研究的是当风速突变导致风电功率大幅波动时，VSC - MTDC 根据运行模式Ⅰ下的协调控制策略重新分配潮流，保持直流电压和外送功率稳定的暂态过程。仿真时长为 20s，分为风速突增和突减两个阶段。仿真结果如图 9 - 23 所示。仿真开始时，风电场 1 和风电场 2 的风速分别为 10.8m/s 和 9m/s，WFVSC₁ 和 WFVSC₂ 汇集的风电功率分别为 0.48pu 和 0.3pu。因为 LGVSC 能够平衡 ±125MW 的功率波动（即，汇集的风电总功率在 275~525MW 范围内），从而可以保持直流电压稳定在 1 pu。根据图 9 - 23（b），LGVSC 提供了 0.02pu 的有功，RGVSC 保持外送功率稳定在 0.8pu。

如图 9 - 23（a）所示，风电场 1 的风速在 2s 时突减到 9m/s，WFVSC₁ 汇集的风电功率从 0.48pu 迅速下降到 0.3pu，使得 VSC - MTDC 汇集的风电功率与 RGVSC 外送功率之间产生了 0.2pu 的功率差额。为了保持直流电压和外送功率稳定，LGVSC 向直流网络馈入 0.2pu 的有功，如图 9 - 23（b）所示。

如图 9 - 23（a）所示，风电场 2 的风速在 8s 时突增到 11.5m/s。如图 9 - 23（c）、(d) 所示，WFVSC₂ 汇集的风电功率从 0.3pu 快速上升到 0.61pu，而 WFVSC₁ 的馈入功率保持不变，因此，系统总的风电馈入功率为 0.91pu，大于外送功率设定定值 0.8pu。如图 9 - 23（b）所示，LGVSC 迅速改变潮流方向吸收直流网络中的率剩余功率，在此过程中直流电压极性保持不变，系统保持稳定。

如图 9 - 23（e）所示，RGVSC 始终运行在定功率模式下，保持外送协议功率恒定。由图 9 - 23（f）可知，VSC - MTDC 在运行状态Ⅰ下的协调控制策略能够利用本地电网的快速后备容量自动平衡一定程度的风电功率波动，保持直流电压稳定，并在潮流翻转时，电压极性不变。因此，采用 MTDC 的风电场联网的功率协调控制要比交流输电和电流型直流输电快速和方便。

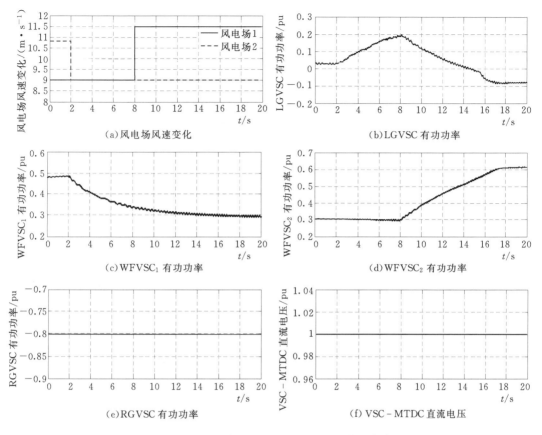

图 9 - 23　风速突变时 VSC - MTDC 系统的仿真

9.5.2　风电场脱网故障下的 VSC - MTDC 协调控制仿真

本小节研究 VSC - MTDC 在风电场突然脱网故障下，根据运行模式 Ⅱ 时的协调控制策略，保持系统稳定的暂态过程。如图 9 - 24（a）、（b）所示，在仿真开始时，风电场 1 和风电场 2 的风速分别为 10.5m/s 和 9m/s，WFVSC$_1$ 和 WFVSC$_2$ 汇集的风电场功率分别为 0.46pu 和 0.3pu。当 2s 时，风电场 1 突然发生脱网故障，WFVSC$_1$ 的汇集功率迅速减小到 0。但是由于 WFVSC$_1$ 不能立即闭锁，故障发生初期故障电流造成有功功率波动。由于 VSC - MTDC 系统的馈入功率缺失了 0.45pu，为了保持直流网络功率稳定，LGVSC 根据本地电网的快速后备容量迅速提供 0.25pu 的功率支撑，但是仍不能满足外送功率的定值，系统功率不平衡。LGVSC 进入内部限流模式，如图 9 - 24（c）所示。根据图 9 - 24（e）所示，直流电压快速下降，当降低到 0.97pu 的时候，RGVSC 根据运行模式 Ⅱ 下的协调控制策略切换到定直流电压控制模式。如图 9 - 24（d）所示，RGVSC 减小外送功率值至 0.55pu，以平衡系统功率波动。最终 LGVSC 侧的直流电压重新稳定在 1pu。VSC - MTDC 在风电场脱网的大扰动情况下，根据运行状态 Ⅱ 下的协调控制策略，切换换流站的运行控制模式，调节外送功率值。保持系统直流电压波动范围在 5% 左右，提高了系统在大扰动情况下的稳定运行能力。

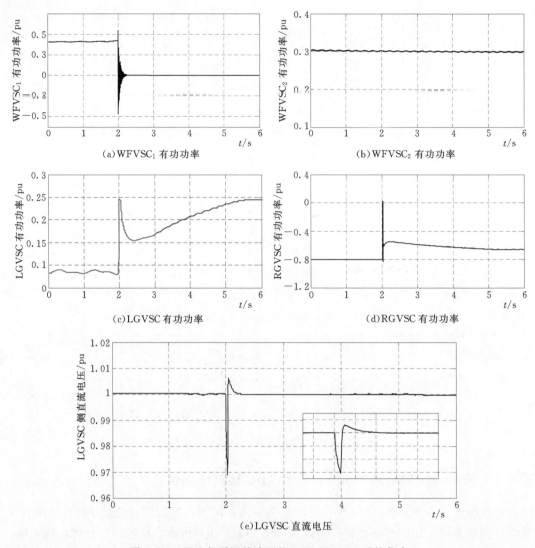

图 9 - 24　风电场脱网故障下的 VSC - MTDC 系统仿真

9.5.3　功率外送线路三相短路故障下的仿真

本小节研究的是 VSC - MTDC 在功率外送输电线路发生三相短路故障的时候根据运行状态Ⅲ的协调控制策略，切换换流站的运行模式，实现系统的故障穿越。如图 9 - 25 （a）、（b）所示，在仿真开始时，风电场 1 和风电场 2 的风速为 10.2m/s 和 9m/s，WFVSC$_1$ 和 WFVSC$_2$ 汇集的风电功率分别为 0.42pu 和 0.3pu。在 2s 的时候，功率外送输电线路 line5 发生三相短路故障，使风电功率外送通道阻塞，RGVSC 迅速减少外送功率至零，如图 9 - 25 （c）所示。此时，VSC - MTDC 的馈入功率大于外送功率，而本地电网的快速后备容量不能够全部吸收汇集的风电功率。如图 9 - 25 （d）所示，LGVSC 改变潮流方向，由向直流网络提供功率转换为吸收功率并进入内部限流模式。如图 9 - 26 所示，直流电压失去控制迅速上升到设定上限值后，WFVSC 根据运行状态Ⅲ下的协调控制

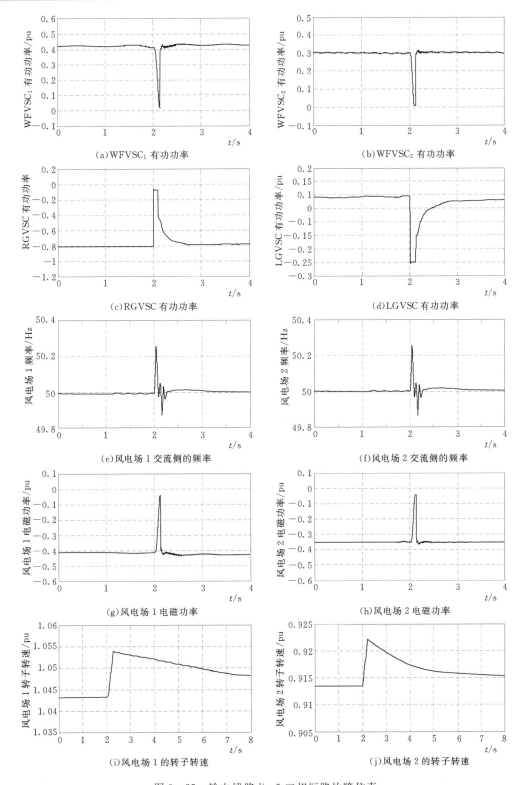

图 9 - 25　输电线路 line5 三相短路故障仿真

策略切换到直流电压控制模式。在该控制模式下 WFVSC 根据直流电压的波动量输出一个减功率值 ΔP，并通过通信传递给风电场降功率指令。DFIG 的转子侧变流器根据频率波动切换最大功率跟踪曲线到减功率运行模式，减小风电场出力平衡 VSC - MTDC 的功率波动。图 9 - 25（e）、（f）是风电场交流侧频率跟随直流电压波动变化的情况。风电场切换到减功率运行模式，电磁功率减小，转了转速增加，将电磁功率以转子动能形式储存。风电场电磁功率的变化情况如图 9 - 25（g）、（h）所示。风电场减功率运行区间其转子转速随电磁功率减小而升高，如图 9 - 25（i）、（j）所示。故障持续 150ms 后被清除，转子转速下降释放动能。LGVSC 退出内部限流模式重新控制直流电压，WFVSC 切换回最大功率跟踪曲线。由图 9 - 25 可知，VSC - MTDC 采用运行状态Ⅲ下的协调控制策略时控制直流电压波动峰值不超过 1.1pu，明显小于未采用协调控制策略时的 1.4pu。VSC - MT-DC 能够在外送输电线路三相短路故障情况下，防止直流电压过压，保持功率平衡。

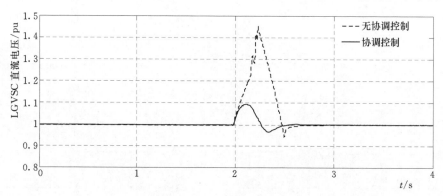

图 9 - 26　LGVSC 侧直流电压

附　录

风力发电仿真软件 DIgSILENT/Power Factory

1　功能与特色

DIgSILENT/PowerFactory 适用于电力系统几乎所有方面，提供了全面而准确的分析功能。高度图形化的操作模式和全新的数据管理观念，又使它区别于众多传统分析软件。以风力发电模型和光伏发电模型等为代表的新功能的不断加入更使它有了广阔的发展前景。软件的主要功能包括：潮流计算、故障分析、谐波分析、稳定性分析、可靠性分析、继电保护、最优潮流、配网优化、低压网络分析。

（1）潮流计算。可以描述复杂的单相和三相 AC 系统，以及各种交直流混合系统；潮流求解过程提供了三种方法以供选择，分别为经典的牛顿—拉夫逊算法、牛顿—拉夫逊电流迭代法和线性方程法（直接将所有模型作线性化处理）；提供变电站控制、网络控制、变压器分接头调整控制以及多种远程控制模式。

（2）故障分析。故障分析功能既可以分别根据 IEC 909、IEEE std 141/ANSI e37.5 以及德国的 VDE 102/103 标准进行，也可以根据 DIgSILENT/PowerFactory 自身所提供的综合故障分析（General Fault Analysis，GAF）方法进行。DIgSILENT/PowerFactory 故障分析功能支持几乎所有的故障类型（包括复故障分析）。

（3）谐波分析。可以模拟各种谐波电流源和电压源，并提供了计及集肤效应和内在自感的与频率相关的元件模型。

（4）稳定性分析。能够实现机电暂态和电磁暂态的仿真计算，能够仿真几乎所有类型的故障，仿真分析的结果能够通过虚拟表计绘制成曲线图。

（5）可靠性分析。将系统充裕性和安全性进行了综合考虑，主要包括：预想事故分析、发电可靠性估计和网络可靠性估计等三个方面。

（6）继电保护。它所提供的继电保护功能主要是用于形成继电器整定报告、继电器动作报告以及基于保护装置 V 图形的分析报告、变电站保护装置图等。

（7）最优潮流。提供了最优潮流计算（OPF）功能，作为对基本潮流计算的有益补充。最优潮流计算主要采用内点法，并提供了多种约束条件和控制手段，其考虑的目标函数主要有最小网损、最小燃料费用、最大利润及最小区域交换潮流。

（8）配网优化。能够实现电容器选址优化、解环点优化以及电缆补强优化三种优化功能。

（9）低压网络分析。可以根据连接到某一线路上的用户数量来定义负荷、考虑负荷的多样性、在进行潮流计算时考虑负荷多样性并计算电压最大跌落值和最大支路电流、自动进行电缆补强、电压跌落和电缆负载率分析等。

　　为了深入了解 DIgSILENT/PowerFactory 的功能与特色，后续部分将提供一个电力系统分析的示例，逐步叙述系统建模、稳态分析和暂态分析过程。

2　建模示例

　　登录 DIgSILENT/PowerFactory。通过快捷方式或开始菜单启动 DIgSILENT/PowerFactory 软件，进入附图 2-1 所示 Log on 窗体，如果用户没有 Name 和 Password，在登录对话框中输入新的 Name 和 Password 可以轻易创建用户，为了方便使用，Password 一般设置为空。

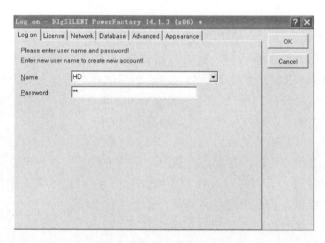

附图 2-1　Log on 窗体

　　新建 Project。左击菜单栏 File→New→Project 子菜单项新建 Project，可以设置项目 Name 属性，此项目命名为 ShiLi，Grid 文件夹用于存储电力系统的子系统，Project 中至少需要一个 Grid 文件夹，因此在创建 Project 时会自动创建该文件夹并显示如附图 2-2 所示的窗体，设置 Name 为 Part1，点击 OK 按钮便创建了一个新 Project 并进入主窗体。

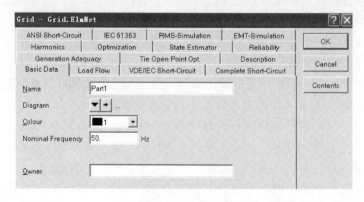

附图 2-2　Grid 设置窗体

　　主窗体如附图 2-3 所示：第 1 部分为菜单栏，几乎包括了用户使用的所有功能项；

第2部分为工具栏，包括了用户经常使用的功能项，如果工具栏没有足够的空间显示所有按钮，其右侧将出现上下箭头供轮显其他按钮；第3部分为图形工具栏，该工具栏的按钮由窗口显示的内容决定，附图2-3中显示为单线图工具栏；第4部分为绘图区，用户在此绘制系统单线图等；第5部分为元件区，停靠在绘图区的右侧，包括软件内置的各种元件模型；第6部分为输出区，显示运行过程中的各种文本信息和文本报告等；第7部分为状态栏，显示软件当前状态的反馈信息，包括鼠标当前位置和当前激活的项目名称等。

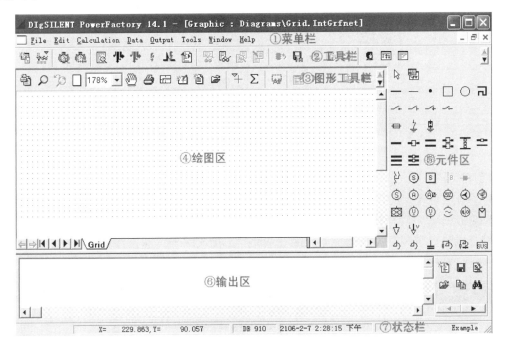

附图2-3　主窗体

点击主窗体工具栏"🔲"按钮显示如附图2-4所示数据管理窗体，它主要分为三个区，最上侧为工具栏，左侧为树状视图区，右侧显示所选树节点的内容。左侧树状视图中Database代表DIgSILENT的数据库，用户所有的数据都自动存储在该数据库中，这意味着用户可以在不保存的情况下结束程序；Library代表软件内置全局元件类型库，含电力系统相关的所有标准元件类型，如发电机、线路、变压器以及相关控制器元件类型等，只有Administrator才能修改该库；Demo和HD代表用户，其中HD右侧以小蓝屏图标标记，表示当前登录的用户。

HD的子节点ShiLi为新建的项目。其中子节点也有Library项，它为该项目的局部元件类型库，导出项目时可以随项目导出，增加了项目的移植性；Network Model为网络模型，包括了使用的网络元件等信息，该文件夹下的元件类型一般选自Library中，形成元件与类型多对一的关系。通过这种方式简化了相同元件参数的反复输入以及同类型元件参数的统一修改，节省了用户的工作量并减少了数据冗余；Study Cases为案例分析，包含了算例的计算结果等信息。

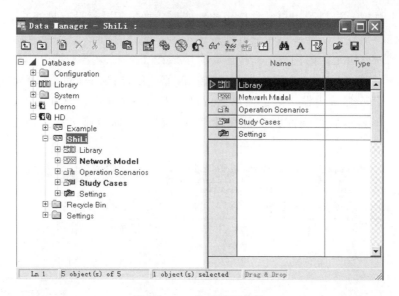

附图 2-4　数据管理窗体

2.1　创建元件

2.1.1　创建单母线

DIgSILENT 有很多内置的母线系统，例如单母线系统、单母线分段系统、双母线系统和双母线分段带旁路母线系统等，这些系统均由接线端子、断路器和隔离开关组成。如附图 2-5 所示，示例中有三个单母线，具体创建过程如下：

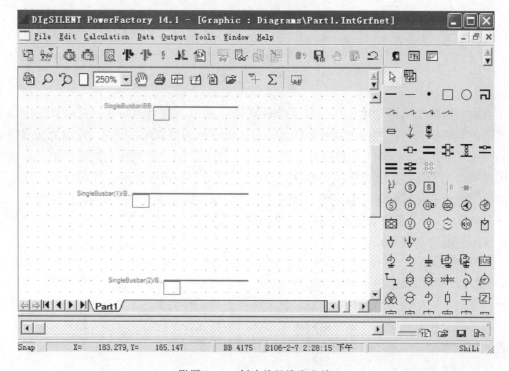

附图 2-5　创建单母线变电站

（1）如果元件区不可见，点击图形工具栏"🔲"按钮切换到图形编辑模式。

（2）在元件区找到单母线系统"━"，左击后鼠标后将跟随该元件图标。

（3）将母线放置在单线图适合的位置上，单线图中将自动生成一条单母线"Single-Busbar/BB"，其中"SingleBusbar"为变电站的名称，BB为母线的名称。如果在元件区找到错误的元件，单线图中显示的不是单母线系统，左击工具栏"↩"按钮撤销刚才的操作再次查找。如果需移动或缩放单母线系统，在母线上左击将显示这种状态"■▬▬▬▬▬▬■"，拖动灰色线段将移动单母线，拖动黑色方框将调整单母线大小。

（4）使用相同的方法绘制另外两条母线。

（5）绘制的图形可能位置和大小不够理想，左击工具栏放大按钮"🔍"，在3条母线上拖一矩形，用"✋"按钮漫游视图至合适的位置，再次调整母线的位置及大小，调整完成后左击图形工具栏还原按钮"🔍"恢复视图。

2.1.2　创建分支元件

如附图2-6所示，示例中不同电压等级的母线需要变压器进行连接，具体创建过程如下：

（1）在元件区找到双绕组变压器"🔵"，左击后鼠标后将跟随该元件图标。

（2）左击最上方的母线系统显示其详细图形，将变压器的一端连接至一个空的接线端

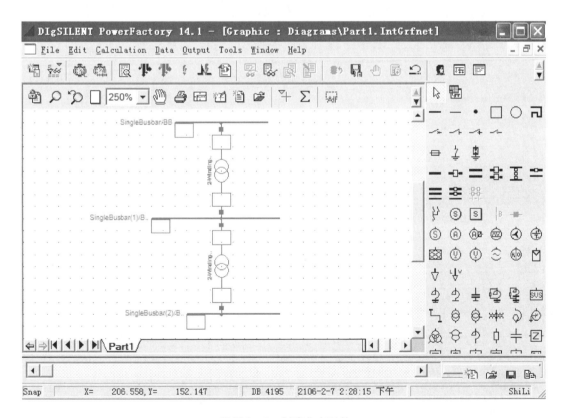

附图2-6　创建分支元件

子，再左击中间的母线系统，将另外一端也连接至接线端子，完成了第一个变压器的创建。

（3）使用同样的方法创建第二个变压器，连接中间和下方的母线系统，在绘制过程按"ESC"键可以取消元件绘制。

变压器的移动和缩放方法与单母线系统一致。一般而言，用户不能将变压器拖出母线的范围，如果尝试拖出，变压器将移至母线的最左或最右端，需要再次拖动才能将其拖出该范围。如果在第一次拖动变压器过程中失去连接，通过撤销移动或元件重绘重新连接，元件重绘可在快捷菜单中左击"Redraw Element"实现。

2.1.3　创建单端元件

单端元件是仅连接一条母线的元件，例如发电机、电动机、负荷、外网等，如附图2-7所示。示例中有两个异步电动机和一个外网，异步电动机具体创建过程如下：

（1）在元件区中找到电动机"⑩"，左击后鼠标后将跟随该元件图标。

（2）左击中间的母线系统显示其详细图形，将电动机连接至一个空的接线端子。

（3）使用同样的方法创建第二个电动机，连接至最下方母线的接线端子。

外网的具体创建步骤如下：

（1）元件区中找到外网"⊠"，左击后鼠标后将跟随该元件图标。

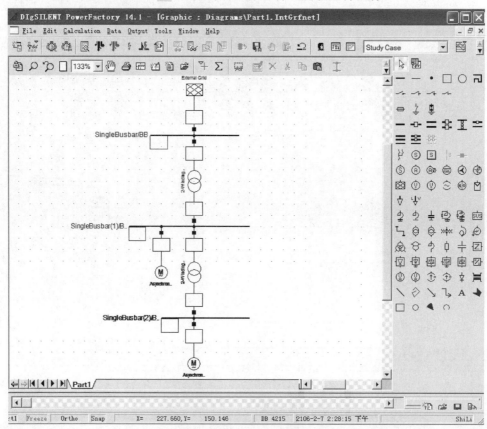

附图2-7　创建单端元件

（2）左击最上方母线系统显示其详细图形，将外网连接至一个空的接线端子。

（3）如果外网的接入点和变压器重合，外网将放置的母线的上方，否则将放置在下方。如需实现向上翻转，通过右击外网，在快捷菜单中左击"Flip At Busbar"便可实现。

2.2　创建元件类型

到目前为止，创建的所有元件均采用默认设置，用户需进一步编辑元件属性。在系统规模较大、元件数量较多，但是元件类型较少的情况下，创建元件类型将简化元件的设置过程。

2.2.1　创建母线类型

左击主窗体工具栏""按钮显示如附图 2-8 所示数据管理窗体，右击 Equipment Type Library，左击快捷菜单 New→Folder 子菜单，显示附图 2-9 所示母线类型文件夹属性设置窗体，输入名称"Types Busbars"，文件夹类型设置为"Library"，点击"OK"，在 Equipment Type Library 下将生成 Types Busbars 文件夹，在该文件夹下创建母线类型的具体过程如下：

（1）选中 Types Busbars 文件夹，左击工具栏"🗐"显示附图 2-10 所示窗体，选择 Busbar Type（TpyBar）创建母线类型，显示附图 2-11 所示属性设置窗体。

（2）输入类型名称"Bar 33kV"，额定电压 33kV，左击"OK"完成创建。

（3）使用同样的方法分别创建"Bar 11kV"和"Bar 3.3kV"两个母线类型，额定电压分别为 11kV 和 3.3kV。

（4）如附图 2-12 所示，Equipment Type Library→Types Busbars 文件夹下将显示创建完成的母线类型。

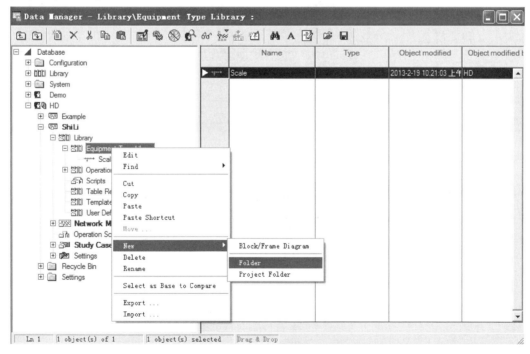

附图 2-8　创建母线类型文件夹

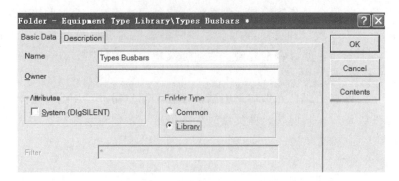

附图 2-9　设置母线类型文件夹属性

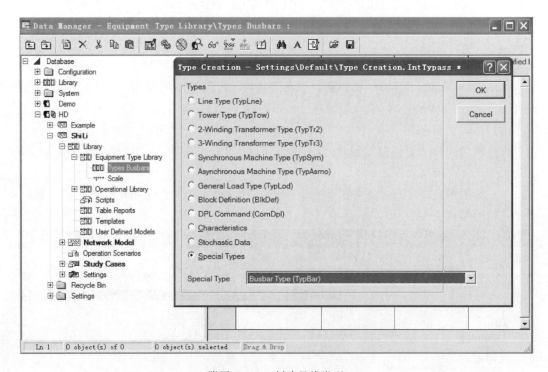

附图 2-10　创建母线类型

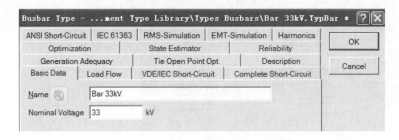

附图 2-11　设置母线类型属性

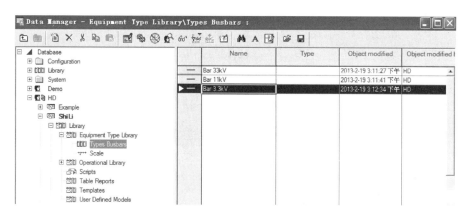

附图 2 - 12　母线类型创建完成

2.2.2　创建变压器类型

在 Equipment Type Library 下创建 Types Transformers 文件夹，在该文件夹下创建变压器类型的具体过程如下：

（1）选中 Types Transformers 文件夹，左击工具栏"🗎"显示附图 2 - 13 所示窗体，选择 2 - Winding Transformer Type（TpyTr2）创建双绕组变压器类型，显示附图 2 - 14 所示属性设置窗体。

（2）输入类型名称"TR2 20；33/11；10％"，额定功率 20MW，高压侧额定电压 33kV，低压侧额定电压 11kV，短路电压 10％，左击"OK"完成创建。

（3）使用同样的方法创建"TR2 5；11/3.3；5％"双绕组变压器类型，额定功率 5MW，高压侧额定电压 11kV，低压侧额定电压 3.3kV，短路电压 5％，左击"OK"完成创建。

（4）如附图 2 - 15 所示，Equipment Type Library→Types Transformers 文件夹下将显示创建完成的双绕组变压器类型。

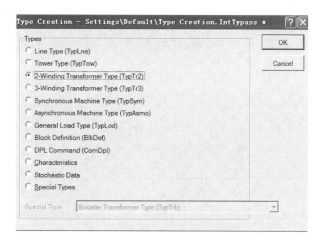

附图 2 - 13　创建双绕组变压器类型

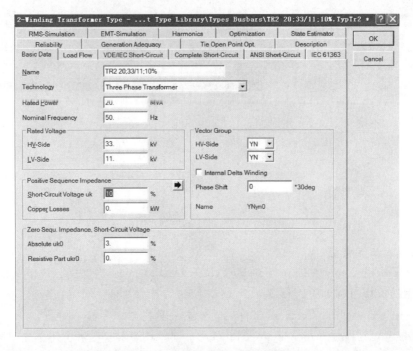

附图 2-14　设置双绕组变压器类型属性

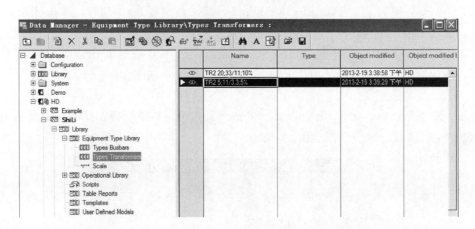

附图 2-15　双绕组变压器类型创建完成

2.2.3　创建感应电机类型

在 Equipment Type Library 下创建 Types Mach. Asyn. 文件夹，在该文件夹下创建感应电机类型的具体过程如下：

（1）选中 Types Mach. Asyn. 文件夹，左击工具栏"📄"显示附图 2-16 所示窗体，选择 Asynchronous Machine Type（TpyAsmo）创建感应电机类型，显示附图 2-17 所示属性设置窗体。

（2）在 Basic Data 属性页输入类型名称"ASM 11kV 5MVA"，额定电压 11kV，额定机械功率 4165kW，极对数 2。

（3）在 Load Flow 属性页设置 Stator Resistance R_s 为 0.1pu，Stator Reactance X_s 为 0.1pu，Mag. Reactance X_m 为 6pu，Rotor Resistance R_{rA} 为 0.01pu，Rotor Reactance X_{rA} 为 0.1pu。

（4）在 VDE/IEC Short – Circuit 属性页勾选 Consider Transient Parameter，左击 "OK" 完成创建

（5）使用同样的方法创建 "ASM 3.3kV 2MVA" 感应电机类型，额定电压 3.3kV，额定机械功率 1666kW，极对数 2，R_s 为 0.1pu，X_s 为 0.1pu，X_m 为 4pu，R_{rA} 为 0.01pu，X_{rA} 为 0.1pu，左击 "OK" 完成创建。

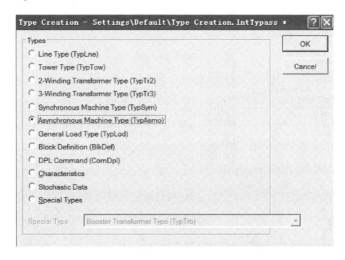

附图 2 - 16　创建感应电机类型

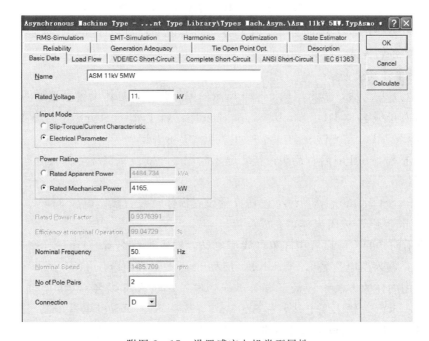

附图 2 - 17　设置感应电机类型属性

（6）如附图 2-18 所示，Equipment Type Library→Types Mach. Asyn. 文件夹下将显示创建完成的感应电机类型。

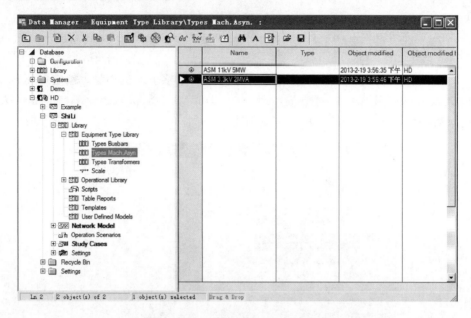

附图 2-18　感应电机类型创建完成

2.3　编辑元件参数

到目前为止，已经完成所需元件类型的建立，用户可以开始编辑元件的电气参数。DIgSILENT 提供多种编辑元件电气参数的方法，从简单的编辑对话框设置到一次性编辑多个元件的表格设置，其中最简单直接的操作方法是双击单线图元件，打开元件参数编辑窗体进行编辑，在设置参数的过程中为了防止图形误动，可以左击图形工具栏"🔒"按钮切换到参数编辑模式。

2.3.1　编辑单母线变电站

双击最上方单母线，显示附图 2-19 所示的编辑窗体，具体设置过程如下：

（1）输入母线名称 D1 _ Swab，Type 选择 Select Project Type 并选择 Library→Equipment Type Library→Types Busbars 下类型 "Bar 33kV"。

（2）左击 Substation 后右箭头按钮，显示附图 2-20 所示窗体，输入变电站名称 Station 1，简称 S1。

（3）左击 Set Nominal Voltage 按钮显示设置窗体，设置额定电压 33kV。

（4）左击 "OK" 关闭窗体，完成设置。

（5）使用同样的方法设置中间单母线变电站，输入母线名称 "D1 _ 11a'"，Type 选择 "Bar 11kV"，输入变电站名称 Station 2，简称 S2，设置额定电压 11kV。

（6）使用同样的方法设置最下方单母线变电站，输入母线名称 "D1 _ 3.3a'"，Type 选择 "Bar 3.3kV"，输入变电站名称 Station 3，简称 S3，设置额定电压 3.3kV。

（7）左击 "OK" 完成单母线变电站属性设置。

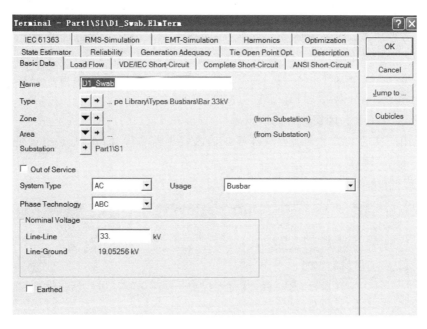

附图 2-19　设置变电站属性

附图 2-20　设置变电站属性子窗体

2.3.2　编辑分支元件

双击上方变压器，显示附图 2-21 所示的编辑窗体，具体设置过程如下：

（1）输入变压器名称 T1＿33/11a。

（2）Type 选择 Select Project Type⋯并选择 Library→Equipment Type Library→Types Transformers 下类型"TR2 20；33/11；10％"。

（3）左击"OK"关闭窗体，完成设置。

（4）使用同样的方法设置下方变压器，输入变压器名称 T1＿11/3.3a，Type 设置为 TR2 5；11/3.3；5％。

（5）左击"OK"完成变压器属性设置。

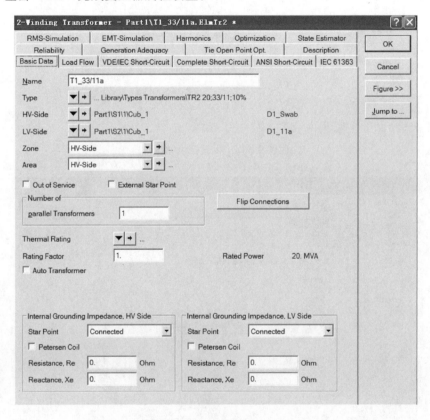

附图 2-21　设置变压器属性

2.3.3　编辑单端元件

双击外网，显示附图 2-22 所示的编辑窗体，具体设置过程如下：

（1）Basic Data 属性页输入外网名称"Transmission Grid"。

（2）Load Flow 属性页设置 Bus Type 为平衡节点 SL。

（3）左击"OK"完成外网属性设置。

双击上方感应电机，显示附图 2-23 所示的编辑窗体，具体设置过程如下：

（1）Basic Data 属性页输入感应电机名称"ASM1a"。

（2）Type 选择 Select Project Type 并选择 Library→Equipment Type Library→Types

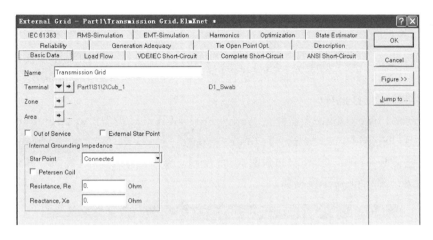

附图 2-22 设置外网属性

Mach. Asyn. 下类型"ASM 11kV 5MW"。

（3）Load Flow 属性页设置有功为 4MW。

（4）左击"OK"关闭窗体，完成设置。

（5）使用同样的方法设置下方感应电机，设置名称为"ASM1b"，Type 为"ASM 3.3kV 2MVA"，有功为 1MW。

（6）左击"OK"完成感应电机属性设置。

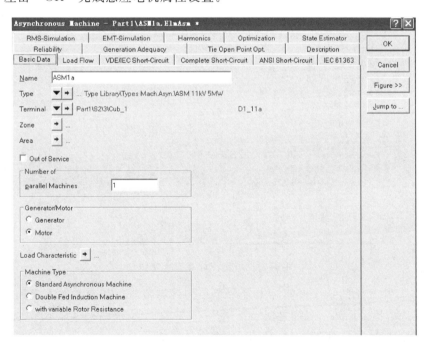

附图 2-23 设置感应电机属性

到目前为止，已经完成示例模型的建立，用户可以开始进行稳态和暂态分析。

3　稳态分析

左击主窗体工具栏潮流计算按钮 "卟"，显示附图 3-1 所示的潮流计算设置窗体：

（1）Basic Data 属性页 Calculation Method 选择 AC LoadFlow，balanced，positive sequence，禁用其他复选框项。

（2）Active Power Control 属性页 Active Power Control 设置 "according to secondary control" 并且 "consider active power limits"。

（3）左击 "Execute" 按钮，如附图 3-2 所示，潮流计算窗体单线图将显示潮流分布结果框，输出区显示潮流计算成功。

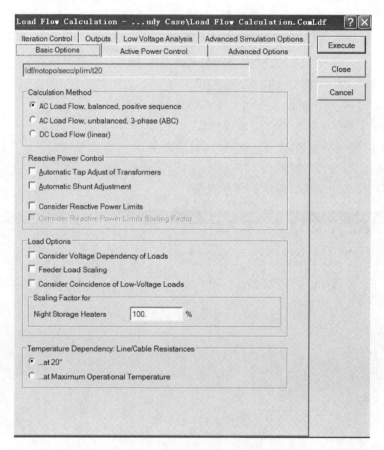

附图 3-1　潮流计算设置窗体

附图 3-2 中显示的结果框实际上是一个小型计算报告，其参数并不是固定不变的，用户可以直接编辑。例如，双绕组变压器 "T1_33/11a" 支路结果框显示参数为 P、Q 和 Loading，用户可能需要设置为 P、Q 和 I，编辑过程如下：

（1）右击结果框，显示快捷菜单。

（2）左击 Edit Format for Edge Elements 显示附图 3-3 所示格式设置窗体，将 Line 框中 "c：loading ％ C：Loading" 改成 "m：I：LocalBus kA Current，Magnitude"。

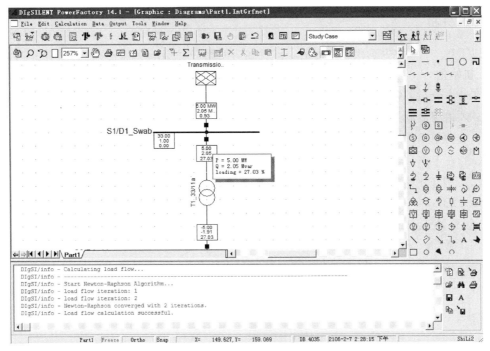

附图 3-2　潮流计算结果

（3）左击"OK"，完成结果框编辑。

（4）编辑完成后，变压器支路结果框将显示流过的电流，所有变压器结果框会同时发生改变。

（5）如果结果框太小以至于无法显示全部内容，在快捷菜单中左击"Adapt width"自适应调制结果框宽度。

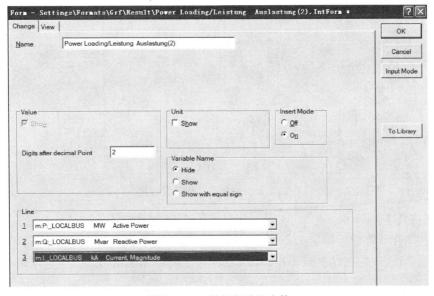

附图 3-3　结果框编辑窗体

4　暂态分析

以 D1 _ 3.3a 发生三相短路为例，讲述如何使用 DIgSILENT 进行暂态分析。

4.1　初始化

在暂态分析前，电机、控制器和其他暂态模型的内部操作状态（状态变量和内部变量）必须由潮流计算得到，左击主窗体工具栏计算初始条件"Σ"按钮，可同时执行潮流计算和初始条件计算，具体过程如下：

（1）左击主窗体工具栏"圈"，激活主工具栏上的稳定性工具条。

（2）左击计算初始条件"Σ"按钮显示附图 4 - 1 所示命令编辑窗体。

（3）Simulation Method 设置为 RMS value，执行机电暂态仿真，Network Representation 设置为 Balanced，Positive Sequence，使能 Verify Initial Conditions 和 Automatic Step Size Adaption。

（4）左击"Execute"按钮进行潮流计算和初始条件计算。

（5）如果初始化未能成功执行，修改可能的错误，再次进行计算，直至初始化成功。

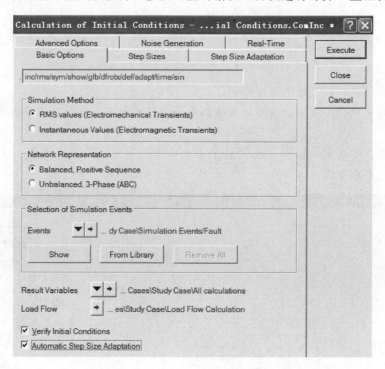

附图 4 - 1　初始化命令设置窗体

4.2　定义仿真事件

仿真初始化计算后，需定义 D1 _ 3.3a 发生三相短路事件，具体过程如下：

（1）在 D1 _ 3.3a 的快捷菜单中左击 Define→Short - Circuit Event… 显示附图 4 - 2 所示的窗体。

（2）Execution Time 设定 0.2s，Fault Type 为 3 - Phase Short - Circuit，Fault Resistance 为 5Ohm，Fault Reactance 为 5Ohm。

（3）左击"OK"按钮，完成事件定义。

（4）使用相同的方法定义故障清除事件，Execution Time 设定 0.22s，Fault Type 为 Clear Short‐Circuit。

（5）左击主窗体工具栏编辑事件按钮"✗"，将显示附图4‐3所示的事件列表，用户可以在此对事件进行修改，例如双击 Name 域可以修改事件名称。

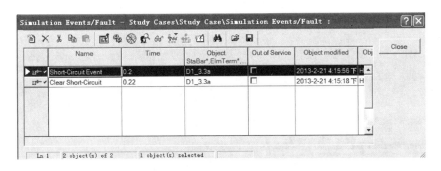

附图 4‐2　仿真事件定义窗体

附图 4‐3　仿真事件列表窗体

4.3　编辑变量集

为了生成暂态仿真的图形，需要存储仿真过程中的变量数据，然而 DIgSILENT 有成千上万的变量可以存储和分析，如果存储所有变量将浪费时间并且难于查询，因此需要选择将用于暂态分析的变量，这些变量存储在结果文件夹下的变量集中。创建变量集的具体过程如下：

（1）在 ASM1b 的快捷菜单中左击 Define→Variable Set 显示附图 4‐4 所示的窗体。

（2）在结果中双击 ASM1b 变量集显示附图 4-5 所示的变量编辑窗体。

（3）在变量集过滤中设置 Variable Set 为 Current、Voltage and Powers，在可用变量列表中选择 u：bus1 和 i：bus1 变量，左击"≫"按钮将这两个可用变量导入已选变量。

（4）左击"OK"按钮，完成变量集定义。

（5）左击主窗体工具栏编辑结果变量按钮"≡⁺"，将再次显示附图 4-4 所示的变量集列表，用户可以在此对变量集进行修改。

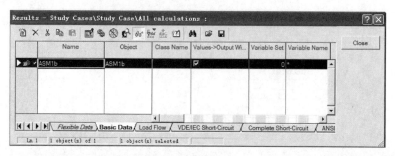

附图 4-4　存储变量集的结果窗体

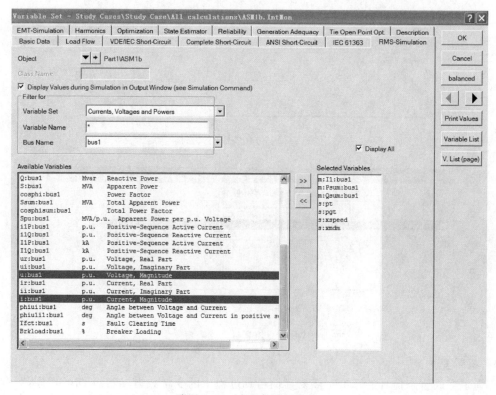

附图 4-5　变量集编辑窗体

4.4　创建仿真图形

在仿真过程中，已选变量将存储在结果文件中，为了更好的掌握暂态分析结果的可视化过程，需理解虚拟仪器、虚拟仪器面板和图表的概念。虚拟仪器面板包含虚拟仪器的主要信息，虚拟仪器显示在虚拟仪器面板中，图表是显示变量信息的一种方式。创建虚拟仪器显示 ASM1b 电压和电流曲线的过程如下：

（1）左击主窗体图形工具栏按钮"📄"，显示附图 4-6 所示窗体，命名为 VI，点击 Execute 按钮完成。

（2）左击主窗体图形工具栏按钮"✎"，显示附图 4-7 所示窗体，新建 2 个 Subplot 类型的 Virtual Instrument，点击 OK 按钮完成。

（3）双击上方 Virtual Instrument，显示附图 4-8 所示窗口，双击 Result File 域选择 All calculations，双击 Element 域选择 ASM1b，双击变量域选择 m：u：bus1。

（4）使用同样的方法设置下方 Virtual Instrument，只是变量域选择 m：i：bus1。

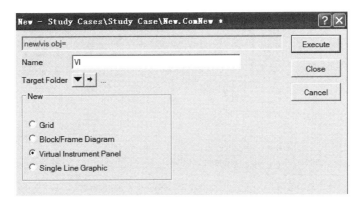

附图 4-6　创建 Virtual Instrument Panel

附图 4-7　创建 Virtual Instrument

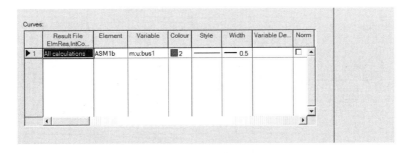

附图 4-8　曲线编辑窗口

附　录

4.5　开始仿真

前期设置完成后，可以开始仿真，具体过程如下：

（1）左击主窗体工具栏开始仿真按钮"🔧"，显示附图 4 - 9 所示窗口，设置 Stop Time 为 1s。

（2）左击 Execute 按钮开始仿真，Virtual Instrument Panel 中将显示结果曲线。

（3）左击图形工具栏"📊"和"📈"自动在 X 轴和 Y 轴缩放，将显示附图 4 - 10 所示的结果曲线；

（4）如果需要进行 X 轴和 Y 轴的局部缩放，可以通过先左击图形工具栏"📉"或"📈"，然后在图形上拖动待缩放的区域实现。

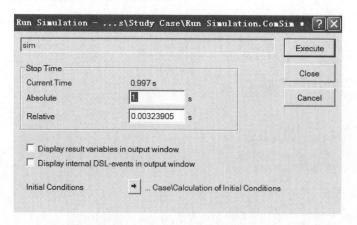

附图 4 - 9　开始仿真设置窗体

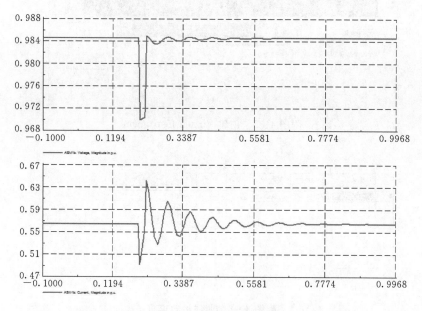

附图 4 - 10　仿真结果曲线

本书编辑出版人员名单

责任编辑　丁　琪　李　莉

封面设计　李　菲

版式设计　黄云燕

责任校对　张　莉　吴翠翠

责任印制　崔志强　王　凌